情绪药箱

应对12种普遍心理问题的自我疗愈方案

（原书第5版）

马修·麦凯（Matthew McKay）
［美］玛莎·戴维斯（Martha Davis）　著　戴思琪 译
帕特里克·范宁（Patrick Fanning）

THOUGHTS AND FEELINGS

Taking Control of Your Moods and Your Life

5th Edition

机械工业出版社
CHINA MACHINE PRESS

图书在版编目（CIP）数据

情绪药箱：应对 12 种普遍心理问题的自我疗愈方案：原书第 5 版 /（美）马修·麦凯（Matthew McKay），（美）玛莎·戴维斯（Martha Davis），（美）帕特里克·范宁（Patrick Fanning）著；戴思琪译 . —北京：机械工业出版社，2023.10

书名原文：Thoughts and Feelings: Taking Control of Your Moods and Your Life, 5th Edition

ISBN 978-7-111-74017-9

Ⅰ. ①情…　Ⅱ. ①马… ②玛… ③帕… ④戴…　Ⅲ. ①情绪－自我控制－通俗读物　Ⅳ. ① B842.6-49

中国国家版本馆 CIP 数据核字（2023）第 209442 号

机械工业出版社（北京市百万庄大街 22 号　邮政编码 100037）

策划编辑：邹慧颖　　责任编辑：邹慧颖

责任校对：郑　雪　彭　箫　　责任印制：郜　敏

三河市宏达印刷有限公司印刷

2024 年 1 月第 1 版第 1 次印刷

170mm × 230mm · 21.5 印张 · 1 插页 · 285 千字

标准书号：ISBN 978-7-111-74017-9

定价：79.00 元

电话服务	网络服务
客服电话：010-88361066	机　工　官　网：www.cmpbook.com
010-88379833	机　工　官　博：weibo.com/cmp1952
010-68326294	金　　书　　网：www.golden-book.com
封底无防伪标均为盗版	机工教育服务网：www.cmpedu.com

感谢

诺曼·卡维奥

（Norman Cavior）博士，

他是我们的恩师，

引领我们入门认知行为技术，

他至今仍是我们智慧和灵感的源泉。

前言

Thoughts and Feelings

《情绪药箱》第 1 版出版于 1981 年。这是一本认知行为疗法的入门图书，被普通读者和治疗师等专业人士所使用。本书为十几种特定技术提供了简单易懂、循序渐进的说明与指导。

随着时间的推移，我们越发意识到本书存在很多局限性。首先，书中的一些技术没有能够经受住时间的考验。一些最新的研究已经发现了更为有效的新的干预措施。此外，尽管认知行为治疗师针对许多障碍都开发了多步骤的治疗方案，但本书最初几个版本并未说明如何将多种技术进行整合，形成一个针对抑郁、愤怒、惊恐障碍等问题的综合治疗方案。

在《情绪药箱》的后续版本中，相关内容已被修订，新增了更为有效的技术方法，也更能够反映现代实践的变化。《情绪药箱》第 5 版为许多基于情绪的问题提供了多步骤的治疗方案。本书第 1 章概述了这些方案，力图向你展示与每种症状相关的具体章节和技术方法。这与认知行为疗法的治疗过程是一致的：个体遵循一系列步骤来掌握技术，以应对和解决问题。本书第 5 版修订了“控制忧虑 ”“重获动力”“短时间暴露”的内容，并新增了“自我关怀”和“习惯逆转训练”两章内容。

与以往版本一样，本书第 5 版的出版是为了方便普通读者和治疗师等专业人士阅读和练习。普通读者会发现，每个治疗方案都有明确的、易于遵循的步骤，帮助他们实现真正的自助。治疗师等专业人士会发现，本书提供了许多十分有效的治疗方法，也是一本方便来访者带回家进行练习的工作手册。

《情绪药箱》成书的动因之一就是，我们的生活中充满困难。为了应对这些困难，我们从父母、其他家人、朋友、老师、老板等许多人那里都得到了一些工具和指导。其中有些是有帮助的，有些则不然。《情绪药箱》包含了行之有效的工具，它是一本指南，教你改变旧有模式，掌控自己的情绪与人生。

如何使用本书

Thoughts and Feelings

我们选择将认知行为技术以工作手册这样的形式来呈现，是为了方便普通读者通过一步步的自助练习来实现改变。从事助人行业的人士（治疗师、医生、护士、社会工作者，甚至是教师和主管）会发现，本书所介绍的技术在他们的个人生活中很有用；对来访者、患者、学生或雇员来说，本书也有着独特的价值。

在第 1 章中，我们列出了 12 个主要问题，以及针对每个问题具体的、循序渐进的治疗计划，它们将指导你阅读相关章节和使用具体技术的先后顺序。我们在第 1 章末尾给出了治疗计划工作表，这一工作表概述了针对不同的问题，应该阅读哪些章。

针对大多数问题，你会发现，首先阅读第 2、3、4 章很有帮助，这三章的内容是认知行为疗法的基础。你会从这三章中了解到思维如何影响感受，习惯性消极思维如何影响你的情绪。你也会掌握改变旧有思维的方法与技能，以缓解焦虑、抑郁和愤怒。

想要从认知行为疗法中受益，你需要进行长时间的定期练习。如果不去亲身经历和体验，仅仅是简单了解一种技术，并不会产生什么实际价值。换句话说，这并非一本被动阅读式的读物。你必须进行每章的练习、填写工作表，并在你的思维和行为方式上做出真正的改变。

练习并掌握不同技术所需的时间有所不同。请参阅“何时能够见效”部分，以了解发展每项新技能所需的时间。定期进行练习是产生改变的关键，因此最好每天都坚持练习。有些技术需要“过度学习”才能成为你的自动反应，我们的目标是，你能够随时随地使用这些技术，而无须查阅本书。

如果你觉得自律能力有限，或者动力不足，那么你可以考虑以下两种建议：

1. 如第 23 章所述，与自己看重的朋友签订一份合同，来加强自己学习和使用本书中相关技术的决心。

2. 向认知行为治疗师寻求帮助，共同制订你的治疗计划，并接受他的监督。

在进行任何针对焦虑的认知行为治疗之前，你应该进行一次全面的身体检查，排除甲状腺问题、低血糖、二尖瓣脱垂和心律失常等生理问题。如果你在进行本书练习时，感受到了较长时间的生理性不适，请咨询你的医生。

目录

Thoughts and Feelings

扫描下方二维码，下载书中部分表格电子版

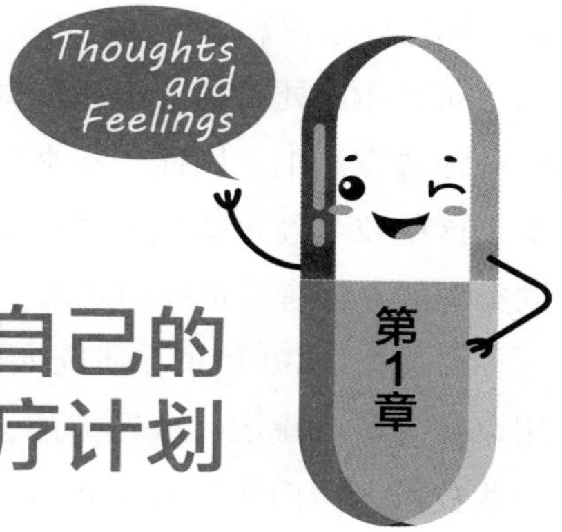

制订自己的治疗计划

选择阅读这本书，可能是因为你现在有不好的感受。你可能感到沮丧、焦虑、愤怒、忧虑、困惑、难过、心烦、羞愧……很不幸，这个清单很长。但请记住，在与痛苦的感受和经历相抗争的路上，你并非踽踽独行。我们每个人都会经历情绪困扰，这再正常不过。

当痛苦变得过于强烈和持久时，你就该做点什么了。阅读本书的你正向感觉更好迈出重要的第一步。

当你感觉不好时，你没有时间也没有耐心去看一些没营养的励志演讲、不切实际的成功故事、不必要的恐怖故事和冗长晦涩的理论探讨，因此，我们尽可能使本书内容清晰而简短，增强可读性。

当你感觉不好时，你也没有精力去一一寻找各种问题的解决方案。因此，我们也尽可能使本书的内容完整而全面。本书会为你详尽而有逻辑地一步步展示所有你需要学习和掌握的技术。

如果你正处于痛苦中，你也不想把时间浪费在其有效性未经证实的一些疗愈方法上。因此，本书只收纳了已被研究证实疗愈效果极佳的技术，这些技术经过研究人员的精心设计与研究，在较长时间内对许多不同类型的人都有着很好的效果。

在过去的30年里，研究人员开发和改进了许多新的认知行为技术，用以缓解个体焦虑、减轻抑郁、平息愤怒。本书介绍了其中最为有效的一些技术，它们能够对你有所帮助。只要你有耐心、愿意付出努力，你很快就会开始感觉好起来。

认知行为疗法的有效性

许多人认为，痛苦的感受是由人们所遗忘的童年经历引发的，纾解这种痛苦感受的唯一方法是，通过长程而费力的分析来找出个体无意识的记忆和联想。

毫无疑问，你现在的痛苦感受和你遥远的过去有所联系，但是现代认知行为治疗师发现了一个更为直接、人们更容易理解的情绪来源：个体当下的思维。这一结论被一遍又一遍地证实——大多数的痛苦情绪都紧随某种解读性思维产生。

例如，一个你偶遇的人说会打电话给你，但他最后没打给你。如果你的解读是“他根本不喜欢我”，你就可能会为被拒绝而感到难过。而如果你的解读是“他可能出了车祸”，那你可能会开始担心他的人身安全。如果你的解读是“他说会打电话给我是在故意骗我”，你就可能会因他撒谎而感到愤怒。

因此，认知行为疗法的核心观点非常简单：个体可以通过改变自己的思维来改变自己的感受。在过去的30年里，数百项研究已经证实，这一简单观点比任何其他治疗技术都能够更容易、更迅速地用来缓解各种情绪问题。

设计治疗方案

你不必把本书按章节顺序从头读到尾。本章将帮你评估自身问题，看一看可以从哪些章节入手，来解决自身问题。

以下是 12 种主要的情绪问题及其治疗方案。这些治疗方案从最实用、最常用的治疗技术，拓展到更有针对性的干预措施。

对于下列每种情绪问题，我们首先讨论其特征性症状，之后按顺序列出推荐阅读的相关章节，最后简要描述治疗方案的操作步骤和基本原理。如果你想要了解本书所涉及的所有情绪问题，请参阅本章末尾的治疗计划工作表，该表简要展示了这些情绪问题的相关治疗方案。

忧虑

忧虑是广泛性焦虑障碍的主要症状。如果你在至少 6 个月的时间里，过度忧虑的天数超过正常的天数，你就可能存在忧虑问题。严重焦虑的人很难控制自己的忧虑，通常会出现以下症状：

- 坐立不安
- 疲劳
- 难以集中注意力
- 易怒
- 肌肉紧张
- 睡眠障碍

请按顺序阅读以下几章来应对忧虑：

第 5 章　放松训练

第 6 章　控制忧虑

第 21 章　问题解决

首先阅读第 5 章“放松训练”的内容，并重点练习线索词提示放松法；在第 6 章“控制忧虑”中，你将学习如何进行准确的风险评估、如何直面忧虑，以及如何预防忧虑行为；有些忧虑可以通过寻找替代性解决方案来解决，第 21 章“问题解决”将对你有所帮助，这一章介绍了找到新的解决方案的技巧。如果忧虑因你根深蒂固的消极信念而持续存在，请阅读第 15 章“检验自己的核心信念”；第 9 章“正念”可以帮助你安住于当下，为你缓解忧虑；第 10 章“解离”能够帮助你摆脱引发你忧虑的思维。

惊恐障碍

惊恐指持续一段时间的极度恐惧。当惊恐发作时，你会强烈地感受到以下一些症状，这些症状在 10 分钟内迅速达到高峰：

- 心跳加速、心率加快
- 出汗
- 震颤或发抖
- 呼吸急促
- 窒息感
- 胸痛
- 胃痛或恶心
- 眩晕
- 害怕失控或“发疯”
- 害怕死亡
- 麻木或感到刺痛
- 发冷或突然发热、脸红

请阅读以下章来应对惊恐障碍：

第 7 章　应对惊恐障碍

遵循第 7 章“应对惊恐障碍”中列出的所有步骤，你需要掌握呼吸控制训练、学会使用概率表格，并练习内感受性脱敏。

如果你尚未发展出场所恐惧症（害怕离开安全的地方）和因害怕惊恐发作所产生的极力回避行为，阅读第 7 章就已足够。然而，如果你已发展出场所恐惧症或回避行为，你可能还需要阅读第 13 章“短时间暴露”，构建你的恐惧场景层级，并阅读第 14 章“长时间暴露”，让自己循序渐进地暴露在恐惧场景中。第 9 章“正念”可以帮助你观察自己的症状，觉察到每个当下的这些短暂而并不严重的情况。

完美主义

对于陷入完美主义的你来说，没有什么是足够好的。灰色地带消失了，你只能看到黑色和白色——大多数时候只能看到黑色。你变成了最为严厉的自我评判者，不断责备自己没有达到目标；你可能会花上好几个小时反复检查计算、修改一篇论文，或是打磨和抛光一件工艺品。然而，所有这些对完美的追求都并不能让你感到开心，只会让你更加担心自己犯错误、受批评。

请按顺序阅读以下几章来应对完美主义：

第 2 章　发现自己的自动化思维

第 3 章　改变不良的思维模式

第 4 章　避免产生过激思维

第 6 章　控制忧虑（忧虑行为预防的相关内容）

第 15 章　检验自己的核心信念

你可以首先阅读第 2、3、4 章，培养自己记录和使用思维日志的习惯。留意自身的不良思维模式，特别是极端化思维、灾难化思维、夸大化思维和“应该”思维。在第 4 章中，你还将学习如何避免产生过激思维（诱发情绪的思维），以及如何面对关于犯错的看似可怕的后果。

第 6 章中所介绍的对忧虑行为的预防程序，对于限制频繁确认和过度工作这些行为是至关重要的，频繁确认和过度工作是个体因害怕犯错误或受到批评而产生的行为。第 15 章“检验自己的核心信念”将帮助你识别和改变那些根深蒂固的、可能助长你的完美主义的无价值的信念。

如果在读完第 15 章内容之后，严重的完美主义问题仍然存在，那么你可以阅读第 13 章“短时间暴露”，来构建害怕犯错误的场景层级，之后使用可视化想象技术，来将自己暴露在这一场景层级的每一个场景中。你还需要将自己暴露在现实生活场景中，通过在一系列设计好的情境中故意犯错误，来纠正自己的完美主义。（参见第 15 章中的“第六步：检验自己的规则”。）

强迫思维

强迫思维是指你所感受到的反复的、持续性的、侵入性的想法、冲动或画面。强迫思维不是对当前问题的普通忧虑，而是一种令人不安的、不请自来的思维，它是过度的、不合理的、耗时的。你试图叫停这些想法，但它们很快就会重新闯入。强迫思维会严重干扰你在家庭、学校和工作中的日常生活。

请按顺序阅读以下几章来摆脱强迫思维：

第 10 章　解离

第 14 章　长时间暴露

第 6 章　控制忧虑（忧虑行为预防的相关内容）

你可以从第 10 章“解离”开始了解强迫思维，这一章简单易学。解离技术能帮助你从不请自来的思维中解脱出来。但是有一些思维——通常是那些引发你高度焦虑的思维——需要更为有力的策略。第 14 章“长时间暴露”能够指导你暴露在强迫思维所带来的画面中，来逐渐削弱强迫思维的力量。

第 6 章中忧虑行为预防的相关内容，能够帮助你叫停一些强化你强迫思维的确认行为和回避行为。最后，第 18 章“自我关怀”是选读内容，这一章可以帮助你软化一些具有冲动性、攻击性的强迫思维。

恐惧症

恐惧症一般分为三类：特定恐惧症、场所恐惧症和社交恐惧症。特定恐惧症指对飞行、高处、动物、接受注射、看见血液等情境或事物产生显著或过度的恐惧。你会尽可能地回避你所害怕的情境或事物，在你飞行、上升至高处，或接近害怕的动物时，你会产生强烈的焦虑，甚至是惊恐发作。特定恐惧症所引发的焦虑和恐惧与实际危险不相称，严重干扰了你的人际关系、日常生活、学业或事业。

场所恐惧症是对公共场所的焦虑或回避。场所恐惧症患者害怕离开安全的地方，比如他们的家。他们不想处于一种离开现场很困难或很尴尬的处境中，常常担心自己在无法获得帮助的地方惊恐发作。场所恐惧症患者通常害怕独自出门、处于人群中、排队、过桥、乘坐公共汽车或火车，等等。

社交恐惧症是一种对和不熟悉的人待在一起的强烈而持久的恐惧。如果你有社交恐惧症，你会尽量避免结识新朋友、与你不太熟悉的人互动，或者面对陌生人的审视。你担心自己的言行或呈现的焦虑症状会让自己很尴尬。当你在社交场合时，即使你意识到自己的恐惧是过度的，你也会非常焦虑。社交恐惧症严重干扰了你的日常生活。

请按顺序阅读以下几章来应对恐惧症：

第 7 章　应对惊恐障碍（仅限于场所恐惧症）

第 5 章　放松训练

第 13 章　短时间暴露

除了场所恐惧症，所有恐惧症的基本治疗方案都是相似的。场所恐惧症通常由未经治疗的惊恐障碍所引发。你可以先阅读第 7 章“应对惊恐障碍”来应对自己的惊恐障碍，之后再来了解恐惧症的常规治疗方案。

要使用恐惧症的常规治疗方案，你首先要阅读本书第 5 章“放松训练”的内容，然后阅读第 13 章“短时间暴露”，构建自己的恐惧场景层级，使用可视化想象技术，将自己暴露在这些场景中，之后在现实生活情境中进行短时间暴露练习。

如果短时间暴露无法帮助你完全消除恐惧，请阅读第 14 章“长时间暴露”，这一章的重点是进行长时间的可视化想象练习，以及在现实生活情境中的暴露。如果你正在试图应对自己的社交恐惧症，你还可以阅读第 9 章“正念”、第 19 章“内隐示范”，或者第 8 章“应对性想象技术”，来创建计划，以应对新的社交情境，并不断实践与练习。

抑郁

当你抑郁时，你会感到自己情绪低落，似乎生活中没有什么有趣或令人愉快的事情。抑郁会影响你的食欲，导致你体重突然减轻或增加。你可能会比平时睡得更多或更少。你感到不安，同时又很累，很难集中精力或做出决定，尤其很难从床上爬起来做些什么。你觉得自己一文不值，自己的生活似乎毫无希望，还常常涌现与死亡有关的念头，你甚至可能考虑过自杀。请特别注意：如果你有非常强烈的自杀念头，那么本书为你提供的帮助并不充足，你需要尽快求助于心理健康专家。

请按顺序阅读以下几章来应对抑郁：

第 12 章　重获动力
第 2 章　发现自己的自动化思维
第 3 章　改变不良的思维模式
第 4 章　避免产生过激思维
第 11 章　激活基于价值观的行为
第 21 章　问题解决
第 18 章　自我关怀

抑郁的一个主要特征是，个体会感到疲劳和消极，因此，你可以首先阅读第 12 章“重获动力”，这样你就可以开始创建自己新的活动计划了。下一步是阅读第 2、3、4 章，熟练记录和使用思维日志这种结构化日志，它能帮助你探索、应对和改变自己的消极思维模式。特别注意自己的不良思维模式，特别是过滤性思维、极端化思维、过分概括化思维和夸大化思维。

第 11 章“激活基于价值观的行为”将为你提供动力，让你能够按照自己的价值观行事。第 21 章“问题解决”可以帮助你在人际关系、工作情况、经济状况以及其他问题上找到替代性解决方案。最后，第 18 章“自我关怀”，可以帮助你从常常会引发抑郁的评判性和攻击性的自我对话中解脱出来。

如果你在读完这几章之后，发现自己的抑郁仍然存在，那么你可能需要着力改变对于自身能力、价值等问题的一些核心信念。读完第 15 章“检验自己的核心信念”，之后阅读第 16 章“用可视化想象技术改变核心信念”，来识别和改变引发抑郁的核心信念。第 9 章“正念”可以帮助你安住于当下，叫停自己的思维反刍。

低自尊

当你处于低自尊状态时，会觉得自己毫无价值，非常无能，浑身上下都是缺点。你对自己的长处视而不见，并拼命夸大自己的缺点。你在人生中所取得的成就似乎变得微不足道，而失败则显得十分突出。你可能会感到悲伤和沮丧，或者变得易怒和咄咄逼人，借以掩盖自己的低自我价值感。你希望别人也认为你毫无价值，如果有人说喜欢你，你会感到非常惊讶、充满怀疑。低自尊会阻碍你设定和实现目标，阻碍你建立有意义的人际关系，阻碍你在工作中得到晋升，也会阻碍你承担各种风险和责任。

请按顺序阅读以下几章来应对低自尊：

第 2 章　发现自己的自动化思维

第 3 章　改变不良的思维模式
第 4 章　避免产生过激思维
第 15 章　检验自己的核心信念
第 16 章　用可视化想象技术改变核心信念
第 18 章　自我关怀

你可以首先阅读第 2、3、4 章，来培养自己记录和使用思维日志的习惯。密切注意自己不良的思维模式，特别是过滤性思维、极端化思维、过分概括化思维和夸大化思维。

接下来，你可以通过阅读第 15 章“检验自己的核心信念”，来识别和改变自己关于自我价值的核心信念。第 16 章“用可视化想象技术改变核心信念”提供了一种方法来进行强化，根据形成这些核心信念的童年情境来重构你的记忆。最后，第 18 章“自我关怀”可以为你消极的、评判性的自我对话提供解药，正是这些自我对话加剧了你的低自尊。

你可能仍然需要不断努力，来避免产生过激思维（常常会紧接着产生痛苦情绪）。如果有一两个过激思维持续损害你的自尊，你可以试着阅读第 10 章“解离”的内容。

羞愧和内疚

深受羞愧和内疚困扰的人常常觉得自己毫无价值，总是将各种错误都怪罪到自己身上。个体在生命早期遭受的情感虐待、性虐待或身体虐待常常会使其觉得自己是件“残次品”，自己的人生不值得拥有爱和幸福。一旦有糟糕的情况发生，弥漫在其心头的羞愧和内疚就会使之认为这是自己罪有应得，而并非单纯的坏运气。

请按顺序阅读以下几章来应对羞愧和内疚：
第 2 章　发现自己的自动化思维

第 3 章　改变不良的思维模式
第 4 章　避免产生过激思维
第 10 章　解离
第 15 章　检验自己的核心信念
第 18 章　自我关怀

你可以首先阅读第 2、3、4 章，来培养自己记录和使用思维日志的习惯。密切注意自己的不良思维模式，特别是过滤性思维、极端化思维、过分概括化思维和夸大化思维。

你可以学习并使用第 10 章“解离”中介绍的技术，从触发自己羞愧或内疚的习惯性思维中解脱出来。最重要的是，你需要读完第 15 章“检验自己的核心信念”，以识别并改变自己在自我价值、可接受性等方面的深层信念。最后一步是阅读第 18 章“自我关怀”，这一章的内容可以从根本上改变你在犯错误、预期糟糕后果和自我价值方面的信念。

如果你的羞耻感来自童年的受虐待经历，你最好可以完成第 16 章“用可视化想象技术改变核心信念”中的练习。

愤怒

如果你经常对压力或挫折做出诸如大喊大叫、打人、扔东西、摔东西这一类的反应，那么你可能在控制愤怒上存在问题。你很难控制好自己的脾气，这会对你的亲密关系、家庭生活、工作情况、人际关系产生负面影响。

请按顺序阅读以下几章来应对愤怒：

第 2 章　发现自己的自动化思维
第 3 章　改变不良的思维模式

第 4 章　避免产生过激思维
第 5 章　放松训练
第 17 章　用压力免疫来控制愤怒

控制愤怒的第一步是阅读第 2、3、4 章的内容，来培养自己记录和使用思维日志的习惯。这一过程能够帮助你识别引发愤怒的思维，然后制订策略来评估和应对它们。接下来，学习第 5 章的放松技术，特别是线索词提示放松法。

第 17 章“用压力免疫来控制愤怒”，将告诉你如何把你的认知和放松技术结合起来，在可视化想象的愤怒场景中进行练习。

如果某些特定的情境仍会激起你的愤怒，请阅读第 19 章“内隐示范”，制订具体的计划来改变自己的行为，并练习做出一系列新的、更为有效的回应。如果你仍然倾向于与愤怒的思维纠缠，请阅读第 9 章“正念”，让自己的觉察转向更为中立的观察。

不良习惯

不良习惯有很多，从过度看电视到强迫性消费，从咬指甲到超速驾驶，从暴饮暴食到任脏衣服和脏盘子堆积成山。不良习惯是一些即使你意识到它们对你的生活有负面影响，也无法叫停的反复出现的行为。

本书并没有为成瘾的不良习惯（如吸烟、酗酒或滥用药物）提供强有力的治疗方案。然而，像上面提到的那些不太严重的习惯，可以通过以下几章所介绍的技术得到显著改善。

请按顺序阅读以下几章来应对不良习惯：
第 5 章　放松训练
第 19 章　内隐示范

第 21 章　问题解决
第 22 章　习惯逆转训练

由于许多不良习惯都是在压力下产生的，因此你可以首先阅读并掌握第 5 章“放松训练”的内容。当压力或焦虑开始触发你的习惯性行为时，你可以使用线索词提示放松法来应对。

接下来，阅读第 19 章“内隐示范”，开发一些能够替代你旧有习惯模式的替代性反应。之后，阅读第 21 章“问题解决”，为那些触发了旧有习惯的问题情境找到替代的解决方案。最后，利用第 22 章“习惯逆转训练”所介绍的技术，来应对诸如抓皮肤、拔头发等习惯。

对于一些顽固的习惯，你可以使用第 20 章“内隐致敏化”中所提到的方法来应对，将旧有习惯与厌恶刺激进行匹配，以使之消退。

轻度回避

轻度回避是指对某些场景、人或事物抱有持续的恐惧。这种恐惧使你尽可能地回避令自己感到害怕的场景，但在不得已的情况下你也可以“硬着头皮”应对。例如，轻度回避乘坐飞机可能意味着，你会尽可能选择乘坐火车或汽车，但在没有其他选择的时候，你也会选择乘坐飞机。轻度回避会对你的人际关系、工作或学习生活产生一定的影响。

请按顺序阅读以下几章来应对轻度回避：
第 5 章　放松训练
第 8 章　应对性想象技术
第 9 章　正念

轻度回避更多是处于拖延和推迟的水平，而没有到恐惧症的程度，你可能不需要构建恐惧场景层级，并短时间暴露在恐惧场景中，来应对自己的轻度回避。首先，阅读第 5 章“放松训练”，练习腹式呼吸法和线索词提示放松法；其次，阅读第 8 章“应对性想象技术”，在想象自己应对压力情况的同时练习放松技术和应对性思维；最后，第 9 章“正念”将帮助你安住于当下，减少你因焦虑而产生的回避行为。

拖延

拖延将糟糕的时间管理、问题解决能力与完美主义、表现焦虑结合在一起，让人衰弱，丧失动力。你不断拖延本应该做的事情，把时间浪费在低优先级的干扰事项上，制定一些不可能达到的高标准目标，来阻止自己迈出第一步。你害怕自己一开始就会经历失败或遭受批评。

请按顺序阅读以下几章来应对拖延：

第 2 章　发现自己的自动化思维

第 3 章　改变不良的思维模式

第 4 章　避免产生过激思维

第 21 章　问题解决

应对拖延的第一步是阅读第 2、3、4 章的内容，来培养自己记录和使用思维日志的习惯。拖延通常来自个体害怕失败或犯错误，因此要特别注意自己的不良思维模式，特别是灾难化思维、夸大化思维和过滤性思维。你需要直面并改变那些评判自己表现平平、是失败者的触发性思维。接下来，阅读第 21 章“问题解决”，制订计划来实现你一直在回避的目标。

如果拖延持续存在，那么往往是由于你对自己无价值或无能这一核心信念深信不疑。你可以通过阅读第 15 章“检验自己的核心信念”，来识别并开始改变这些信念。

抽动障碍：抽动秽语综合征、拔毛障碍和抓痕障碍

抽动障碍中的这些习惯性行为会导致别人拒绝或回避你，有损于你的外表和举止，并可能引发抑郁、焦虑，使你因尴尬而回避社交场合。

请按顺序阅读以下几章来应对抽动障碍：

第 22 章 习惯逆转训练

第 9 章 正念

第 5 章 放松训练

抽动障碍，比如抓皮肤、拔头发、眨眼睛、清喉咙、抽动秽语综合征中的相关症状等，有着生理学基础，患者会自发地、不自主地甚至是无意识地做出这些行为。然而，抽动行为在某种程度上是自主的，学习和使用第 22 章“习惯逆转训练”中已被研究证实有效的一些技术，抽动行为便可以得到控制。

在第 9 章“正念”中，你能够得到额外的训练，来观察和详细描述自己在做出抽动行为时的情绪、冲动和动作。

第 5 章“放松训练”将有助于减轻你的压力，在你感觉某一情境可能会增强自己抽动行为的严重程度时，放松训练可以帮助你放松下来。

治疗计划

表 1-1 涵盖了本书介绍的所有治疗方案。若要使用这一工作表，请先在左侧一栏中定位自己的问题，之后向右阅读，数字 1 代表你应该首先阅读的章节，数字 2 代表你应该第二个掌握哪一章所介绍的技能，以此类推。

表 1-1

问题	第 2 章 发现 自己的自 动化思维	第 3 章 改变不 良的思 维模式	第 4 章 避免产 生过激 思维	第 5 章 放松 训练	第 6 章 控制 忧虑	第 7 章 应对 惊恐 障碍	第 8 章 应对性 想象 技术	第 9 章 正念	第 10 章 解离	第 11 章 激活 基于价值 观的行为
										焦虑
忧虑				1	2			×	×	
惊恐障碍						1		×		
完美主义	1	2	3		4					
强迫思维					3				1	
特定恐惧症				1			×	×		
场所恐惧症				2		1	×	×		
社交恐惧症				1			×	×		
创伤后应激障碍			2	1				×		
表现焦虑			2	1				×		
										抑郁
抑郁	2	3	4					×		5
低自尊	1	2	3						×	
羞愧和内疚	1	2	3						4	
										愤
愤怒	1	2	3	4				×		
										生理
肌肉紧张				×						
“战斗或逃跑”反应				×		×				
										行为
不良习惯				1						
轻度回避				1			2	3		
拖延	1	2	3							
活动受限										×
人际冲突								×		
抽动行为				3				2		
										消极核
消极核心信念										

治疗计划

第 12 章 重获动力	第 13 章 短时间暴露	第 14 章 长时间暴露	第 15 章 检验自己的核心信念	第 16 章 用可视化想象技术改变核心信念	第 17 章 用压力免疫来控制愤怒	第 18 章 自我关怀	第 19 章 内隐示范	第 20 章 内隐致敏化	第 21 章 问题解决	第 22 章 习惯逆转训练
症										
			×						3	
	×	×								
	×		5							
		2				×				
	3	×								
	3	×								
	3	×								
症										
1			×	×		7			6	
			4	5		6				
			5	×		6				
怒										
					5					
压力										
问题										
							2	×	3	4
			×						4	
×									×	
							×		×	
										1
心信念										
			×	×						

在某些问题的栏目中，你可能会发现 × 标记。× 标记所对应的章并非这一问题的核心治疗计划，但如果问题症状持续存在，那么这些章中的一些技术可能是适用的、有效的。

我们能够看到，一些问题没有具体的治疗方案，只能用 × 标记来标出一些章，推荐一些建议的治疗方案。如果你正在试图应对自己的攻击性行为，请参阅针对愤怒问题的治疗方案；如果你正在与自己的强迫思维和强迫行为做斗争，你可以遵循治疗焦虑症的方案；如果你正在试图摆脱自我批评，你可以了解有关低自尊的内容。

别被吓坏了，这一工作表只是看起来复杂而已。慢慢来，一步一步地工作，你能做到的。祝贺你，你已然踏上这段充满挑战的自我发现和治愈之旅！

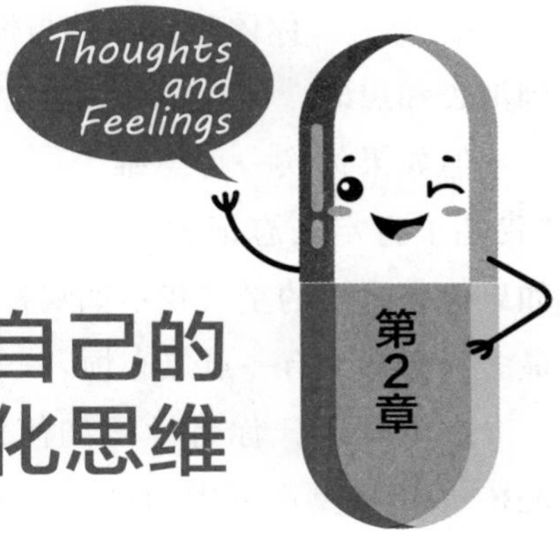

发现自己的自动化思维

思维决定感受，这是认知疗法的精髓所在。过去60年间被研发和不断改进的所有认知技术都传达出这一简单观点：思维决定感受，许多感受都由思维所触发，然而这一思维可能很简单，它转瞬即逝，容易被人忽略。

换句话说，一个事件本身没有情绪，是人们对这个事件的解读引发了他们的情绪。我们常用“ABC情绪模型”（ABC model of emotions）来描述这一现象，其中A代表激发事件（activating event），B代表信念或思维（belief），C代表结果或感受（consequence）：

A. 事件 → B. 思维 → C. 感受

我们来看一个例子：

A. 事件： 你上车拧动车钥匙，汽车没有启动。

B. 思维： 你对自己说“哎呀，车没电启动不了了，太惨了！我被困在这儿了，我肯定会迟到的”。

C. 感受：你体验到一种与你的思维相适应的情绪。你对将要迟到感到沮丧和焦虑。

但如果你换一种思维，你的感受就会随之改变。如果你当时想的是“我儿子肯定又忘记关车灯了，让它亮了一整夜”，你可能会感到愤怒；如果你当时想的是“我不如喝杯咖啡放松一下，等人来将车拖走”，那你最多只会感到有一点点心烦。

在本章中，你将学习如何使用我们所提供的“思维日志”来发现 ABC 情绪模型序列中的自动化思维。这是你在认知行为疗法中需要掌握的基本技能，能够帮助你减少自己的痛苦感受。

能否改善症状

发现自动化思维本身并非一种全面的疗法，它只是许多认知行为疗法的第一步。然而，在你探索自己如何应对心烦意乱的情况时，发现自己的自动化思维可能会帮助你迅速缓解焦虑、抑郁、愤怒、完美主义、低自尊、羞愧和内疚的情绪，或是减少拖延。这是一个好现象，认知疗法可能很快就能帮到你。

也就是说，到本章结束时，你的相关症状更有可能不会得到任何改善。事实上，在你探索自身感受的过程中，有些感受还可能变得更为强烈。别担心，请记住你刚刚迈出了旅程的第一步。

何时能够见效

大多数人在第一周都通过如实记录“思维日志”取得了显著的进步。你越频繁去尝试了解自己的自动化思维，进步就会越显著。这种技能与编织、滑雪、写作或乐器弹唱等没什么两样，重点在于熟能生巧。

当你开始尝试发现自己的自动化思维时，你要开始了解它们的本质和工作原理，包括它们是如何形成复杂的反馈循环的，这些会对你很有帮助，所以我们将首先讨论这些。之后，我们将帮助你学会倾听自己的自动化思维，这样你就可以开始把它们记录在“思维日志”中。对于探索、应对和改变消极思维模式来说，这是一个非常有用的方法。

了解反馈回路

事件 – 思维 – 感受序列是人们情感生活的基本组成部分，但它们有时非常混乱。在现实生活中，人们通常不会只经历一组简单的 ABC 情绪反应，每个反应都有各自的激发事件、思维和对应感受。通常情况下，一组 ABC 情绪反应会形成一个反馈循环，其中一个序列的（结束）感受会成为另一个序列的（起始）事件（反馈回路见图 2-1）。

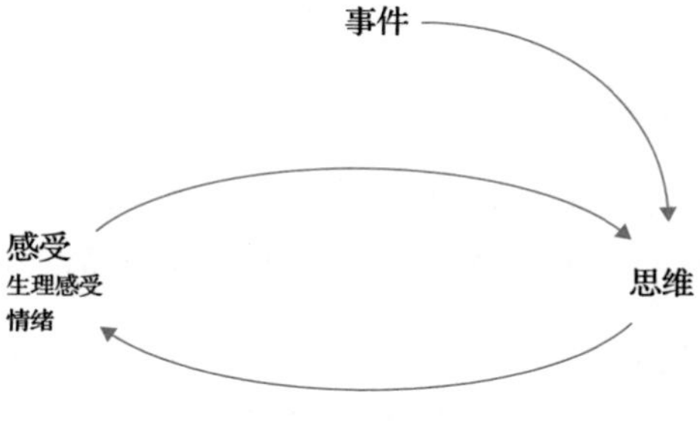

图 2-1　反馈回路示意图

痛苦感受可能会引发负面反馈循环，不舒服的感受本身成为一个激发事件；进一步的思维产生更多的痛苦感受，而这些痛苦感受又发展成更为严重的事件，引发更多消极思维，以此类推。这种情况可以一直循环，直到你让自己陷入愤怒、重度抑郁之中，或者导致你焦虑发作。

感受的组成中有生理成分。当你经历恐惧、愤怒或喜悦等情绪时，你的心跳加速，呼吸变得浅而急促，出汗变多，身体不同部位的血管收缩或扩张。相反，当你经历抑郁、悲伤、悲痛这些“安静”的情绪时，你的一些生理系统的运作速度会逐渐减缓。这两种情绪和与之相伴的身体感受都会触发一个评估过程，在这一过程中你会开始对自己的感受进行解读和贴标签。

例如，如果深夜你身处一个危险的街区，这时你的汽车无法启动，那么消极的反馈回路可能会是这样的：

A. 事件：汽车启动不了。

B. 思维：“哎呀，太惨了，我肯定会迟到的，而且这条街有点危险。”

C. 感受：心跳加速，感觉很热、出汗、烦躁、焦虑。

B. 思维：“我很害怕。我可能会被人抢劫，这真是太糟糕了！”

C. 感受：胃部收紧、呼吸困难、头晕、感到恐惧。

B. 思维：“我吓坏了。我会失控的。我动不了了。我无法保证自己的安全。”

C. 感受：肾上腺素激增，感到非常惊恐。

自动化思维的本质

你不断和自己进行对话，来勾勒这个世界是什么样子的，给每一件事或每一次体验贴上标签。你会自动对你所看到的、听到的、触摸到的和感受到的一切做出解读。你评判事件是好是坏，让人快乐还是痛苦，是安全的还是危险的，等等。在这个过程中，你为自己所有的经历都渲染了不同的色彩，以自己对它们的个人理解为它们贴上标签。

这些标签和评判是通过你与自己无休止的对话所形成的，思维像瀑布一样从你的脑海中不断倾泻而下。这些思维经常出现而不易察觉，但它们足以诱发你最为强烈的情绪。理性情绪疗法的心理治疗师阿尔伯特・埃利斯（Albert Ellis）将这种内部对话称为“自我对话”，认知理论学者阿伦・贝克（Aaron Beck）将其称作“自动化思维”。贝克更喜欢后一个术语，“因为它更准确地描述了人们体验思维的方式。人们在感受自动化思维时就像是在做出一种本能反应一样——没有经过任何事先的思考或推理，并且人们觉得它们真实存在、令人信服”(Beck，1976)。

自动化思维通常具有以下特征，我们接下来会进行详细讨论：

- 自动化思维的表达通常很短。
- 自动化思维总是令人信服的。
- 自动化思维是自动产生的。
- 自动化思维常用“应该”或“必须”来表达。
- 自动化思维喜欢“把事情弄糟”。
- 自动化思维因人而异。
- 自动化思维会引发连锁反应。
- 自动化思维往往不同于与人交谈的内容。
- 自动化思维会重复特定的主题。
- 自动化思维是习得的。

自动化思维的表达通常很短

自动化思维在表达上通常很短，由几个基本的电报式的词或短语所构成，如“孤独……生病……无法忍受……癌症……不好”。每个词或短语都代表了一段痛苦的回忆、一种恐惧或自责的感受。

不过自动化思维也不一定需要以词或短语的形式来呈现，它也可能会是一个简单的视觉形象、一种想象中的声音或气味，或者一种身体上的感觉。例如，一位恐高的女性哪怕只是在脑中想象自己脚下的地板倾斜了，不到半秒的时间，她就会感觉自己整个人正朝着窗户滑去。每当她上到超过 3 层楼高的高度时，这个短暂的想象就会引发她强烈的焦虑。

有时，自动化思维是对过去事件的一次简短重现。例如，一个沮丧的女人每次走上梅西百货的楼梯，都会想到丈夫那一天在这儿说要离开她的情景。楼梯的形象本身足以激发她与那一次的丧失有关的所有感受。

自动化思维偶尔会以直觉性认知的形式出现，而不需要借助于词、图像或感官印象。例如，一位陷入自我怀疑的厨师“就是知道”自己试图晋升主厨无济于事，自己根本就不可能成功。

自动化思维总是令人信服的

自动化思维通常让人感觉很可信，不管它们多么经不起推敲。例如，一个人对他最好朋友的去世感到愤怒，甚至有一段时间，他认为朋友是故意死去来惩罚自己的。

自动化思维与直接的感官印象具有同样可信的特质。你会感觉自己的自动化思维与现实世界中的景象和声音一样真实。如果你看到一位男士上了一辆保时捷跑车，你就会自然而然地觉得“他很有钱，而且他一定很自我吧”，对你来说，这个判断就像你看到的这辆车的颜色一样真实。

自动化思维是自动产生的

你会相信自己的自动化思维，是因为它们是自动产生的。它们似乎是从你正在经历的某件事情中自发地产生的思维，会突然出现在你的脑海里，你几乎没有注意到它们，更不用说要对它们进行逻辑分析了。

自动化思维常用“应该”或“必须”来表达

一个刚刚经历了丈夫去世的女人总是会想：“他就应该干干脆脆地离开这个世界，不该给家人和朋友们造成这么大的负担。”每当这个思维突然出现在她脑海中时，她就会突然感到一阵绝望。人们总是会用“应该”来折磨自己，比如：“我应该快乐、应该更有活力、应该有创造力、应该有责任心、应该很有爱心、应该大方慷慨……”人们每个深信不疑的“应该”都促成了一种愧疚感的产生，或者自尊的丧失。

“应该”的思维模式很难根除，因为它们的起源和功能实际上是适应性的。它们是在过去曾经奏效的简单的生活准则，就像是一种生存模板，在你面临压力的时候，你可以快速地套用它们。问题是，它们如此自动化，以至于你没有时间去分析它们；它们如此僵化，以至于你无法及时修正它们以适应现实中不断变化的情况。

自动化思维喜欢“把事情弄糟”

自动化思维常常要去预测未来是否会有灾难发生，它会努力发现每个潜在的危险，并总是做出最坏的打算。比如，它会认为，胃痛是可能患上癌症的一种征兆，爱人脸上一个心不在焉的神情说明他马上就要不爱我了。这些灾难化思维是焦虑的主要来源。

与“应该”的思维模式一样，这种灾难化思维也难以根除，因为它们具有适应性的功能。它们在帮助你预测未来，为最坏的情况做好准备。

自动化思维因人而异

下面这个故事很好地说明了，不同的人对同一个事件会产生不同的自动化思维。故事发生在一个拥挤的剧院里，一个女人突然站了起来，扇了她旁边的男人一个耳光，然后匆匆穿过过道，离开了剧院。一名女性观众看到之后吓坏了，因为她想的是：“这对伴侣回家之后肯定会爆发激烈的冲突。”她不自觉地想象着女人会被残忍殴打的种种细节，还回忆起自己遭受身体虐待的痛苦经历。而同样目睹了这一切的一个年轻人则很生气，他想的是：“那个男人真是可怜，他可能只是想要得到这个女人的一个吻，却在大庭广众之下被她狠狠羞辱了，那真是个坏女人。”一名中年男子却仿佛在这个女人身上看到了自己前妻的影子，看到她的满脸怒气，这名中年男子心里想：“唉，现在他彻底失去她了，她再也不会回来了。”想到这儿，他感到特别沮丧。一名社会工作者看到这一幕，感到很解气、很痛快，她觉得：“这是那个男人罪有应得，真希望我身边那些在恋爱中卑微又胆小的女生能够看到这一幕。”

上述每一种反应都是基于这些个体各自对刺激事件的独特看法，这些不同看法引发了他们不同的强烈情绪。

自动化思维会引发连锁反应

人们很难叫停或改变自己的自动化思维，因为它们是反射性的，并且令人信服。它们在你内心的一段段自我对话中悄无声息地生长、蔓延，似乎渐渐有了自己的意志。一个自动化思维往往会引发另一个自动化思维，进而产生无止境的连锁反应。你可能经历过这种连锁反应——一个沮丧思维的出现，引发了一连串相关的沮丧思维产生。

自动化思维往往不同于与人交谈的内容

大多数人与他人交谈的方式都不同于他进行自我对话的方式。在与他人交谈时，人们通常会讲清楚他们在生活中遇到的事情的来龙去脉、前因后果。但在进行自我对话时，对于同样的事情，人们更可能会采用一种自嘲的态度，或是预测一些可能产生的可怕后果。

一位曾经的高管平静而高声地解释道：“自从我被解雇后，我一直有点沮丧。”这种描述事实的说法与失业给他带来的真实感受和思维截然不同，他实际上想的是：“我是个失败者，我再也找不到工作了，我的家人会饿死的，我活不下去了。”这些思维让他觉得自己被卷入了一个无底洞，四下无人，深不见底，只能不断下沉。

自动化思维会重复特定的主题

焦虑、抑郁、常常愤怒，都是由于人们一直专注于特定的自动化思维，而排斥所有其他的思维。焦虑的人的人生主题是回避风险，他们全神贯注于预测未来是否会有危险发生，永远在搜寻未来可能出现的威胁和痛苦；抑郁的人时常关注过去，沉溺于自己的丧失情绪中，而且还关注自己的失败和缺点；常常愤怒的人会无意识地重复自己的一种自动化思维——他人会故意伤害我。

专注于这些主题让人的视野变得狭隘，从此只使用单一的思维模式，只注意自己所处环境中的单一方面，这会让人产生一种主导性的、通常相当痛苦的情绪。阿伦·贝克用“选择性断章取义”（selective abstraction）这个术语来描述这种视野变得狭窄的情况，在这种情况下，你只能看到环境中的某些特定线索，而排斥所有其他线索。

自动化思维是习得的

从你小时候起，人们就一直在教导你该怎么思考问题，家人、朋友、老师、媒体和其他人对你产生了很大的影响，你现在也会以某种特定的方式来看待事物。多年来，你已经习得了自动化思维的惯常思维模式，并不断实践，这些思维模式很难被人发现，更不用说改变了。这是不好的一面，而好消息是，人们所习得的东西都可以被忘却和改变。

倾听自己的自动化思维

倾听自己的自动化思维是控制不愉快情绪的第一步。你内心的大部分自我对话都是无害的，而那些可能对人造成伤害的自动化思维可以被识别出来，因为它们几乎总是给你带来持续性的痛苦感受。

为了识别出那些给你带来持续痛苦感受的自动化思维，你可以试着回忆有痛苦感受之前的个人思维，以及那些伴随持续痛苦情绪而产生的思维。你可以想象这是一个听对讲机的过程，即使是在你和别人交谈或者过自己的生活的时候，对讲机也总是开着的。你与外在世界不断互动，与此同时也在不停地与内在自我进行对话。

倾听你内心的自我对话，听听你在对自己说些什么。你的自动化思维正在为许多外部事件和内部感觉赋予个性化的特殊意义，并对你的经历做出判断和解读。

自动化思维通常来无影去无踪，叫人难以捕捉。它们会以一个简短的心理意象或一个词或短语的形式突然闪现。以下两种方法可以用来应对这些瞬时性的思维：

- 重构一个问题情境，在脑海中一遍又一遍地想象这一情境，直到痛苦的情绪开始浮现。当痛苦的情绪涌上心头时，你在想些什么？把你的思维想象成一部慢动作电影，一帧一帧地审视你内心的自我对话。留意你说“我受不了了”的那些时刻，以及看到恐怖画面的那半秒场景。注意你是如何在内心描述和解读他人的行为的，比如“她很无聊”“他在贬低我”。
- 将闪现的词或短语带入它的原始语境中，扩充这个词或短语。“感觉不舒服”可能代表着“我感觉不舒服，接下来情况会越来越糟糕的，我受不了了”；“要疯了”的意思可能是“我感觉我要失控了，这一定意味着我要疯了，我的朋友们会疏远我的”。光是倾听这些闪现的词或短语是不够的，你要识别并梳理出内心的整段自我对话，来理解被扭曲的逻辑，许多痛苦的情绪正是受到这些扭曲逻辑的影响。

记录自己的思维日志

为了感受你的自动化思维的力量，了解它们在你的情感生活中所扮演的角色，你可以使用本章末尾所给出的表格来记录自己的思维日志。(你也可以扫描目录下方二维码下载这一表格。)当你每次经历不愉快的感受时，马上把它们记录在表格中，当下的情况就会变得清晰易懂。之后你可以对这种感受进行评价，按0到100的等级来为这种感受所带给你的痛苦程度打分，0表示这种感受没有让你感觉痛苦，100表示这是你所体验过的最为痛苦的感受。

把这一表格多复印几份，随身携带一份至少一周的时间，每当你感受到痛苦情绪的时候，就把它记录下来。你可能会发现，专注于自己的自动化思维会在一段时间内让你感觉更为糟糕，这时候请继续努力，在你开始感觉好起来之前，感觉更糟是很正常的。另外，在本书接下来的两章中，你将用到你所记录的这份思维日志中的内容。（如果你在开始时需要一些帮助，你可以看看安东尼奥的思维日志，上面有一些项目和内容可供你参考。安东尼奥是一名会计，每次公司要报税的时候，他都感到压力很大。）

发现自动化思维的过程可能会让你开始不再相信自己的这些思维，并开始在它们闪现的时候质疑和反驳它们。对此，我们在下一章将讨论关于“改变不良的思维模式”的内容，这将为你反驳自己的自动化思维提供实用的工具。

此时此刻，重要的是，你要认识到，思维会引发和维持情绪。为了降低痛苦情绪出现的频率，你需要倾听自己的思维，然后问问自己，在这些思维中，有多少是自己的真实思维。要知道，你的所思所想最终都会汇为你的感受。

思维日志 1

情境 发生在什么时候？ 发生在哪里？ 和谁在一起？ 发生了什么事？	感受 用一个词来总结 按 0 ～ 100 的等级来打分	自动化思维 在有不愉快的感受前你在想什么？ 在有不愉快的感受时你在想什么？

安东尼奥的思维日志

情境 发生在什么时候？ 发生在哪里？ 和谁在一起？ 发生了什么事？	感受 用一个词来总结 按0～100的等级来打分	自动化思维 在有不愉快的感受前你在想什么？ 在有不愉快的感受时你在想什么？
困在高速公路上	愤怒 80	我会迟到的。老板会很生气。我会是最后一个出勤的人。要开始忙忙碌碌一整天了
分配给我额外的工作	焦虑 90	我今晚要通宵工作了。我受不了了。我这么晚回家，珍妮会生气的
	不满 75	他们总是对我发牢骚，一点儿也不公平
我连午饭时间都得工作	焦虑 85	我饿了，太累了，我受不了了
	愤怒 65	为什么公司不多雇用一些员工呢？真是荒谬
工作到很晚，得给妻子打电话了	焦虑 75	她真的会发火的
开车回家	沮丧 80	我的生活就这样了，没什么出路
和孩子们一起看电视	沮丧 90	孩子们从来不跟我聊天，他们一点儿也不了解我，对我漠不关心
妻子早早就上床睡了	沮丧 85	她肯定是生气了，她肯定很讨厌我吧

特别注意事项

有时候，自动化思维出现得太快，而且稍纵即逝，以至于人们即使后知后觉地有一丝丝察觉，也很难在当下识别出它们。在这种情况下，你可以对你的思维进行计数。随身携带一张计数卡，每当你发现自己产生了自动化思维，就在卡片上做个记号。你也可以用你的手表或计数器，来记录你的自动化思维出现的次数。

记录你的自动化思维出现的次数，能够帮助你与它们保持一定的距离，也能让你有一种掌控感。不要想当然地认为你的自动化思维会对事件进行准确的评估，你可以记录下它们，然后放下它们。一旦数过了它们，你就不会老是想着它们了。

这个过程会让你的思维逐渐放慢，增强你的专注力，这样你的思维内容就会变得清晰起来。渐渐地，你会想要继续计数，并开始对这些自动化思维进行分门别类了，数数自己有多少种不同类型的思维：灾难化思维，关于丧失的思维，不安全性思维，等等。

如果你总是忘记数自己的这些思维，你可以试着在手机或手表上设置一个闹钟，或者使用定时器，每 20 分钟响一次。当闹钟响起时，暂时放下你手头正在做的事情，倾听自己的内心，数一数你注意到的任何消极思维。

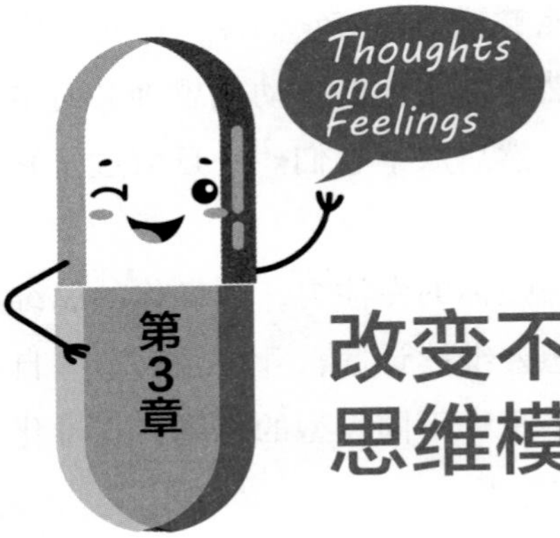

第3章 改变不良的思维模式

一名男子走到一家药店的柜台前，想要买某个品牌的牙线。店员说现在缺货，而这名男子得出的结论是，店里有牙线的存货，只是因为柜员不喜欢他的长相，想把他赶走，所以不卖给他。这种逻辑显然是非理性的和偏执的。

我们再来看看一位女性的例子。有一天，她的丈夫下班回家时面露愁容，她便立刻得出结论：我前一天晚上太累了，没有和他亲热，他肯定是因为这个生气了。她预感自己会受到某种报复和伤害，于是迅速暴躁起来，采取一种防御性的姿态。她认为这个逻辑非常合理，直到她得知丈夫在回家的路上遭遇了一场轻微的车祸，她才开始质疑自己的结论。

她的思维过程是这样的：

1. 我丈夫看起来很沮丧。

2. 每次我没有满足丈夫的时候，他都很沮丧。

3. 因此，他现在很沮丧，是因为我没有满足他。

这种逻辑的问题出在，她假设丈夫的心情总是与她有关、她是丈夫情绪起伏的主要原因。这种不良的思维模式被称为个人化思维，个体的这种思维模式倾向于将其周围所有的事物和事件都与自己联系起来。个人化思维会限制人们的思路，给人们带来痛苦，因为它会让人们总是在误解自己所看到的事情，并根据这些误解采取行动。

本章将关注 8 种不良的思维模式，教你学会识别它们。之后本书会教你分析自己在第 2 章中所记录的自动化思维日志中的内容，并帮你识别出在一些困难情境下会倾向于使用的不良的思维模式。你将学会构建更平衡的替代性自我陈述，这将比让你产生痛苦感受的自动化思维更加可信，你还将学会如何根据你更平衡的新思维来制订行动计划。

能否改善症状

挑战自动化思维是一种对抗完美主义、抑制拖延行为、缓解抑郁和焦虑的有力方法。它也有助于个体应对自卑、羞愧、内疚和愤怒。

本章所介绍的技巧基于阿伦·贝克的认知疗法，他在 1976 年提出了这种分析自动化思维和形成理性反馈的方法，来帮助个体反驳和替代扭曲的思维。这种方法对抽象思考者非常有效，因为抽象思考者善于分析自身的自动化思维，来找到自己特定的不良思维模式。

何时能够见效

在对你的自动化思维进行 1 ～ 4 周的分析之后，你就会开始得到问题的答案了。如果你尝试了本章的所有练习，却仍然难以找出自己的不良思维模式，那么请你也不要灰心，你可以阅读下一章内容，收集支持和反驳引发痛苦情绪的思维的证据，它同样能够帮助你建立更为平衡的新的思维模式。

说明与指导

对于改变不良的思维模式来说，发现和识别它们是很有帮助的，因此我们首先要来解释一些最常见的思维模式。之后，本章的剩余部分将说明，如何使用你的思维日志来识别出你倾向于使用哪种思维模式，并构建更为平衡的思维来对抗它们。

学习识别 8 种不良的思维模式

以下是最常见的 8 种不良的思维模式。对这些思维模式一一进行独立研究，会非常有效。然而，在人们持续不断的意识流中，这些思维模式通常会快速而连续地出现，相互重叠，彼此交织。

过滤性思维

过滤性思维是一种视野变得狭窄的情况，个体只关注其所处情境中的某个单一元素，而忽略其他的一切，这使得某一个细节成为焦点，而整个事件或整个情境都被这个细节所左右。例如，一位计算机绘图员对他人的批评非常敏感，他最近完成的细节图品质很高，因此得到了老板的称赞，老板问他是否能够更快地完成下一个任务。他沮丧地回到家中，因为他认定老板是在说他作图太磨蹭。他的这种思维模式就是过滤掉了他人对自己的称赞，而只关注他人对自己的批评。

每个人都会从自己的某些特定视角来看待问题。抑郁的人对已经失去的东西非常敏感，而往往对已然得到的视而不见；对于焦虑的人来说，就算他所处的情境非常安全，但哪怕只是嗅到一丝危险的气息，他也会将其视作一个定时炸弹；常常愤怒的人则会通过一个遍布不公平信息的视角看待问题，而过滤掉那些公正、公平的事件和内容。

记忆也可以是非常有选择性的。你可能只记得你在过去某些特定时刻所发生的事情，而无法记得所有事情。当你过滤你的记忆时，常常是跳过积极正向的体验，而不断回想和沉溺于那些让你愤怒、焦虑或抑郁的记忆。

过滤性思维喜欢让你的思维“变得糟糕”，它会把消极事件从其所处的情境中单拎出来，让你只专注于它们，而忽略情境中其他的积极体验。你的恐惧、丧失和愤怒被无限放大，因为它们占据了你所有的意识空间，并把其他一切都排除在外。过滤性思维模式的关键词是“可怕的”“糟糕的”“恶心的”“恐怖的”，诸如此类。过滤性思维模式的常用语是“我受不了了”。

极端化思维

极端化思维有时也被称为非黑即白思维。这种不良的思维模式只允许极端化思维的存在，没有中间地带。你在做出选择时倾向于非此即彼，认为一切都很极端，几乎没有折中的余地。你认为人和事要么好要么坏，要么精彩要么糟糕，要么令人愉快要么难以忍受。因为你对人和事的解读都是极端的，所以你的情绪反应也会很极端，从绝望到欣喜，到愤怒，到狂喜，再到恐惧……

极端化思维的最大风险在于它会影响你的自我评价。你会认为，如果自己并不完美或是并不聪明，那么自己肯定就是个失败者或低能者，你绝不允许自己犯错或是显得平庸。例如，一个大巴车司机走错了高速公路出口，不得不绕了两英里[㊀]的路，于是他认定自己是一个彻彻底底的失败者。也就是说，仅仅是犯了一个错误，他就觉得自己既无能又无用。同样，一位养育着三个孩子的单身母亲决心要坚强起来、负起责任。而每当她感到疲惫或紧张的时候，她就开始觉得自己非常虚弱，快要崩溃了，她也经常在和朋友聊天时批评自己。

过分概括化思维

在过分概括化思维中，你会根据单个事件或证据来得出一些宽泛的

㊀ 1 英里 = 1.609 344 千米。

结论。掉了一根针，你就会得出结论：“我永远都学不会编织了。”你还会把在舞池里被一个人拒绝解读为“没有人愿意和我一起跳舞”。

这种思维模式会让人们的生活受到越来越多的限制。如果你恰好有一次在火车上生病了，你就决定再也不坐火车了；如果你在6楼的阳台上感到头晕，你就再也不会到阳台上去了；如果你在丈夫上次出差的时候感到非常焦虑，那么每次他一出差，你的情绪就会变得一团糟。在过分概括化思维模式下，一次糟糕的经历就意味着，未来每次遇到类似的情况时，你都会再次体验糟糕。

过分概括化思维常常以一些绝对化的表述来呈现，就好像有一些不可改变的法则掌控和限制了你获得幸福的机会。这些过分概括化的表述包括“所有”“每一个”“没有一个”“从来没有”“总是”“每个人”“没有人”等，当你使用这些表述时，你可能就在使用过分概括化思维。例如，当你得出如下笼统的结论时，你就在使用过分概括化思维：“没有人爱我”“我再也不会相信任何人了”“我会一直很伤心”“我会一直做些糟糕的工作”“一旦谁真正了解了我，就没有人愿意和我做朋友了”。

过分概括化思维的另一个标志是，给你不喜欢的人、地方和事物贴上总结性的标签。例如，给拒绝载你回家的人贴上“十足的浑蛋”的标签；给在约会时不爱说话的男士贴上“闷葫芦”的标签；民主党人是“天生的自由主义者”；纽约是“人间炼狱”；电视是一种“邪恶的、腐蚀人的东西”；你是“愚蠢的”，甚至是“完全在浪费生命”；等等。每个标签都可能确确实实传达了一些事实信息，但将这一小部分的事实信息过分概括化，上升为一种总结性的评价，而忽视所有其他的信息，这样会使人们的世界观渐渐变得刻板而单一。

读心思维

当你在使用读心思维时，你会假设你知道别人的感受，知道他们的动机是什么，这可能会让你迅速做出一些评判：“他那样做是因为他嫉妒别人”“她就是看中了你的钱”“他不敢表现出自己的在意”，等等。

如果你的兄弟最近刚和女朋友分手，遇到了另一位女性，一周内去见了她 3 次，那么你可能会马上得出很多结论，例如，他还在生前女友的气，希望前女友在发现自己有了新的约会对象时，会回心转意，或是他害怕自己再次孤身一人，等等。但如果不去询问当事人，你永远也不会知道事情的真相究竟是什么样子。读心思维会让一个结论看起来似乎极其正确，以至于你认为它就是事实，并据此采取不恰当的行动，从而陷入麻烦。

你还会使用读心思维来对人们会如何回应你做出假设。你可能会假设你的男朋友的想法，对自己说："我们现在已经熟识了，他肯定已经感到我没有什么吸引力了。"如果他也在使用读心思维，他可能会对自己说："她一定觉得我一点儿也不成熟。"你可能在工作场合碰巧遇到你的上司，当你向她打完招呼走开时你会想："她真的要解雇我了。"这些假设来源于你的直觉、预感、模糊的猜忌，或是一些过去的经历。它们未经检验和证实，但你仍然相信它们。

读心思维来自一个叫作投射的过程。你会假设人们和你有着同样的感受，对事物的反应也和你一模一样。因此，你对他人的观察或倾听都会不够仔细，无法注意到他人实际上与自己不同。如果有人迟到让你很生气，你会认为每个人都会这么想；如果你对被人拒绝感到十分敏感，你会认为大多数人和你一样。如果你对某些习惯和特征很挑剔，你会认为其他人和你有着相同的看法。

灾难化思维

如果你处于灾难化思维中，那么只要看到了帆船上的一个小洞，你就会觉得它肯定会沉没；一个承包商的估价低于投标报价，他便断定自己再也揽不到活儿了；你突然头痛，就感觉这是脑癌的一个征兆。灾难化思维通常以"要是"开头。你在报纸上读到了一篇描述一场悲剧的文章，或者听到关于某个熟人遭遇不幸的传闻，于是开始想："要是这种事发生在我身上怎么办？""要是我滑雪时摔断了腿怎么办？""要是他们劫持了我搭乘的飞机怎么办？""要是我生病了，身体出现缺陷怎么办？""要是我儿子开始吸毒怎么办？”这种例子数不胜数，这种思维对灾难的想象无穷无尽。

夸大化思维

当你处于夸大化思维中时，你会夸大一件事情实际上的重要程度。小小的错误被形容成惨痛的失败；小建议变成了尖锐的批评；轻微的背痛被解读成最终会椎间盘断裂；只是经历一点小挫折人就变得特别绝望；微小的障碍似乎变成了难以跨越的鸿沟……类似“巨大的”“不可能的”和“压倒性的”这样的词都是夸大化思维常用的表述。这种思维模式铺设了一种厄运般的基调和歇斯底里的悲观情绪。

夸大化的对立面是最小化。当你在夸大的时候，你就像是在用放大镜看待自己在生活中遇到的所有负面事件和困难，来放大这些问题。但当你审视自己所拥有的宝贵财富时，比如自己应对和寻找解决方案的能力，你会错用放大镜的另一头来看，这时所有的积极事件和体验就都被最小化了。

个人化思维

个人化思维分为两种。一种是直接将自己与他人做比较：“他钢琴弹得比我好多了”“我不够聪明，融不进这个群体”“她很了解自己，这一点比我强多了”“他对各种各样的事情都有着深刻的感受，而我不会，我的内心已如一潭死水”“我是整个办公室里最磨蹭的人”。有时这种比较会偏向你自己：“他很笨（而我很聪明）”“我比她长得好看”。这种比较随时都可能发生，但即使比较之后的结果是偏向你自己的，做出这种比较的潜在假设也是——你在怀疑自己的自我价值。之后你就只好不断地检验自己的价值，不断地将自己与他人进行比较。如果比较得出的结果是你比别人好，你就可以暂时松一口气；但如果你发现自己不如别人，你就会开始妄自菲薄。

本章开头举出了另一种个人化思维的例子：倾向于把周围的一切都和自己联系起来。一个沮丧的母亲每次看到孩子们有半点不开心，就会开始责备自己；一个商人觉得，每当自己的合作伙伴抱怨太累了的时候，他实际上是厌倦了与自己做生意；一个男人在每次听到妻子抱怨物价上涨时，都会觉得妻子是在质疑自己养家糊口的能力。

“应该”思维

在“应该”思维下，你会遵循一系列固定的规则，来指导自己和他人的处事方式，并将这些规则视为正确的、毫无争议的。你会认为任何偏离你的价值观或标准的行为都是不好的，因此，你经常评判别人，挑别人的错。你发现自己总是被别人激怒，他们做得不对，也想得不对。他们有一些性格、习惯和观点让你难以接受，你一点儿也忍受不了。他们应该懂规矩并按照规矩来办事。

一位女士觉得，她的丈夫应该知道，要在星期日开车带她去兜风。她断定一个爱妻子的男人肯定会想要带她去看风景，然后去一家不错的餐厅吃顿好吃的。而事实上丈夫没这么做，这就意味着他只想着自己，一点也不关心她。“应该”思维的关键词有“应该”“一定”“必须”，等等。心理治疗师阿尔伯特·埃利斯将这种思维模式称为“强求”(Ellis & Harper，1961)。

你的“应该”思维对你自己和对他人一样严格。你感到自己总是被迫以某种方式行事，却从来没有客观地问过自己，这样做真的有道理吗？精神病学家卡伦·霍妮（Karen Horney）把这种思维称为“应该之暴行”(1939)。以下是一些最常见的、不合理的“应该”思维：

- 我应该是慷慨的、体贴的、有尊严的、勇敢的和无私的。
- 我应该成为一个完美的爱人、朋友、家长、老师或学生。
- 我应该能够泰然自若地应对所有困难。
- 我应该能够迅速找到解决每个问题的方法。
- 我永远不该感到伤心和难过，我应该永远感到快乐和平静。
- 我应该知道、理解并预见一切。
- 我应该一直顺其自然，同时控制好自己的情感。
- 我不该有某些情绪，比如愤怒或嫉妒。
- 我应该给予每个孩子平等的爱。

- 我永远不该犯错误。
- 我应该保持情绪稳定。我曾经感受到爱，我应该始终心怀爱意。
- 我应该做到完全自力更生。
- 我应该坚持自己的观点，但绝不伤害任何人。
- 我永远不该感到疲惫，也不该生病。
- 我应该在做事时始终保持最高效率。

8 种不良的思维模式的总结

过滤性思维。把注意力全部集中在事件或情境的消极的细节上，而忽略了所有积极的方面。

极端化思维。事情不是黑的就是白的，不是好的就是坏的。你必须做到完美，否则你就是一个彻底的失败者。没有中间地带，没有犯错的空间。

过分概括化思维。根据一个事件或一个证据得出概括性的结论。高估问题出现的概率，并给其贴上负面的总结性标签。

读心思维。不用别人亲口说，你就能知道他的感受以及他为什么会这样做。你对别人对你的思维和感受，也有一些特定的理解。

灾难化思维。你会预期甚至想象灾难的发生。当你注意到一个问题或听到一个传言后，你就会开始思考："要是……怎么办？"要是悲剧发生了怎么办？要是这种事情发生在自己身上怎么办？

夸大化思维。你会夸大问题的严重性，放大所有不好的东西，把它们形容成非常严重、具有压倒性的影响。

个人化思维。你会认为人们的一言一行都是在对你做出某种回应。你还会将自己与他人进行比较，试图确定谁更聪明、更有能力、更漂亮，等等。

"应该"思维。对于自己和他人的处事方式，你有一套固定的规则，不容打破。违反规则的人会激怒你，而当你自己违反规则时，你会感到很内疚。

练习

以下练习旨在帮助你注意和识别自己的不良思维模式。你可以按顺序一个个地完成这些练习，根据需要回顾总结中的内容，分析下列表述或情境都体现了哪些不良的思维模式。

匹配练习

将左列中的表述或情境与右列中对应的思维模式进行连线。

表述或情境	思维模式
1. 自从遇到丽莎之后，我就再也不相信红发女人了	过滤性思维
2. 这里有不少人看起来比我聪明	极端化思维
3. 你不支持我就是反对我	过分概括化思维
4. 这次野餐本该会让人非常享受，但是鸡肉被烤焦了	读心思维
5. 他总是面带微笑，但我知道他并不喜欢我	灾难化思维
6. 恐怕我们的关系已经结束了，因为他已经两天没给我打电话了	夸大化思维
7. 你永远不应该问别人私人问题	个人化思维
8. 这些税单简直太多了，根本就处理不完	“应该”思维

答案

1. 过分概括化思维
2. 个人化思维
3. 极端化思维
4. 过滤性思维
5. 读心思维
6. 灾难化思维
7. “应该”思维
8. 夸大化思维

多项选择

在这个练习中，圈出每个例子中的不良思维模式。正确答案可能不止一个。

1. 洗衣机坏了。一位照看还穿着尿布的双胞胎的母亲对自己说：“总是会发生这种烦心事，我再也受不了了，好好的一天又被毁掉了。”

   A. 过分概括化思维　　B. 极端化思维

   C. “应该”思维　　D. 读心思维　　E. 过滤性思维

2. 一位女士和朋友一起出去吃早餐，她回来后说：“他在对面抬起头看着我说，‘嗯，有意思’。我就知道他是在敷衍我，他恨不得马上吃完早餐，这样他就可以离开我了。”

A. 夸大化思维　B. 极端化思维

C. “应该”思维　D. 读心思维　E. 个人化思维

3. 一位男士想让他的女朋友对他更热情一些、更体贴一点儿。如果有哪天晚上女朋友忘记问候他当天过得如何，或是没有给予他所期望的足够的关注，他就会非常生气。

A. “应该”思维　B. 个人化思维

C. 过分概括化思维　D. 灾难化思维　E. 夸大化思维

4. 一名司机对于跑长途感到非常紧张，因为他害怕车出现问题，或者自己生病，然后不得不被困在离家很远的地方。面对必须驱车 500 英里往返芝加哥的情况，他心想：“这太远了。我的车已经跑了 6 万多英里了，它这次跑不了那么远的。”

A. 过分概括化思维　B. 灾难化思维

C. 过滤性思维　D. 夸大化思维　E. 读心思维

5. 在为毕业舞会做准备时，一名高中生心想：“我的臀部是班里同学中最丑的，头发也是第二糟的，如果现在这个法式扭卷[⊖]没盘成功，我就死定了。我再也盘不好它了，今晚就毁了。我希望罗恩能开他爸爸的车来，只要他这么做了，一切都会是完美的。”

A. 个人化思维　B. 极端化思维

C. 过滤性思维　D. 读心思维　E. 灾难化思维

答案

1. A，E
2. D
3. A
4. B，D
5. A，B，E

⊖ 法式扭卷：一种发式。——译者注

圈出思维模式并列出相应表述

这项练习需要你多做一点工作。请阅读以下表述，并在下面给出的列表中圈出对应的思维模式。在每个思维模式旁边，写出体现它的表述。正如我们在前文所提到的，有一些思维模式之间可能会有重叠，或者你可能发现了一些思维模式，但答案中没有给出。这些都没关系，我们的重点是要培养你识别自己看待事物的自动化思维和习惯性方式的技能。

1. 吉姆很容易不开心，你简直没法和他聊天，他对什么事都发脾气。他就是没有我的那种耐心。要是他在工作的时候发脾气怎么办？他会丢掉工作，很快我们就会无家可归的。

思维模式	**体现这种思维模式的表述**
过滤性思维	______
极端化思维	______
过分概括化思维	______
读心思维	______
灾难化思维	______
夸大化思维	______
个人化思维	______
“应该”思维	______

2. 有一次她走到我面前对我说：“护理站太乱了，看起来就像曾被飓风袭击过一样。你最好在下班前把这些乱七八糟的东西清理干净。”我说：“我到这儿的时候，这里就已经是这个样子了，这又不是我的错。每次夜班换班之前我都得把所有的表格归好档，否则就没办法打卡下班。”她知道这并不是我的问题，她只是想找个借口把我开除罢了。

思维模式	**体现这种思维模式的表述**
过滤性思维	______
极端化思维	______

过分概括化思维	________
读心思维	________
灾难化思维	________
夸大化思维	________
个人化思维	________
“应该”思维	________

3. 当我和艾德出去约会的时候，很多时候我都感到很紧张。我一直在想他是多么聪明和成熟，相比之下我就是个村姑。他歪着脑袋看着我，我知道他一定在想我有多蠢。他真的很贴心，我们聊得很开心。但每次他一歪脑袋的时候，我就觉得我要被甩了。有一次我嫌弃了一下他的夹克，他皱起了脸。现在我什么也不敢说了，生怕伤害到他。

我一直觉得艾德非常棒。但是上周他让我自己坐公交车去他家，而没有开车来接我。我突然觉得他其实根本不在乎我，我又遇到了一个浑蛋。但事情都过去了，现在他又变得很好。现在我唯一的困扰就是，每次他一歪脑袋，我就会特别紧张。

思维模式	**体现这种思维模式的表述**
过滤性思维	________
极端化思维	________
过分概括化思维	________
读心思维	________
灾难化思维	________
夸大化思维	________
个人化思维	________
“应该”思维	________

4. 有三种方法可以把一本杂志做得成功：那就是工作、工作、工作。不断地投入工作，不断打磨。如果你需要每天工作16个小时才能

把它完美地呈现出来，这就是你应该做的。现在的年轻人每天下午 5 点就想下班回家了，要是他们实在懒得工作，我建议把他们都赶走。正因为他们都这么懒惰，所以公司的利润每年都在降低。现在的年轻人简直太过养尊处优，这就是美国正在走向崩溃的原因。5 年之内，公司就会倒闭了。这世上只有两种编辑：能把工作做好的编辑和朝九晚五的编辑。那些朝九晚五的人太多了，他们会把我搞垮的，我无法与整个世界抗争。

思维模式	**体现这种思维模式的表述**
过滤性思维	______________________
极端化思维	______________________
过分概括化思维	______________________
读心思维	______________________
灾难化思维	______________________
夸大化思维	______________________
个人化思维	______________________
"应该"思维	______________________

答案

1. 过分概括化思维："他对什么事都发脾气。"
灾难化思维："他会丢掉工作，很快我们就会无家可归的。"
2. 读心思维："她知道……她只是想……"
"应该"思维："每次夜班换班之前我都得……"
3. 读心思维："我知道他一定在想我有多蠢。"
个人化思维："我一直在想他是多么聪明和成熟，相比之下我就是个村姑。"
极端化思维："我又遇到了一个浑蛋……现在他又变得很好。"
4. "应该"思维："这就是你应该做的。"
过滤性思维："他们都这么懒惰。"（只看到懒惰）
极端化思维："这世上只有两种编辑。"
夸大化思维："我无法与整个世界抗争。"

构建平衡的替代性思维

以下列出的是对本章所讨论的8种不良思维模式的替代性反应。你可以不用从头到尾阅读这一清单，但当你遇到某个思维模式的问题时，可以直接使用它作为参考。

过滤性思维

思维模式总结	主要的替代性反应
专注于消极事件或信息 过滤掉积极事件或信息	转移注意力

你一直被困在一个精神牢笼里，专注于周围那些通常会让你害怕、悲伤或愤怒的事情。为了克服过滤性思维，你必须有意识地转移自己的注意力。你可以通过两种方法转移注意力：一种方法是将自己的注意力放在问题解决的策略上，而不是一味纠结于问题本身；另一种方法是关注与你的主要心理主题相反的东西。例如，如果你总是喜欢关注已经失去的东西，那么现在你可以试试去转而关注你仍然拥有的有价值的东西；如果你老是不自觉地寻找未来可能遭遇的危险，那就试着多去关注你所处的环境中那些让你感到舒适和安全的东西；如果你总是关注他人的不公正、愚蠢或无能的行为，那么现在就把注意力转移到那些你真正认可的人身上。

极端化思维

思维模式总结	主要的替代性反应
认为每件事都是要么好要么坏，没有折中的余地	不要做出非黑即白的评判 以百分比来思考问题

克服极端化思维的关键是不要再做出非黑即白的评判。人们并不是要么快乐要么悲伤，要么爱你要么拒绝你，要么勇敢要么怯懦，要么聪明要么愚笨。大多数人都是处于两种极端的情况之间。人类实在是太复

杂了，我们无法只是简单地做出一些是非判断就去定义他们。

如果你非要做出一些评判，那么试着以百分比来思考问题，比如："我害怕死亡的程度大概在 30%，而 70% 都在继续坚持下去和应对困难""他大概 60% 的时候都专注在自己身上，但在其余 40% 的时间，他就非常慷慨了""大概有 5% 的时间我会显得很无知，但是其余的时间我都做得挺好的"。

过分概括化思维

思维模式总结	主要的替代性反应
根据极其有限的信息做出笼统的概括	使用量化的表述 考虑更多信息 避免绝对化 不去贴负面的标签

过分概括化思维是一种夸张的反应，就像是拿起一粒扣子，就要在上面缝上一件衣服。想要对抗过分概括化思维，我们可以使用量化的表述，来替代"巨大的""可怕的""庞大的""微小的"这些词语。例如，当你发现自己在想"我们真是欠了好多债"时，不如换成一个量化的表述："我们还欠债 47 000 美元。"

另一种避免过分概括化思维的方法是常去看看，自己想要得出一个结论，已经掌握了多少信息。如果只有一两件事、一个错误，或是一个小小的征兆，那么在掌握更多令人信服的信息之后，再得出结论。这是一种非常强大的技能，我们将在下一章来重点讨论相关的内容，帮助你收集大量的信息来支持或反驳你的过激思维。

避免使用类似"每一个""所有""总是""没有""从不""所有人""没有人"这样的词来绝对化地思考问题，在表述中使用这些词会让人忽视一些例外的情况和中间地带。你可以用"可能""有时""常常"这样的词来替代绝对词。另外，要对关于未来的绝对化的预测特别敏感，比如

“没有人会爱我的”，等等。这些思维非常危险，因为当你按照它们行事时，它们可能会成为一种自我实现预言。

多多留心你用来描述自己和他人的词语。用更中性的词替换你经常使用的负面标签。例如，不要把自己谨慎行事的处事风格形容为“懦弱”，可以用“谨慎”来代替它；把你容易激动的母亲看作“热爱生活的”而非“神经兮兮的”；与其责怪自己“懒惰”，不如认为自己“有点懒散”。

读心思维

思维模式总结	主要的替代性反应
认为自己知道别人的思维和感受	直接询问当事人的所思所想所感 做出其他解读

从长远来看，你最好不要常常去揣测他人的思维，要么选择相信别人告诉你的事情，要么不相信他们的思维和动机，直到确凿的证据出现在你面前。把你对人的所有看法都当作自己的假设，你可以直接询问他们真实的思维，来验证你的假设是否正确。

有时你无法通过当面询问对方来确认自己是否猜对了。例如，你可能没有准备好问你的女儿，她在家里不再那么活跃了，是不是因为她怀孕了或吸毒了。但你可以通过对她的行为做出不同的解读来缓解自己的焦虑——也许她恋爱了，快来月经了，学习太累了，遇到了不开心的事，全身心地投入某个项目中，或是在为自己的未来而忧虑。通过想象更多不同的可能性，你可能会得出更为中立的解释，它可能会像你直接的猜测一样，是真实的情况。这个过程也强调了一个事实，那就是，除非别人亲口告诉你，否则你真的无法准确地知道别人的思维和感受。

灾难化思维

思维模式总结	主要的替代性反应
认为最糟糕的情况会发生	评估极端事件发生的可能性

灾难化思维非常容易催生焦虑。一旦你发现自己产生了灾难化思维，就问问自己："这种情况发生的可能性有多大?"之后根据其发生的概率或百分比来对现实情况进行客观评估。发生灾难的概率是十万分之一（0.001%）、千分之一（0.1%）还是二十分之一（5%）？评估事情发生的可能性可以帮助你现实地评估那些让你忧虑和害怕的事情。

夸大化思维

思维模式总结	主要的替代性反应
夸大困难程度 将积极的方面最小化	客观地评估问题

为了避免产生夸大化思维，请不要使用"可怕的""糟糕的""恶心的""恐怖的"等词。特别是，不要常常说"我受不了了""这是不可能的""我实在忍受不了"之类的话。你可以承受这些的，因为自古以来，人类就可以承受几乎所有的心理打击，也可以忍受令人难以置信的生理痛苦。你可以习惯和应对几乎任何事情。请试着对自己说"我能够处理好""我能挺过去的"。

个人化思维

思维模式总结	主要的替代性反应
认为别人的行为总是与自己有关 拿自己和别人做比较	确认事实 提醒自己每个人都有优点和缺点 一味与他人做比较是没有意义的

如果你认为别人的反应通常都和自己有关，那就鼓励自己去问问当事人事实是否如此。也许你老板皱眉的原因真的并不是你迟到了。除非你确信自己有合理的证据，否则不要轻易下结论。

当你发现自己在和别人做比较时，提醒自己，我们每个人都有长处和短处。拿自己的短处来和别人的长处比，就是在给自己找不痛快。

事实是，人类太复杂了，随意比较没有任何意义。想要分类和比较两个人无数不同的特质和能力，你可能要花上好几个月的时间。

“应该”思维

思维模式总结	主要的替代性反应
对于自我与他人如何处事有一套自己的规则	我的规则是有弹性的 价值观因人而异

重新审视和质疑自己包含“应该”“一定”“必须”等类似表述的个人规则或期望。有弹性的规则和期望不会用到这些词，因为总是会有例外和特殊情况发生。想一想你规则中的至少三个例外情况，之后努力想象所有那些你没能想到的例外情况。

当别人不按照你的价值观行事时，你可能会被激怒。但是你的个人价值观是非常个人化的东西，它们可能对你来说很有用，但正如传教士发现在这世界上并非所有人都有信仰一样，你的个人价值观可能并不适用于别人。每个人都不一样，关键在于关注每个人的独特之处——他的特殊需求、局限性、恐惧和快乐，因为即使你和朋友的关系非常亲密，你也不可能知道所有这些复杂的相互关系，不能确定你的个人价值观是否适用于他人。你有权发表意见，但要考虑到自己也可能犯错。同时，你要能够理解，每个人所看重的东西并不相同。

使用你的思维日志来对抗不良的思维模式

现在你已经学会了识别自己的不良思维模式，是时候将你刚刚学会的新技能应用到在上一章所记录的思维日志上了。我们在以下给出的空白表格中新添了3列，让你记录下自己的不良思维模式、替代性思维，以及在产生替代性思维之后，对你的感受进行重新打分。和以前一样，把这一表格多复印几份，随身携带一份至少一周的时间。(你也可以扫描目录下方二维码下载这一表格。)

从分析让你最痛苦的一些自动化思维开始，看看分别是哪一种不良的思维模式在起作用。你可能会发现不止一种不良思维模式，把它们全都记录下来。

在接下来的一栏中，以一种更平衡的方式重写你的自动化思维，或者写出能够反驳这些自动化思维的替代性思维。你可以参考本书后面的章节，来帮助自己克服不良的思维模式。

在你努力应对自己的自动化思维之后，在最后一栏中给你的感受重新打分，你同样可以按 0 到 100 的等级来打分，0 表示这种感受没有让你感觉痛苦，100 表示这是你所体验过的最痛苦的感受。在你的努力之下，这种感受应该不再那么强烈了。同样，空白表格后面还有安东尼奥的思维日志的例子，可以供你参考。

思维日志 2

情境 发生在什么时候？ 发生在哪里？ 和谁在一起？ 发生了什么事？	感受 用一个词来总结 按 0 ～ 100 的等级来打分	自动化思维 在有不愉快的感受前你在想什么？ 在有不愉快的感受时你在想什么？	不良的思维模式	替代性思维 圈出可能实施的行动计划	重新给感受打分 按 0 ～ 100 的等级来打分

安东尼奥的思维日志

情境 发生在什么时候？ 发生在哪里？ 和谁在一起？ 发生了什么事？	感受 用一个词来总结 按 0 ～ 100 的等级来打分	自动化思维 在有不愉快的感受前你在想什么？ 在有不愉快的感受时你在想什么？	不良的思维模式	替代性思维 圈出可能实施的行动计划	重新给感受打分 按 0 ～ 100 的等级来打分
分配给我额外的工作	焦虑　90	我今晚要通宵工作了。我受不了了。我这么晚回家，珍妮会生气的	夸大化思维	我当然能够应对这种情况，我已经在公司待了 12 年了。我可以给这些工作按照优先级排好先后顺序，一次只专注于一件事	50
和孩子们一起看电视	沮丧　90	孩子们从来不跟我聊天，他们一点儿也不了解我，对我漠不关心	过滤性思维 过分概括化思维	他们跟我聊棒球、贺卡和学校的事情。是电视的问题——他们全神贯注在电视节目上，而我没有，所以我会坐在那里苦思冥想	25
妻子早早就上床睡了	沮丧　85	她肯定是生气了，她肯定很讨厌我吧	读心思维	我没有足够的信息表明她生气了或是很讨厌我。我应该问问她真实的想法	30

在安东尼奥的思维日志中，他先是认为自己无法忍受自己的工作状况，但在识别出自己的不良思维模式并写出了替代性思维之后，他感觉好多了。他意识到，他之前夸大了自己的工作量，以至于情绪到达了崩溃的边缘，在低优先级的工作任务上效率很低。接下来他审视了自己在家中为何感到沮丧，他发现自己一直在使用过滤性思维和读心思维。仅仅是意识到这一点就让他感觉好多了，因为他意识到，他对妻子和孩子对他的看法的假设是没有事实根据的。

记录这份新的思维日志 1 ～ 4 周的时间，识别你的自动化思维，并分析它们各自体现了哪种不良的思维模式。一周后，你应该就能熟练地识别出习惯性的不良思维模式了。你会开始注意到，在自己感到压力很大的时候，自动化思维会突然出现。最终，你将能够识别现实生活中的不良思维模式，并在这一过程中不断用替代性思维来纠正它们。

如果你坚持记录这份新的思维日志整整一周，却仍然很难识别出自己的不良思维模式，那么请你继续阅读下一章，尝试其中所讨论的方法，包括考虑和权衡相关证据信息等。这对你来说可能是一个更好的选择。

行动计划

你的替代性思维可能会建议你去采取一些行动，比如验证自己的假设、收集更多信息、提出坚定的要求、消除误解、制订计划、改变日程安排、解决未完成的工作，或做出承诺等。圈出这些项目，并计划何时付诸行动。

例如，安东尼奥把“我可以给这些工作按照优先级排好先后顺序”作为缓解工作焦虑的行动计划。他还圈出了“我应该问问她真实的想法”，作为一个行动计划，来缓解他以为妻子在生他气时的沮丧情绪。他花了好几天的时间才鼓起勇气向妻子问起那天真实的感受，结果是她的确很生气，但她最担心的是他会变成一个工作狂，患上溃疡或者心脏病。

执行你的行动计划可能会很困难、很费时，或者让你感到很尴尬。你可能不得不将你的计划分解成一系列更简单的步骤，并安排好每一步。但这些都是值得的，由你的替代性思维所激发的行为将大大减少你的消极自动化思维的发生概率和强烈程度。有关行动计划的更多信息，请参阅下一章。

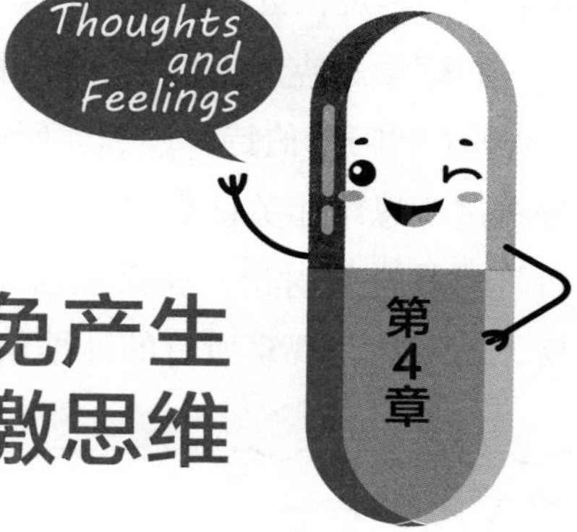

避免产生过激思维

如果第 3 章“改变不良的思维模式”中的技巧对你很有帮助，那么你可能不太需要再读这一章了。然而，如果你很难识别出自己的不良思维模式，本章将提供一种基于证据收集和证据分析的替代性方法，为你对抗自己的自动化思维提供强有力的武器。

你可以将本章与第 2 章“发现自己的自动化思维”结合使用。本章将教你三种技能：识别支持（或触发）你产生过激思维的信息；发现与你的过激思维相矛盾的信息；综合这些信息来创造一个更健康、更现实的视角。

收集问题中双方的信息证据对于更清晰、更客观地理解你的体验至关重要。心理学家阿尔伯特·埃利斯最早开发出了一种方法来评估支持和反驳关键信念的信息，作为理性情绪疗法的重要组成部分（Ellis & Harper, 1961）。但是由于他的理论假定过激思维总是非理性的，并且主要集中讨论了反驳它们的信息，所以可能并没有那么客观，也可能疏远了那些有确凿证据来支持某些过激思维的人。

心理学家克里斯提娜·帕蒂斯凯（Christine Padesky）在阿伦·贝克（1976）和阿尔伯特·埃利斯所做研究的基础上，提出了一些可以收集和分析过激思维相关证据的策略（Greenberger & Padesky，1995），本章稍后将对其进行讨论。帕蒂斯凯认为，过激思维并不全都是非理性的。相反，她专注于观察所有的证据信息，并朝着一个更平衡的立场做出努力。

能否改善症状

记录思维日志能有效应用于治疗抑郁、焦虑和相关问题，如完美主义、低自尊、羞愧和内疚、拖延、愤怒等。过去 20 年来，有大量研究证明了这种技术的有效性。

何时能够见效

使用本章所给出的思维和证据日志，你可以在短短一周内就让自己的情绪发生重大的改变。然而，接下来你需要 2 ～ 12 周的时间来巩固你的收获和成果，你所收获的更平衡的新思维会在不断地重复使用与实践中获得更多力量。

说明与指导

在本章中，我们将提供一份新的表格，来帮助你记录和分析支持或反驳你的过激思维的证据。和以前一样，把这一表格多复印几份，随身携带一份至少一周的时间。(你也可以扫描目录下方二维码下载这一表格。)由于这一技术与第 3 章中所介绍的方法有所不同，因此我们现在先来简要介绍一下这一技术的作用过程，以及如何使用这一表格。详细步骤如下：

1. 找出自己的过激思维。
2. 找出支持过激思维的证据。
3. 找出反驳过激思维的证据。
4. 写下你更平衡的替代性思维。
5. 重新给你的感受打分。
6. 记录替代性思维。
7. 练习使用更平衡的替代性思维。
8. 制订行动计划。

思维和证据日志

情境 发生在什么时候？ 发生在哪里？ 和谁在一起？ 发生了什么事？	感受 用一个词来总结 按 0 ～ 100 的等级来打分	自动化思维 在有不愉快的感受之前你在想什么？ 在有不愉快的感受时你在想什么？	支持性证据	反驳性证据 圈出可能实施的行动计划	替代性思维 按 0%～100% 的可信程度来打分	重新给感受打分 按 0 ～ 100 的等级来打分

第一步：找出自己的过激思维

回到你在第 2 章开始记录的思维日志，从你记录下的自动化思维中选择一个过激思维。首先选出那些要么很强烈要么频繁出现、对你的情绪有很大影响的思维。你可以按 0 到 100 的等级来为这些思维所给你带来的痛苦程度打分，0 表示这种思维没有让你感到痛苦，100 表示这是你所体验过的最痛苦的感受。之后，圈出得分最高的那个思维，接下来你将对它进行工作。

为了更好地说明这种方法，我们将以莱恩所记录的思维日志为例，莱恩是一家大型印刷公司的销售人员，他们的客户主要是出版商和广告公司。莱恩使用上述的 0 到 100 的等级来给他所有的自动化思维打分后，发现“我是个彻彻底底的失败者”这一过激思维因得分最高而“脱颖而出”。这个思维本身就足以使莱恩产生一股强烈的无法胜任感和沮丧感。

莱恩的思维日志

情境 发生在什么时候？ 发生在哪里？ 和谁在一起？ 发生了什么事？	感受 用一个词来总结 按 0 ～ 100 的等级来打分	自动化思维 在有不愉快的感受之前你在想什么？ 在有不愉快的感受时你在想什么？
12 月份的销售业绩已经公布了。我在 9 名销售人员中排名倒数第 2	沮丧 85	我是一个蹩脚的销售人员 70 他们都觉得我有问题 40 客户可能不喜欢我 40 我是个彻彻底底的失败者 95 我的收入会大幅减少，我很难过 65 我工作不够努力 20

第二步：找出支持过激思维的证据

一旦你找出了自己的过激思维，就把它记录在“思维和证据日志”中，填写前 3 栏，其中包括对这种感受和相关思维的打分。然后，在第 4 栏中，写下支持你的过激思维的经历和事实。在这一栏中，并非要你写出对他人反应的感受、印象、猜测，或者一些未经证实的思维，而是要记录下客观事实，告诉自己，要据实写下自己说了什么、做了什么、频率如何，等等。

坚持实事求是非常重要，承认所有支持你的过激思维的过去和现在的证据也很重要。

莱恩列出了 5 个证据，似乎可以支持他“我是个彻彻底底的失败者”这一过激思维。以下是他在“支持性证据”一栏中所记录的内容：

- 我在 12 月份的销售业绩只有 24 000 美元。
- 当我几乎马上就要转正的时候，我却没能搞定那个大客户。
- 老板问我有没有什么问题。
- 这是 12 个月以来第 3 次，我的销售业绩低于 30 000 美元。
- 我和伦道夫有一次生意没谈拢，于是他退出了合作。

我们可以看到，莱恩并没有记录下他的猜想、假设或他做得不好的“感受”。他严格控制自己，只记录事实和对事件的客观描述。

第三步：找出反驳过激思维的证据

拿出证据来反驳自己的过激思维，这可能是这项技术中最难的一步。你很容易就能想到支持你的过激思维的东西，但当你要搜寻反驳它的证据时，你很可能会感到头脑一片空白，需要得到一些帮助。

为了帮助你找出反驳你的过激思维的证据，你可以问自己以下这 10 个关键问题。对你所分析的每一个过激思维，都问问这 10 个问题，每一个问题都能帮助你探索新的思维模式：

1. 对于现在的情况，除了过激思维，还可以有其他的解读吗？

2. 这一过激思维真的准确，还是过分概括化了？现在的情况是否意味着你的过激思维是正确的？以莱恩的故事为例，12 月份销售业绩低是否就意味着他是个彻彻底底的失败者？

3. 你的过激思维所得出的结论是否存在例外情况？

4. 有没有什么办法可以平衡目前情况的消极方面？以莱恩的故事为例，在工作中，除了销售，还有什么让他感觉良好的方面吗？

5. 现在的情况更可能产生的后果和结果是什么？这个问题可以帮助你区分你所担心发生的事情以及你能合理预期到的将要发生的事情。

6. 你能否根据自己过去的经历和经验得出结论，而不是完全仰仗过激思维？

7. 是否有客观事实与你在“支持性证据”一栏中所记录的内容相矛

盾？举个例子，莱恩没能搞定那个大客户，真的是因为他是个蹩脚的销售人员吗？

8. 你所害怕的事情真正发生的概率有多少？二分之一，五十分之一，千分之一，还是五十万分之一？想想所有现在处于同样处境的人，他们中有多少人最终会面临你所害怕的灾难化结果？

9. 你是否具备以不同方式处理这种情况的社交技能或问题解决能力？

10. 你能制订一个计划来改变现状吗？你认识的人中有谁会有不同的处理方式吗？那个人会怎么做？

在另一张纸上，写下所有这些与你的过激思维相关的问题的答案。你可能要仔细思考一会儿，才能发现你的过激思维所得出的结论的例外情况，并客观地评估灾难化事件发生的概率，或者回忆起在你面对问题时能够为你带来信心和希望的现实情况。在收集证据的过程中，不要试图走捷径或敷衍了事。你所投入的努力是培养挑战过激思维的能力的关键所在。

莱恩花了半个多小时来回答这10个问题。以下是他在记录“反驳性证据”一栏时可以参考的内容：

- 12月通常是销售淡季，这也许能解释我销售业绩下降的原因。（问题1）
- 准确来说，就全年销售业绩来讲，我在9名销售人员里排名第4。这样的成绩不是很优秀，但我也算不上是一个失败者。（问题2）
- 我有几个月的销售业绩还是不错的，我在今年8月和3月的业绩分别是68 000美元和64 000美元。（问题3）
- 我和很多客户的关系都很好。在他们的一些重大决策上，我给出了很多建议，大多数客户都觉得他们可以信任我这个顾问。（问题4）
- 我的销售业绩在公司排名第4，他们不会解雇我的。（问题5）
- 5年前，我的销售业绩曾在公司排名第2，现在我也总是排在上游。这几年，有好几个月我都获得了“最佳销售人员”的称号。（问题6）
- 对于刚才那个大客户的生意，我的出价比其他人高，没能搞定他

并不是我的错。（问题 7）

- 伦道夫说他想要用再生纸，但我们在价格上没谈拢，于是他退出了合作。这不能全怪我。（问题 7）
- 我需要更多地考虑如何更好地维护客户关系，而不是谈成每笔单子能挣多少钱。根据我的经验来看，这样做对我很有帮助，更适合我。（问题 10）

莱恩发现，在“支持性证据”一栏中寻找与每一项一致或相矛盾的客观事实特别有用。他不断地问自己：“在我的经历中有没有和这些证据一致的事情？”以及“有没有客观事实与这一证据相矛盾？”莱恩惊讶于他在记录“反驳性证据”一栏内容时发现了这么多东西。这帮助他真正认识到，当他感到沮丧时，他总是倾向于屏蔽许多事情。

第四步：写下你更平衡的替代性思维

现在是时候综合你在“支持性证据”和“反驳性证据”中所了解的所有事情了。慢慢地、仔细地阅读这两栏内容，不要试图否认或忽视任何一方的证据。然后写下更平衡的新思维，将你在收集证据时所了解的内容结合起来。在你更平衡的思维中，你可以在“支持性证据”一栏中承认一些重要的内容，但总结你在“反驳性证据”一栏中所了解的主要内容也同样重要。

下面是莱恩在他的“思维和证据日志”中“替代性思维”一栏里所写的内容：

> 我的销售业绩下滑了，我丢掉了两笔生意，但多年来我的销售记录都很稳定，有很多个月业绩都很好。我只需要关注我的客户关系，而不是销售业绩。

我们可以看到，莱恩在这里并没有忽视或否认自己销售业绩下滑的事实，但他能够使用“反驳性证据”中的内容，形成一个更清晰和平衡的陈述，认可自己是一名称职的销售人员。

综合这些内容不需要花很长的时间，但是对支持和反驳的主要观点也都要进行总结。不要犹豫，重写你更平衡的新思维，多试几次，直到你感到自己的陈述足够有力、令人信服。

当你对自己所写的内容的准确性感到满意时，你可以按 0% 到 100% 的等级来评价这个更平衡的新思维。例如，莱恩给自己的新思维评价为 85%。如果你不相信你的新思维超过了 60%，那么你应该进一步改写它，也许你可以从“反驳性证据”一栏中选出更多的条目填入。也有可能你收集的证据还不够令人信服，那么你需要为“反驳性证据”一栏构建更多的思维。

第五步：重新给你的感受打分

对你来说，是时候弄清楚你所做的工作给你带来什么了。在第 2 章记录思维日志时，你识别出了一种痛苦的感受，并根据 0 ～ 100 等级对其强烈程度进行了打分。现在，请你重新给这一感受的强烈程度打分，看看它是否因为你收集到的证据和你所构建的更平衡的新思维而发生了变化。

莱恩发现，在经历了上述过程后，他的沮丧程度大大减轻，从 85 降到了 30（0 ～ 100 等级）。其余的大部分沮丧情绪似乎是基于他对 12 月业绩下滑导致收入减少的现实忧虑。

当你选择直面强烈的过激思维，并对自己的感受做出积极的改变时，看到情绪上的变化能够推动你继续记录自己的思维和证据日志。

第六步：记录替代性思维

我们鼓励你，在每次审视已收集的证据和构建平衡的替代性思维时，记录下你所了解到的东西。把这些信息记录在索引卡上很有帮助，你可以随身携带它们，随时读读它们。在卡片的一面，描述问题情境和你的过激思维；在卡片的另一面，写下你更平衡的替代性思维。长此以往，你会记录下很多张这样的卡片。当令人沮丧的环境让你脑中一片空白时，它们是提醒你构建更健康的新思维的宝贵资源。

第七步：练习使用更平衡的替代性思维

你可以在接下来这个简单的练习中使用索引卡，帮助自己使用更平衡的替代性思维。首先，阅读卡片上描述触发你产生过激思维的情境的那一面内容，然后努力将这一情境想象成清晰的可视化形象：想象其中的场景、你所看到的事物和颜色，看看谁在那里，他们看上去怎么样；听听他们在说什么，听听这一场景中还有没有其他声音；感受一下温度；如果你碰到了什么东西，感受一下这种触碰的感觉。让你所有的感官都运作起来，让这一场景更加生动。(参见第 16 章“用可视化想象技术改变核心信念”中的“特别注意事项”，以了解对创造生动可视化想象的更多帮助。)

当这一想象中的画面非常清晰的时候，读一读你的过激思维。试着把注意力集中到能够产生情绪反应的程度。当你能清晰地描绘出场景，并感受到与之相关的一些情绪时，把卡片翻过来，读一读你的替代性思维。在继续想象场景的同时思考这些更平衡的替代性思维，不断将平衡的思维与场景匹配起来，直到你的情绪反应消退。

莱恩在做这个练习时，他一边想象每月的销售业绩告示，一边想着他的过激思维“我是个彻彻底底的失败者”。在感到一阵轻微的沮丧之后，他将销售业绩报告的想象情境与前面描述的平衡的思维进行了匹配。他花了几分钟的时间专注于自己更平衡的替代性思维，之后他的沮丧开始逐渐消退。莱恩从这个练习中习得的一个重要经验是，他可以通过专注于关键思维来增加或减少他的沮丧。

第八步：制订行动计划

和在第 3 章中记录自己的思维日志一样，你可以用思维和证据日志来帮助自己制订行动计划。仔细阅读你在“反驳性证据”一栏中所记录的内容，寻找一项需要使用应对性技术或实施计划、以不同的方式处理该情况的项目。圈出所有与行动计划相关的项目。在下面的空白处，写下3个具体的步骤，在遇到问题的情况下，你可以采取这些步骤来实施你的行动计划：

1. ______________________________

____

2. ______________________________

____

3. ______________________________

____

莱恩的行动计划集中在，他决定更多地去考虑维护客户关系，而不是纠结于自己的销售业绩。以下是他决定实施的行动计划：

1. 向我所有的老客户致以新年的问候

____

2. 打电话给我的每一位客户，征求他们对我本人和公司如何改进服务的意见与反馈

____

3. 注重提升客户的体验。例如，多花时间和客户交谈，而不是急于推进业务

____

参考示例

为了让你理解整个过程的运作，让我们来看看霍莉的例子。霍莉是一名现代舞老师，她的课程是开放式的，无须预约，工资以学生的出勤人数来计算。最近，在她开设的7门课中，有1门课学生的出勤率急剧下降。更为糟糕的是，有一天晚上下课后，这门课上本就所剩无几的学生中，还有一名学生投诉了霍莉，说她对学生们的关注和反馈都太少了。

霍莉觉得自己像是被人打了一巴掌。她回到家中，不停地思考自己还应不应该继续教学，或者还能不能继续做老师了。以下是霍莉所记录的思维和证据日志。

霍莉的思维和证据日志

情境 发生在什么时候？ 发生在哪里？ 和谁在一起？ 发生了什么事？	感受 用一个词来总结 按 0 ～ 100 的等级来打分	自动化思维 在有不愉快的感受前你在想什么？ 在有不愉快的感受时你在想什么？ 按 0 ～ 100 的等级来打分	支持性证据	反驳性证据 圈出可能实施的行动计划	替代性思维 根据其可信度，按 0% ～ 100% 的等级来打分	重新给感受打分 按 0 ～ 100的等级来打分
在我的一门课上，学生的出勤率急剧下降 因没有给予学生足够的个人关注和反馈而遭到投诉	沮丧 65 焦虑 80	我要取消这门课 30 我不擅长教授舞蹈课程 50 我是个骗子 85 我会丢掉工作的 85 我真笨，总是后知后觉 50 我不能再教这门课了 20	班级学生的出勤人数从 11 人减少至 5 人 学生对于这门课有所抱怨 在我其他几门课上，也有一两个学生不再来上课了 几个月前也有学生抱怨我没有给出充足的反馈	一位很受欢迎的非洲裔海地舞蹈老师在我开课的同一时期也开了一门课（问题 1） 学生的课堂出勤率本来就常常有波动，有时会因为学生都不来上课而取消课程，但舞蹈老师不会因此被解雇（问题 2） 我有两门课的学生数量实际上是在增长的；上周二下午 6 点有 23 名学生来上我的课（问题 3） 吉尔说我会把一些舞蹈动作巧妙地编排在一起，围在旁边的几名学生也表示同意，看来我很擅长编舞教学（问题 4） 最可能发生的情况是，这门课的学生数量会稳定在这一水平。最坏也就是，这门课的学生都不来上课了，我的 7 门课会变成 6 门课而已（问题 5） 公司只解雇过一名老师，还是因为他提倡教学生一些有受伤风险的舞蹈动作。我认为我并不会因为学生出勤率低而被解雇的（问题 6） 被公司解雇的概率不到五百分之一（问题 8） 我可以单独找其他学生聊聊，收集他们对这门课的意见和反馈。此外，我要多多关注后排学生的表现和反馈，之前我常常忽视他们（问题 10）	我有一门课的学生出勤率急剧下降，我不太擅长对学生的表现给予反馈。但学生的课堂出勤率有波动是正常的 95% 公司一般不会解雇我们这些老师的，除非有老师向学生教授一些危险的舞蹈动作 85% 很多学生都喜欢我的课，我也打算多多改进，对学生的表现给予更多反馈 90%	沮丧 50 焦虑 25

我们能够看到，霍莉产生了两种强烈的情绪：沮丧和焦虑。这是因为类似“我是个骗子”和“我不擅长教授舞蹈课程”这样的思维往往会让她对自己感到失望和沮丧。另外，类似“我会丢掉工作的”这样的思维会让她感到恐惧，引发她的焦虑情绪。在“自动化思维”一栏中，霍莉有两个过激思维：“我是个骗子”和“我会丢掉工作的”，两者的评分都是 85 分，它们是影响她情绪的主要因素。霍莉决定在这个阶段用记录思维和证据日志的方式来对“我会丢掉工作的”这一过激思维进行工作，因为比起沮丧来讲，她感受到了更多的焦虑。之后霍莉又回过头来对“我是个骗子”这一过激思维进行工作。

在“支持性证据”一栏中，霍莉专注于记录下事实信息。她只把实际发生的事情或说过的话作为证据，而避免记录下自己的任何感受、观点或假设。在这一栏中，我们只需要记录下事实。

在“反驳性证据”一栏中，霍莉用 10 个关键问题来找出并收集能够反驳她的过激思维的证据。有些问题看起来并不相关，但很多都能帮助她回忆起过去和现在的经历，这些经历让她看起来不太可能丢掉工作。

霍莉的“反驳性证据”一栏的内容非常丰富，她开始从头到尾仔细地阅读，并圈出了最有说服力的条目。为了写出更平衡的思维，霍莉在“支持性证据”一栏中承认了几个问题的真相，但用强有力的反驳性证据抵消了它们。当霍莉重新评估她的感受时，她发现自己的焦虑程度大幅下降——从 80 降到了 25。然而，她的沮丧程度只是轻微好转。因此，她选择再次使用她的思维和证据日志，将“我是个骗子”作为她的过激思维，再次进行工作。

霍莉在索引卡的一面描述了当时的情况和“我会丢掉工作的”这一过激思维。在索引卡的另一面，她写下了更平衡的替代性思维。之后，她开始把问题的情境以可视化的方式想象出来，同时把注意力集中在她的过激思维上。当她隐隐约约感受到焦虑的刺痛时，她把卡片翻过来，将问题情境与她更平衡的新思维匹配起来。这一练习让霍莉了解到，她可以通过将过激思维转变为更平衡的思维的方式，来改变自己的感受。

根据“反驳性证据”一栏的内容，霍莉制订了一个行动计划，计划分为两个部分：向她在课堂上熟识的一些学生询问课程反馈，并对后排的学生给予更多的关注。霍莉决定通过以下这 3 个具体步骤来实施她的计划：

1. 问问玛利亚、埃莉诺、米歇尔和法林对于我的课程的总体看法，之后特别问问他们对我给予学生反馈这一方面有什么看法。
2. 每节课上到一半时，让后排的学生换到前排。
3. 试着多多称赞每个学生，发现他们的闪光点。

特别注意事项

记录思维和证据日志是对抗自动化思维的有力工具，但你需要系统性地完成所有步骤。这里有一些建议，可以帮助你克服在这一过程中可能遇到的障碍：

- 如果你的过激思维不止一个，那么你可以分别为每个思维记录一份思维和证据日志。
- 如果你很难对你的过激思维做出不同的解释，你可以想象自己的朋友或一个客观的局外人会如何看待这个情况。
- 如果你很难为你的过激思维找出例外情况，就想想那些你没有产生任何负面情绪的情境，甚至是那些积极的体验：是不是有一段时间，你对一些问题情境处理得特别好？还因此得到过别人的称赞？
- 如果你很难想起一些客观事实来反驳“支持性证据”一栏中的内

容，那么你可以请朋友或家人为你提供一些思路。

- 如果你很难去评估一个你恐惧的结果会在未来发生的概率，那就统计一下，去年全国处于相同状况的人遭遇这一结果的概率，以及这种可怕的灾难性结果实际发生了多少次。
- 如果你在制订行动计划方面遇到了困难，想象一下你的一个非常有能力的朋友会如何处理同样的情况。他会做些什么，说些什么，或是做出怎样的尝试来创造一个不同的结果？

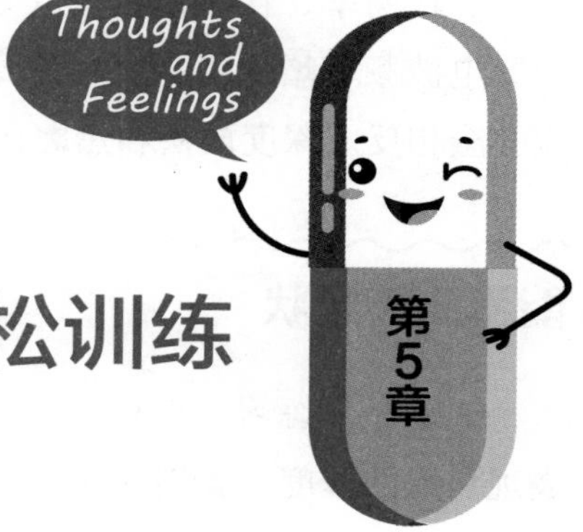

放松训练

放松训练不同于通常意义上的放松，它并非指看一场电影来转移你的注意力，或者安静地散散步来放松身心。心理学家所谈论的放松训练，是指定期地、有规律地练习一组或几组特定的放松练习。这些练习通常包括深呼吸、肌肉放松、可视化想象技术以及这些技术的组合练习，这些练习已经被证明可以释放人在压力状态下身体所承受的肌肉紧张。

在你进行放松训练的过程中，你会发现，你翻腾的思绪逐渐舒缓下来，大大减轻了恐惧和焦虑的感受。事实上，当你的身体完全放松时，你很难感受到恐惧或焦虑。1975 年，心脏病专家赫伯特·本森（Herbert Benson）研究了一个问题——当一个人处于深度放松的状态时，他的身体会发生怎样的变化。本森观察到一种他称之为松弛反应（relaxation response）的状态，即这个人的心率、呼吸速率、血压、骨骼肌张力、代谢率、耗氧量和皮肤导电率都降低了，而与平静幸福状态有关的脑电波频率增加了。每一种身体状况都与焦虑和恐惧在体内产生的反应完全相反。深度放松和焦虑在生理上可以说是完全对立的。

能否改善症状

如果经常练习，放松训练可以有效地减低一般性焦虑、人际焦虑和表现焦虑的程度。我们在这里所概述的放松训练是治疗惊恐障碍、愤怒、忧虑、轻度回避和不良习惯的关键组成部分。放松训练也被推荐用于治疗慢性肌肉紧张、颈部和背部疼痛、失眠、肌肉痉挛和高血压等。

何时能够见效

一般来说，你在使用接下来所介绍的任意方法进行一两次的练习后，就能体验到深度放松的好处。通常，你可以结合两种或两种以上的方法来加深你的放松感受。例如，你可以在练习深呼吸时想象一个令你感到平静的场景。

按顺序学习腹式呼吸法、渐进式肌肉放松法、无压力放松法，以及线索词提示放松法。在你掌握了前三种方法之前，你是不能进行线索词提示放松法（在所有方法中最快、最简单）的练习的。根据每个人练习时间的长短和频率不同，整个过程通常需要 2 ～ 4 周的时间。

本章着重介绍一些非常有效的放松技术，如果你经常练习，它们可以让你进入深度放松的状态。

首先，你需要找到一个安静的、不被打扰的地方，来进行你的放松训练。最好穿着宽松而没有束缚感的衣服。在每一项练习开始之前，请调整到一个舒服的姿势，你可以躺着，也可以坐着，让你的身体感觉得到了很好的支撑。如果你愿意，你可以播放一些白噪声，比如机器或风扇的嗡嗡声，来盖住一些你无法控制的外界声音。

之后，当你更熟悉这些练习时，你可以在更容易分散注意力的环境和公共场所尝试进行这一练习。

腹式呼吸法

人们腹部的一组肌肉在受到压力时通常会绷紧。当你的腹肌绷紧时，它会压迫你的横膈膜，阻碍它向下伸展来推动你的呼吸运动。这种压迫会限制你所吸入的空气量，迫使你吸入的空气都处于肺的上部。

如果你的呼吸又急促又浅，你可能会觉得自己好像没有得到足够的氧气，这会对你造成压力，触发你的心理警报——你可能会有危险。为了弥补吸入氧气的不足，你可能会进行快速而浅的呼吸，而不是放松腹肌并进行深呼吸。这种浅而快速的呼吸会导致你过度通气——这是造成人们惊恐的主要原因之一。

腹式呼吸法通过放松压迫在你横膈膜上的肌肉和减慢你的呼吸速率来逆转这个过程，只需要三四次的深度腹式呼吸，你的紧张就可以马上得到缓解。

腹式呼吸法简单易学。按照以下步骤练习 10 分钟，来掌握这个简单但非常有效的技术：

1. 躺下，闭上眼睛。花点时间注意你的身体有什么感觉，特别是你的那些保持紧张的部位。做几次呼吸运动，留意一下你的呼吸质量。你的呼吸部位集中在哪里？你的肺部完全扩张了吗？当你呼吸时，你的胸部是否会起起伏伏？你的腹部会起起伏伏，还是胸部和腹部都会这样？

2. 将一只手放在你的胸部，另一只手放在腰部以下的腹部。当你吸气时，想象你正在把氧气尽可能地送入你的身体。去感受肺部在充满空气时的扩张。当你这样做的时候，你放在胸部的手应该会静止不动，而放在腹部的手会随着每次的呼吸而起伏。如果你放在腹部的手移动有困难，或者如果你的双手都在移动，那么试着用手轻轻按压腹部。当你吸气时，引导你吸入体内的空气向上推动你的手，迫使它上升。

3. 继续轻轻地吸气和呼气。让你的呼吸找到自己的节奏。如果你感到自己的呼吸并不自然或是有种被迫的感觉，那么就在你吸气和呼气时保持对这种感觉的觉察。最终，你的紧张或不自然的感觉都会自行缓解。

4. 深呼吸几次后，开始数你呼气的次数。10 次呼气后，从 1 开始重新计数。当侵入性思维让你忘记了自己在数什么数字时，就轻轻地把注意力重新放到练习上，重新从 1 开始计数。持续数 10 分钟，有意识地确保你腹部的手会随着你每次吸气而上升。

渐进式肌肉放松法

渐进式肌肉放松法（progressive muscle relaxation，PMR）是一种放松技术，是指按特定的顺序收紧和放松你身体所有不同的肌肉群的过程。这种技术是由内科医生兼精神病学家埃德蒙·雅各布森（Edmund Jacobson）在 1929 年开发得来的。他逐渐了解到，人们的身体对焦虑和恐惧思维的应对方式是在肌肉中储存紧张感，而这种紧张感可以通过有意识地收紧肌肉，使其超出正常的紧张点，然后突然放松，来得到释放。雅各布森发现，在身体的每一个肌肉群上重复这一极度收紧又突然放松的过程，可以诱导个体进入一种深度放松的状态。

雅各布森的渐进式肌肉放松法的最初版本程序复杂，包括 200 多种不同的肌肉放松练习。后来，研究人员发现，有一种更简单的练习方法也同样非常有效，它将身体分为四个主要的肌肉群：手臂、头部、上半身和腿部。

如果你按照以下的方法练习渐进式肌肉放松法，你将体验到赫伯特·本森所发现的松弛反应对身体产生的积极作用。更重要的是，如果你持续定期地练习渐进式肌肉放松法，几个月后，你在之前的生活中经常出现的焦虑、愤怒或一些其他的痛苦情绪就会显著减少。

不管你喜欢与否，都要尽量坚持每天练习 20 ～ 30 分钟。你正在为自己培养一种技能：放松的能力。刚开始的时候，你可能会发现，你需要很长的时间才能稍微放松一些。然而，随着你持续而深入地进行练习，你会更深入、更快地进入放松状态。

为每个肌肉群做两个循环的收紧和放松，来开启你的放松练习：收紧 7 秒，然后放松 20 秒，依此重复。每次在收紧一个肌肉群时，要注意，尽量在不紧张的情况下收紧肌肉。当到了要释放紧张的时候，要在一瞬间内完全地放松，注意自己放松的感受。你的肌肉感到沉重、温暖还是刺痛？学会识别放松的身体感受是这一过程的关键。

从一个肌肉群到下一个肌肉群的放松过程遵循着合理的顺序，从手臂到头部，到上半身，再到腿部。大多数人发现，在进行了几次渐进式肌肉放松练习之后，他们就能够很容易地记住这一顺序。如果你记不住，那么你可以把上述放松指导录制下来，在每次练习时播放，或者购买一个相关的放松指导音频。

手臂

1. 握紧双手，攥成拳头，保持紧绷 7 秒，注意肌肉收紧时的感受。然后，突然张开双手，放松，注意前后感受的差别，专注于你所感受到的。让肌肉放松 20 秒后，再次握紧拳头，保持紧绷 7 秒，然后放松 20 秒。

2. 接下来，弯曲双肘，收紧你的肱二头肌。保持这个姿势 7 秒，然后放松，注意感受身体放松的感觉。再来一次，然后放松。

3. 收紧你的肱三头肌，也就是你上臂后侧的肌肉，锁住你的肘部，尽可能地用力将你的手臂从身体两侧向下压。放松，注意感受这种放松的感觉。再来一次，收紧，然后放松。

头部

1. 尽可能高地扬起眉毛，感受额头肌肉收紧的感觉，保持7秒，然后突然放松眉毛，让额头和眉毛舒展开来，保持20秒。重复这一过程。

2. 努力把你的整张脸挤到一起，想象自己的五官都凑到了鼻尖的位置。保持7秒，感受一下哪里感到紧张。之后，放松整张脸，注意感受这种放松的感觉。重复这一过程。

3. 紧紧地闭上双眼，尽可能地张大嘴巴，然后放松。重复这一过程。

4. 咬紧牙关，舌头抵住上颚，然后松开，注意你的感受发生了什么变化。重复这一过程。

5. 把嘴张大，呈一个大大的“O”形，然后放松，让你的下巴回到正常的位置。感受这种放松的感觉，并注意前后感受的区别。重复这一过程。

6. 将你的头尽可能向后仰，直到它压在你的颈部后面，之后放松。重复这一过程。

7. 将你的头偏向一边，尽可能压在你这一侧的肩膀上，之后放松，重复这一过程；然后把你的头偏向另一边，让它尽可能压在你的另一侧肩膀上，然后放松，重复这一过程。之后将头摆正至自然位置，你会感到自己身体的压力已经消失了。保持嘴巴微微张开。

8. 将头向下探，尽可能让你的下巴抵住你的胸部。之后将头摆正至自然位置，感受身体的紧张得到释放的感觉。重复这一过程。

上半身

1. 尽力抬高你的双肩，就好像你想把肩膀抬到你的耳朵所在的高度。保持7秒，然后放松双肩到自然位置，放松20秒。当肌肉放松时，感受肌肉是否感到沉重。重复这一过程。

2. 将你的双肩向后伸展，尽量让两侧的肩胛骨能够碰到一起，然后放松你的双肩。重复这一过程。

3. 伸直你的双臂，与胸部平齐，在保持双臂伸直的同时，交叉双臂，向上抬起，直到你能感受到自己上半身的拉伸。然后放松，让你的手臂在身体两侧自然下垂，注意感受放松时的感觉。重复这一过程。

4. 做一次深呼吸。在呼气之前，收紧你胃部和腹部的所有肌肉，然后呼气，放松上半身所有的肌肉。重复这一过程。

5. 轻轻地拱起背部，之后放松。重复这一过程。

腿部

1. 收紧臀部和大腿的肌肉。伸直双腿，脚后跟用力向下蹬，来增加肌肉收紧的力度，保持这个姿势 7 秒。之后，放松 20 秒，注意感受这种放松的感觉。重复这一过程。

2. 尽力把双腿压在一起，绷紧大腿内侧的肌肉。之后放松，感受这种放松的感受传遍你的双腿的感觉。重复这一过程。

3. 收紧你的腿部肌肉，同时绷紧脚尖，之后放松脚趾到自然位置。重复这一过程。

4. 绷紧脚尖，在收紧小腿肌肉的同时，将脚朝着头的方向向上拉，之后放松，让你的双脚回到自然位置。重复这一过程。

快速的肌肉放松法

虽然上述的最基本的渐进式肌肉放松法是一种很好的放松技术，但要按顺序依次放松所有不同的肌肉群，需要花费很长时间，因此它不是能够即刻放松的一种实用工具。想要快速放松你的身体，你可以学习以下这种快速的肌肉放松法。

快速的肌肉放松法的关键是，学会同时放松身体四个区域的肌肉。你要让每个肌肉群收紧并保持 7 秒，之后放松 20 秒。当你练习得更加熟练时，你就能用更少的时间来收紧和放松你的肌肉了。以下是快速的肌肉放松法的步骤：

1. 握紧双手，攥成拳头，同时收紧你的肱二头肌和前臂的肌肉，保持7秒，之后放松20秒。

2. 将你的头尽可能向后仰，顺时针转一圈，然后逆时针转一圈。在你这样做的同时，努力把你的整张脸挤到一起，想象自己的五官都凑到了鼻尖的位置。放松。接下来，收紧下巴和咽喉处的肌肉，耸起肩膀，然后放松。

3. 做一次深呼吸，同时轻轻地拱起背部。保持这个姿势一段时间，然后放松。再做一次深呼吸，吸气时将腹部向外推，然后放松。

4. 绷紧脚尖，将脚朝着脸的方向向上抬起，收紧小腿的肌肉，然后放松。接下来，绷紧脚尖，收紧小腿、大腿和臀部的肌肉，然后放松。

无压力放松法

经历了7～14组渐进式肌肉放松法练习之后，你应该能够熟练地识别和释放肌肉的紧张了。此后你可能不再需要在放松之前刻意收紧每个肌肉群，而可以通过将你的注意力依次放在身体的四个部位，来仔细检查你的身体有哪个部位感到紧张。如果你发现了任何紧绷感，就按照在渐进式肌肉放松法练习中每次收紧肌肉后做的那样，让它放松。集中注意力，真正地感受每一种感觉。对每一个肌肉群进行工作，直到它们完全地放松。如果你碰到一个感觉紧绷、很难放松的部位，就先收紧那一部位的肌肉，然后放松，释放紧张。这种方法甚至比快速的肌肉放松法更快，这也是一种缓解肌肉酸痛的好方法，可以帮助你缓解因过度紧张而加剧的肌肉酸痛。

线索词提示放松法

在线索词提示放松法中，你可以结合线索词提示和腹式呼吸法来放松你的肌肉。首先，调整到一个舒服的姿势，然后使用上面所描述的无压力放松法的技巧，尽可能地释放你的紧张。把注意力放在你的腹部，随着每次呼吸时空气的进进出出，你的腹部会起起伏伏。调整你的呼吸，使其缓慢而有节奏。随着每一次呼吸的进行，让自己变得越来越放松。

之后，在每次吸气时对自己说“吸气”（线索词），呼气时对自己说“放松”（线索词）。不断对自己说，“吸气……放松……吸气……放松”，同时释放你全身的紧张感。持续练习5分钟，每次呼吸时都用上述线索词来提示自己做出相应的动作。

线索词提示放松法教会你的身体将“放松”这一线索词与放松的感受联系起来。当你练习这个技术一段时间后，这种联系会更加紧密，你就可以随时随地放松你的肌肉，只需要在心里重复默念“吸气……放松”，并释放你全身的紧张感。线索词提示放松法可以在不到1分钟的时间内缓解你的压力，它是治疗焦虑和管理愤怒的相关疗法的主要组成部分。

想象一个令人平静的场景

还有一种放松的方法是，在心理上构建一个令你感到平静的场景，每当你感受到压力时，你就可以进入这一场景。令你感到平静的场景应该能够让你感到有趣、有吸引力。当你想到它的时候，它会让你感到很有安全感，在那里你能够放下所有的戒备，感受到完全放松。

构建平静场景

调整到一个舒服的姿势，坐着或躺着都可以，花几分钟时间练习线索词提示放松法。在深度放松状态下构建这一场景是最有效的，因此你一定要花足够的时间来彻底地放松。

现在，跟随着无意识，想象令你感到平静的场景吧，你的脑海中可能会浮现出一幅画面，或者，你可能会在心里听到一个词、一个短语或一个声音，而这将让一幅画面生动起来。不管你想到或听到了什么，只要你的脑海中出现了一个意象，不要质疑它，相信它能够为你带来一种平静的状态与感受。

如果你没有想象出令你感到平静的场景，那么你可以从现实中找到一个吸引你的地方或是活动。你现在最想去哪里？去乡村、树林里，还是草地上？一艘小船上？一个小木屋里？你长大的房子里？还是能够俯瞰中央公园的顶层公寓里？

现在你已经确定了一个想象中的场景，注意在这一场景中，你周围都有什么事物。看看它们的颜色和形状是怎样的，你听到了什么声音？空气中有什么气味？你在干什么？你有什么身体上的感觉？试着去注意周围的一切。你可能会发现在这一场景中还是有些不清楚的、模糊的部分，无论你多么努力地聚焦都看不清楚。这非常正常，不要对此感到失望。通过练习，你将能够逐渐勾勒出更多细节，使你想象中的这一场景更加清晰和生动。

可视化想象

可视化想象是一种技能。就像绘画、做家具或缝纫等许多技能一样，有些人天生就比其他人能更熟练地掌握它们。你可能就是这些人中的一员，你可以坐下来，重现一个场景，如此清晰，让你有身临其境的感觉，或者你也可能很难看到任何东西。

即使你不擅长可视化想象，你也可以通过不断练习来培养这种技能。以下是一些能够帮助你在生活中进行想象的指南：

- 你的脑海中出现了一个场景，但其中有一些不连续的间断区域，这些区域看起来很模糊，或者压根什么也没有，这时请你将所有的注意力都集中在那个区域，并问自己："这是什么？"让你的注意力在那个区域停留一段时间，看看它是否会逐渐变得清晰。如果它们还是模糊的或空白的，也要尽可能专注地看一看出现在这一场景中的其他东西。

- 很重要的一点是，尽可能地让你所想象的场景真实。要做到这一点，一种方法是尽可能多地添加细节，至少运用到你五种感官中的三种。从视觉上看，你可以把你的注意力集中在这一想象场景中物体的轮廓上，就像你在用铅笔描摹它们一样。注意这一场景中出现的颜色，它们是鲜亮的还是褪色的？找到光源。落在物体上的光线是如何影响它的颜色的？哪些区域处于阴影之中？身临其境般地试着去注意所有你能看到的东西。
- 注意你通过其他感官收集到的信息。如果你真的在这一想象的场景中，你会听到什么声音？空气中会有什么味道？通过触觉你能感受到什么？那里是热的还是冷的？有微风在轻轻吹拂吗？想象你的手抚过各种物体，感受它们的质地，以及这个动作给你带来的感觉。
- 留意你观察这一场景的视角。你是否站在一个局外人的视角来看待它？当你在这一场景中看到了一个想象中的“你”时，就会出现这种“局外人”的视角，这时你需要转换视角，真正进入这一场景，身临其境般地去感受它。例如，如果让你感到平静的场景是躺在树下，那么不要去想象看到自己躺在了树下的草地上，而是要转变你的视角，当你想象自己真的躺在树下时，你就能看到蓝天下树枝的摇曳。通过进入想象场景来看其中的事物，你能够把自己完全融入其中，更能够感觉到你生活在这个场景中，而不仅仅是在观看它。
- 当有不相关的思维侵入时，留意它们的内容，然后让注意力返回到你正在构建的想象场景之中。

参考示例

以下是一些示例，你在构建令你感到平静的场景时，可以拿来参考。

你可以把对你来说有吸引力的一些细节以及一些让你感到放松的真实经历融入其中，构建这一场景。

在海滩上。你刚刚走下一段长长的木制楼梯，发现自己正站在一片你从未见过的未经开发的沙滩上。这片沙滩很宽阔，一眼望不到边。你坐下来，坐在沙滩上，沙子是白色的，很光滑，很温暖，很厚重，你任沙子从手指间如琼浆一般顺滑地泻下。你趴在地上，感受到温暖的沙子立刻贴合上你的身型。微风轻拂着你的脸，柔软的沙子环抱住你。海浪隆隆地升起，卷起一层层白色的浪花，缓缓地向你涌来，在离你几米远的地方融化入沙子里。空气中弥漫着海水咸咸的味道和海洋生物的气息，你深吸了一口气，感到平静和安全。

在森林中。你正身处一片茂密的森林中，躺在一圈高高的大树下。在你的身下是一层柔软而干燥的苔藓。空气中弥漫着月桂树和松树的浓郁香气，厚重深沉、宁静安详。阳光从树枝间穿过，洒在苔藓上，你享受着阳光的温暖。一阵暖风吹来，你周围的大树在风中摇摆，树叶随着风的吹拂而有节奏地沙沙作响。每次微风吹起，你身体的每一块肌肉都变得更加放松。两只鸣鸟在远处啼啭，一只花栗鼠在头顶叽叽喳喳。一种轻松、安宁和快乐的感觉从头到脚蔓延开来。

在火车上。你坐在一列长火车最末端的私人车厢里。整列火车的天花板是一个彩色的玻璃圆顶，火车的厢壁是透明的玻璃，让你有一种自己正在空中飞过广阔乡村的错觉。车厢一端有一张毛绒沙发，对面是两把软垫椅子，中间是一张咖啡桌，上面摆放着你最喜欢的杂志。你将身体深深地陷进一把椅子里，脱掉鞋子，把脚放在桌子上。窗外是不断流动的景色：连绵不断的山脉、树木、白雪皑皑的山峰，远处的湖泊闪闪发光。太阳快落山了，天空被紫色和红色所晕染，橘红色的云高耸着。当你凝视着这些景物时，你慢慢地融入车轮声的节奏里，在火车的摇摇晃晃中感受到阵阵平静。

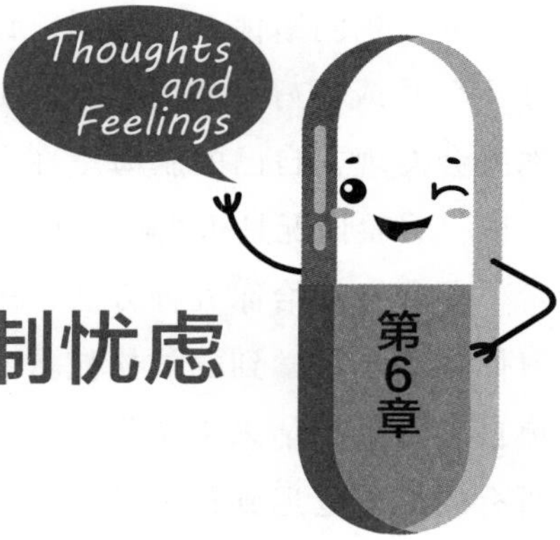

控制忧虑

每个人都会时不时地感到忧心忡忡，这是人们在预期未来可能发生的问题时会产生的自然反应。但当这种忧虑失控时，它就可能会无时无刻不去困扰你。如果你经常经历以下任何一种情况，你就可能存在严重的“忧虑”困扰：

- 对未来可能出现的危险或威胁有着长期的焦虑。
- 总是对未来做出消极的预测。
- 经常高估坏事发生的可能性或严重性。
- 反复思考同一件忧虑的事情，停不下来。
- 常常通过分散注意力或回避某些情境的方式来逃避忧虑。
- 难以利用忧虑来建设性地解决问题。

那些只是劝你“想开点”的人并不了解人类的思维是如何运作的。这就像那个著名的心理学难题：想象一下，我们给你一千美元，让你在一分钟内不去想白熊。你可能已经好几个月或者好几年都没想到过白熊了，但一旦你要让自己不去想它，你就会发现，自己的脑海里在不断浮现那只讨厌的白熊。你可以自己试一试，看看情况是否当真如此。

本章将教给你五种方法，来控制自己的忧虑。第一，指导你定期练习你在第 5 章学到的放松技术。第二，教你进行准确的风险评估，来避免自己总是高估未来会发生危险的可能性。第三，教你延迟忧虑，将你所有的忧虑延迟到每天的某个特定时间，你可以在这一时间释放你所有的忧虑。如果之后你又要开始忧虑了，就把它延迟到下一个“忧虑时间”。第四，你将学会使用解离（详见第 10 章“解离”）来减少忧虑对你所造成的影响。第五，帮助你预防忧虑行为的发生，这是一种控制无效策略的技术，你可以使用这些策略在短期内减少你的忧虑，实际上也让这种效果得到了长久保持。例如，你会逐渐找到方法来准时赴约，不再因为到得太早而强迫性地不停地看时间或是绕着街区再转一圈，你也会学会减少自己因过度担心亲人而频繁给他们打电话的行为。

能否改善症状

放松训练、风险评估、忧虑延迟和解离已被证明在缓解过度忧虑方面是有效的，过度忧虑是广泛性焦虑障碍的主要特征之一（Hayes & Smith，2007；O’Leary，Brown，& Barlow，1992）。研究者发现，预防忧虑行为有助于抑制那些使忧虑长期存在的习惯性行为、回避性行为和纠正性行为（Robichaud & Dugas，2015）。预防忧虑行为还有助于治疗完美主义和强迫思维。

何时能够见效

你需要 1 ～ 2 周的时间来掌握呼吸技术、线索词提示放松法和可视化想象技术。在此期间，你也可以同步开始进行风险评估，之后你就可以开始学习使用解离了。到了第 4 周或是第 5 周，你就能感受到自己的进步。

忧虑行为的预防只需要一两个小时就可以启动，你能够立即感受到它对你产生的积极影响，但你可能需要 4 ～ 8 周的时间，才能发现自己多种忧虑行为的显著改变。

说明与指导

忧虑不仅仅是一种心理过程。当你忧虑时，你会进入一个思维循环，你的想法、生理反应和行为都会发生改变，见图 6-1。

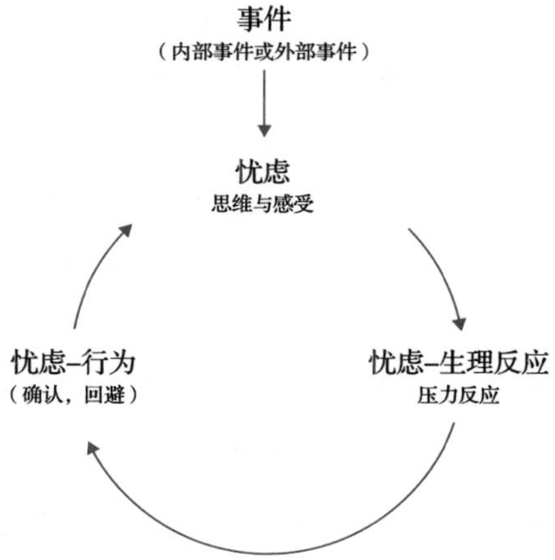

图 6-1 忧虑系统示意图

一个事件（例如看到救护车或想到自己的爱人受到伤害）会触发你忧虑的想法，你会开始感到焦虑。

在生理层面，你的心跳开始加快，呼吸变得急促，皮肤出汗，肌肉收紧……或许你还会产生其他一些与“战斗或逃跑”反应（fight-or-flight response）相关的生理症状。

在行为层面，你可能会采取行动来回避那些令你感到不安的情境或场景，或者你可能会开始想要确认一些情况，比如打电话问你爱的人是否安好，或者在医学网站上检索并阅览一些与疾病有关的信息。

你需要在上述所有层面上做出努力，来控制你的忧虑。首先，你可以通过放松训练来应对身体上的压力反应；其次，从认知层面来讲，为了解决你的忧虑，你可以进行风险评估、忧虑延迟和解离；最后，你可以通过预防忧虑行为来控制你的行为问题。

放松训练

如果你还没有掌握放松技术，你可以回到上一章，读完其中的内容，掌握渐进式肌肉放松法和线索词提示放松法。长期的忧虑会使肌肉时常处于紧张状态。每天进行放松训练，能够让你在忧虑所引起的循环往复的“战斗或逃跑”反应中，有时间喘口气休息一下，这非常关键。

每天花点时间做一次完整的渐进式肌肉放松练习。留出一段专门的时间，不管发生什么事，都不能阻碍你做这个练习。重要的是你每天都要练习，不去省略步骤或者缩短你的练习时间。每天进行一次深度放松是控制忧虑的重要一步，不能延迟。你今天错过的练习，明天再怎么努力也无法弥补。

每天做五次快速的线索词提示放松练习，每两次之间的时间间隔可以自行把握。你可以设置闹钟来提醒自己进行练习。每次放松只需要一小会儿，你可以在任何地方进行。频繁进行放松练习能够使你身体的总体压力处于可控的水平。

风险评估

如果忧虑仍然让你感到困扰，那么你很有可能还没有掌握风险评估这一技术。没有人能完全规避生活中的风险，诀窍在于，你要知道哪些风险可以提前规避，哪些风险应该早做准备，哪些风险根本不必担心。风险评估主要有两个方面：估计事情发生的概率和预测未来的可能结果。在你充分理解它们之后，你就可以使用我们接下来提供的风险评估表来进行工作了。

估计事情发生的概率

忧心忡忡的人总是会高估危险发生的可能性。有些人会在每次发动汽车的时候，都认为自己很有可能发生交通事故；还有些人则会过分忧虑在工作中犯错，即使他们的工作表现很好，很少或从未出过纰漏。过高估计危险发生的概率往往会受到个人经历和信念的双重影响——你对自己过往经历的重视程度，以及你对忧虑持有怎样的信念。

个人经历。你的个人经历会通过两种方式使你产生忧虑。一种方式是，你没有遇到过什么糟糕的事情，但你忽略了这一事实。这让你无法停止忧虑，总是担心自己会忘记一些重要的事情或失去一段重要的人际关系。如果你这样思考问题，那么似乎在原本平安无事的一天上增加了一些未来发生糟糕事情的概率。个人经历影响忧虑的另一种方式是，你真的遇到过一些糟糕的事情，而你把这些经历看得太重。你认为任何发生过一次的事情都有可能再次发生——闪电不仅会击中同一个地方两次，还会一次又一次地击中那个地方。

信念。根深蒂固的、未经检验的信念有两种方式让忧虑的情况变得更糟。第一种方式是，你可能很相信忧虑的预测能力。一位担心丈夫抛弃自己的女士认为，对于这件事她想了很多，这意味着丈夫确实有可能离开。信念会让你落入陷阱的第二种方式是，如果你认为忧虑具有预防事情发生的能力，那么你会下意识地认为糟糕的事情没有发生在自己身上，是因为你对它们的忧虑让麻烦远离了自己。你就像一个站岗的哨兵，时刻保持警惕。

以上风险评估的问题在于，它们会一点点地增加你的忧虑，直到它成为一个比你所担心的危险更严重的问题。走出这个陷阱的方法是学会进行准确的风险评估。

预测未来的可能结果

即使让你忧虑的事情真的发生了，结果会像你担心的那样糟糕吗？大多数整天忧心忡忡的人总是会预测一些并不合理的糟糕结果出现，常常小题大做。例如，一个担心自己失业的人确实失去了他的工作，但他最终并没有无家可归、穷困潦倒，而是找到了一份新工作。虽然薪水少了一些，但他更喜欢这份工作。他预测的灾难化结果并没有发生。

当你忧心忡忡的时候，你的焦虑会让你忘记，人们能够处理哪怕是最为严重的问题。你忘记了，无论发生什么，你和你的家人、朋友都会帮你找到应对的方法，一起解决问题。

使用风险评估表

你可以使用以下所给出的风险评估表，通过合理地估计风险发生的概率、对结果做出合理的预测，来进行准确的风险评估，这将有助于降低你的焦虑。在第一行，写下你所担心发生的一个忧虑事件。写下你所能想到的所有可能发生的最糟糕的情况。例如，如果你担心孩子晚上出门会遭遇危险，就想象一下可能发生的最糟糕的结果：孩子喝醉了，和一辆大卡车迎头相撞，事故中的所有人都当场丧命，或是被送往急诊室，经历了极度的痛苦之后也没能被抢救回来。

接下来，写下你通常会出现的自动化思维："我的孩子会死的……那我也活不下去了……她会流很多血，会很疼……事情就再也无法挽回了……这太可怕了……我实在忍受不了……"记下任何你所想到的，哪怕只是一幅画面或一个转瞬即逝的词。

之后在你考虑最糟糕的结果的同时，按0到100的等级为你的焦虑程度打分，0 代表完全不焦虑，100 代表你所经历过的最焦虑的感受。然后评估这种最糟糕的结果实际会发生的概率，从完全不可能发生的 0% 到完全无法避免发生的 100%。

而后是关于灾难化思维。假设最糟糕的情况确实发生了，预测一下你最害怕的结果。然后花些时间想想，为了应对这场灾难，你该对自己说些什么、做些什么。当你对可能的应对策略有了清晰的了解之后，如果你所担心的事情的确没有发生，就对这一可能结果做出修正后的预测。然后再评估一下你的焦虑，看看你的焦虑程度是否减轻了。

下面这个部分重点应对个体过分估计的问题。列出所有针对最糟糕的结果会发生的反驳性证据，尽可能客观地计算它们会发生的概率。然后列出你能想到的所有替代性结果。最后，再一次评估你所担心的事情实际会发生的概率。你会发现，因为你做出了一个全面而客观的风险评估，所以你的焦虑和概率评分都降低了。

把这一表格多复印几份，当你感到非常忧虑，或者总是反复想起一件忧虑的事情时，就在表格中将它记录下来。坚持做这个练习很重要。每次的风险评估都能帮助你改变持续产生灾难化思维的旧习惯。我们还在风险评估表后给出了一个参考示例，是由萨莉填写的，萨莉总是害怕失败，特别担心自己不能通过“婚姻家庭和育儿顾问”执照的口试。

当你完成风险评估后，好好保存这一表单。之后当你遇到类似的烦恼时，不妨拿来读一读。(你也可以扫描目录下方二维码下载这一表格。)

风险评估表

你所担心发生的事情：________________________________

____

自动化思维：________________________________

____

为你的焦虑程度打分（0 ～ 100）：__________

评估你所担心的事情实际会发生的概率（0% ～ 100%）：__________

假设最糟糕的情况发生了，

预测一下可能导致的最糟糕的结果：________________________________

可以使用的应对思维：______

可以采取的应对措施：______

修正后的对结果的预测：______

再一次为你的焦虑程度打分（0～100）：______
针对最糟糕的结果会发生的反驳性证据：______

替代性结果：______

再一次为你的焦虑程度打分（0～100）：______
再一次评估你所担心的事情实际会发生的概率（0%～100%）：______

萨莉的风险评估表

你所担心发生的事情：我的口试分数不及格

自动化思维：我没法好好表现，我会磕磕巴巴的，听起来很傻。

为你的焦虑程度打分（0～100）：95
评估你所担心的事情实际会发生的概率（0%～100%）：90%
假设最糟糕的情况发生了，

预测一下可能导致的最糟糕的结果：我会是一个失败者，我受过的所有教育全都白费了。

可以使用的应对思维：有许多人第一次考试没有通过。我可以再考一次。

可以采取的应对措施：多多努力。请一位口语老师来帮助我进行练习。再试一次。

修正后的对结果的预测：我不会永远都失败的，只是需要多花点时间勤加练习。

再一次为你的焦虑程度打分（0～100）：60
针对最糟糕的结果会发生的反驳性证据：我学习一直很努力，我的课程成绩很好。

替代性结果：我可能会表现得很好，轻轻松松就通过了考试。我可能会磕磕巴巴的，但不管怎样，我都能勉强通过考试。我可能会不及格，必须重新参加口试才能通过。我甚至可能要考3次，但我总会成功的。

再一次为你的焦虑程度打分（0～100）：40
再一次评估你所担心的事情实际会发生的概率（0%～100%）：30%

忧虑延迟

忧虑延迟这一简单的技巧是指，每天留出一个特定的时间，用 30 ～ 45 分钟，来集中忧虑你所担心的所有事情。每当一个忧虑思维出现时，你就把它延迟到你所指定的这一忧虑时间。准备一个小笔记本或卡片，或者使用手机上的备忘录功能，一旦有忧虑思维出现，你就把它记录下来，这样你就可以在忧虑时间想起它来了。

对很多人来说，“忧虑延迟”可以有效地缩短他们出现灾难化思维的时间。你花在忧虑上的时间越少，忧虑对你产生的生理刺激就越少，你的总体焦虑水平就会越低。

忧虑延迟的底层逻辑是，你没有必要整天都在担心未来，这只会让你肾上腺素激增。相反，你可以高效地处理忧虑的过程，将你在笔记本上记下的每一个忧虑思维都浓缩到这 30 ～ 45 分钟的时间段里，然后一一解决它们。

解离

解离是一种可以改变你与忧虑之间关系的技巧，它能教会你去留意并释放自己的忧虑。此外，解离将帮助你认识到，忧虑仅仅是自己的一种思维，而不是现实中会实际出现的危险。

阅读第 10 章“解离”，然后按照以下内容检查你所制订的消除忧虑的计划。

识别忧虑思维

我将通过以下方法来识别自己的忧虑思维：

- 宁静空间冥想
- 正念专注

标记忧虑思维

我将通过以下方法来标记自己的忧虑思维：

- “我有一种思维”，然后说这个思维
- “现在我的头脑中有一个忧虑思维”

放下忧虑思维

我将通过以下方法来放下自己的忧虑思维：

- 想象溪流上的树叶
- 想象广告牌
- 想象气球
- 想象屏幕弹窗
- 想象火车或船舶
- 想象其他的东西 ____________________
- 生理上的放松体验

远离忧虑思维

我将通过以下方法来远离自己的忧虑思维：

- 感谢自己的大脑
- 不断复述负面标签
- 物化自己的思维
- 随身携带索引卡
- 审视自己的思维

忧虑行为的预防

你可能会习惯性地表现出或是回避某些行为，以防止糟糕的事情发生。例如，皮特从来都不读讣告，也从不会开车经过墓地，他觉得他的这些回避行为会以某种方式防止自己所爱的人死去。他的母亲每次祈求好运的时候，总会敲几下木头。

然而，这种习惯性或预防性的行为实际上会造成长期的忧虑，它们也并不能阻止糟糕事情的发生。对皮特来说，主动回避讣告和墓地只会让他更频繁地感受到与死亡有关的忧虑，而且从理性上来说，他知道这种回避实际上并不能阻止人们死亡。

好消息是，我们能通过一个相对简单的过程来停止做出这些行为，这一过程包括以下5个简单的步骤：

1. 记录下自己的忧虑行为。
2. 选择自己最容易叫停的一个忧虑行为并预测结果。
3. 叫停这一忧虑行为并用一个新的行为来代替它。
4. 评估自己叫停这一忧虑行为前后的忧虑水平。
5. 对下一个最容易叫停的忧虑行为重复第二步到第四步的过程。

第一步：记录下自己的忧虑行为

写下你为了防止自己所忧虑的灾难事件发生而做或不做的事情：

____

____

____

____

____

____

以下是卡莉的例子，卡莉很忧虑别人会不认同自己，也无法忍受别人认为她不礼貌、是个不称职的女主人，或是没有尽到她应尽的责任。她识别出了自己的3种忧虑行为：

1. 过早赴约、到达聚会地点，然后开车绕着街区转20分钟，到约定的时间再进去。

2. 吃了一道主菜、一份沙拉和一个甜点，而不像自己之前预期的那样只吃一道菜。

3. 为在家里举办聚会准备了过多的食物。

第二步：选择自己最容易叫停的一个忧虑行为并预测结果

选择你最容易停止的忧虑行为，写在这里，然后写下预期的结果。

行为：______________________________

____

结果：______________________________

____

卡莉选了“为在家里举办聚会准备了过多的食物”这一忧虑行为，她不假思索地预言道：“聚会开到一半，客人们就会把食物吃光的。”

第三步：叫停这一忧虑行为并用一个新的行为来代替它

这一步是最难的。为了验证你的预测是否会成真，你必须像一名优秀的科学家一样来真正进行这一实验。当你下次开始忧虑的时候，要下定决心避免这种行为的产生。例如，卡莉已经很坚决地决定了，不要为在家里举办的丈夫的生日聚会准备过多的食物。然而不幸的是，她无法让自己停止做出这一忧虑行为，一不小心就准备多了。她起初考虑只准备平常一半量的食物，但发现实际上很难把握食物量。最后，她仔细算出了要来参加聚会的客人平均每个人会吃多少食物，以及真正会到访的客人有多少，根据这些推算来准备合理的食物量。每当她感到自己想要因为一些无关痛痒的因素来多准备一些食物时，她都会抑制住这种想法。

如果你的忧虑行为是一种回避行为，比如从不经过墓地或从不读讣告，那么你需要采取不同的方法：你需要开始去做那些你一直在回避的事情，比如下决心每天早上在上班的路上开车经过墓地，或者在喝咖啡的时候读一读讣告。

有时候，即使是看起来最容易停止的行为也没有那么容易做到。在这种情况下，你需要创建一个替代行为层级，逐渐减少自己的忧虑行为。例如，佩吉是一位有着完美主义思维的法律秘书，她一直很忧虑自己会在高级合伙人的合同和简报上犯错误。她会把笔记本电脑带回家，花上几个小时来反复校对一份重要的简报，为可能出现的错别字而苦恼，在深夜更改字体大小和样式。每次哪怕只是做了一些轻微的修改，她也会把整个文档重新检查一遍。

只要一次拼写检查和校对就意味着完成一份简报，这对佩吉来说太可怕了，她根本不会考虑这样做。所以她制订了一个行为层级表，并决定从当天清单上的第一个也是最简单的项目开始处理：

1. 把简报带回家，多校对 3 遍。
2. 把简报带回家，多校对 2 遍。
3. 把简报带回家，多校对 1 遍。
4. 加班 1 小时，在公司完成简报。不多做校对。
5. 在公司完成简报，准时回家。不多做校对。
6. 故意在简报上留下 1 个标点错误。
7. 故意在简报上留下 1 个语法错误。
8. 故意在简报上留下 1 个拼写错误。

佩吉按照这一替代行为层级表，逐级做出改变。对于每一项，她都预测了可能导致的糟糕后果，并经历了强烈的焦虑。然而，随着一层层下行，佩吉发现她预测的糟糕后果都没有发生，所以她对下一层级的改变有了信心。我们能够看到，最后三个层级涉及故意犯错，这是消除为避免犯错而产生确认行为的一个极佳策略。在佩吉的案例中，她发现，犯些小错误也不会导致事务所输掉官司，也没有让她被解雇，甚至没有人注意到这些错误。她最终能够消除其他的确认行为，并将完美主义降低到她所说的“高但并不死板的标准”。

第四步：评估自己叫停这一忧虑行为前后的忧虑水平

当你想要做出以前的行为，并且知道自己不该这样做时，你会感到焦虑吗？按 0 到 100 的等级给你的焦虑水平打分，0 代表一点儿也不焦虑，100 代表极度焦虑。然后用同样的评分等级来评估一下，你在产生新行为或抛弃旧行为后的焦虑程度。你的焦虑减轻了吗？

习惯性地为客人准备过多食物的卡莉，在丈夫的生日聚会前给自己的焦虑程度打了 100。但她后来很高兴地发现，派对结束时，这一焦虑程度已经减少到 25。只剩下了一点食物，而且聚会办得很成功。

你还要注意观察实际的结果。你的行为改变产生了什么结果？你所忧虑的可怕预言成真了吗？在卡莉的例子中，她的预言没有成真，客人们没有在聚会进行到一半的时候就把食物吃光。她对自己在没有过度忧虑和预防性行为的情况下参加社交活动的能力，感到更有自信了。

第五步：对下一个最容易叫停的忧虑行为重复第二步到第四步的过程

从你最初的清单中，选择下一个最容易叫停的忧虑行为，并重复以下步骤：预测叫停这种行为的后果，然后停止做出这一忧虑行为，并用一个新的行为来代替它。最后，评估自己叫停这一忧虑行为前后的忧虑水平。

参考示例

朗达控制忧虑的经历，很好地向我们展示了前四个步骤是如何结合在一起的。她一直很忧虑自己会被男朋友、老板、父母和陌生人拒绝，并因此回避结识新朋友，怕他们拒绝她。她总是要向她的男朋友乔希确认他还爱她。她会对他说“我爱你”，而他则不得不回应“我也爱你”。有一些晚上，她甚至会做五六次这样的事情，直到乔希开始感到厌烦，抱怨她太缺乏安全感。

朗达后来学习了渐进式肌肉放松法，并在每天晚饭后或上床睡觉前进行这一练习。她还掌握了线索词提示放松法，通过把手机闹钟设为每三个小时响一次，以使自己每天记得要停下来，深呼吸，放松几次。这些练习帮助她降低了整体的被唤醒水平，这样她大脑深处的慢性忧虑就不会在一天中累积太多。她还定了一个忧虑时间——每晚 8 点。

朗达一边记录自己的风险评估表，一边学习放松技术。当她评估乔希抛弃自己的风险时，她意识到了两件事：第一，乔希抛弃自己的可能性很小；第二，就算他真的抛弃了自己，她也可以挺过去，应对孤独。她觉得这个过程很有意思，也很有意义，让自己看到了持续的过分估计和灾难化思维是如何助长忧虑的。

接下来，朗达练习了宁静空间冥想，来帮助她识别出自己的忧虑。之后，一旦她注意到一个忧虑思维，她就会给它做一个标记："这是一个忧虑思维。"然后，她会做一个深呼吸，将这一忧虑思维随呼出的空气一同释放出去。

她用两种忧虑行为预防的场景来总结自己的忧虑控制成效。每天早上在公共汽车上，她强迫自己对坐在她旁边的人说几句话，来改变她回避与陌生人接触的行为。她逐渐发现，有些人会做出回应，有些人不会，而这两种反应她都经受住了。为了改变自己对乔希的确认行为，她决定一天只说两次"我爱你"，然后逐渐减少到一天一次，后来她每隔一天才说一次。有趣的是，她注意到，她对乔希说"我爱你"的次数越少，乔希在不经提示的情况下对她说"我也爱你"的次数就越多。

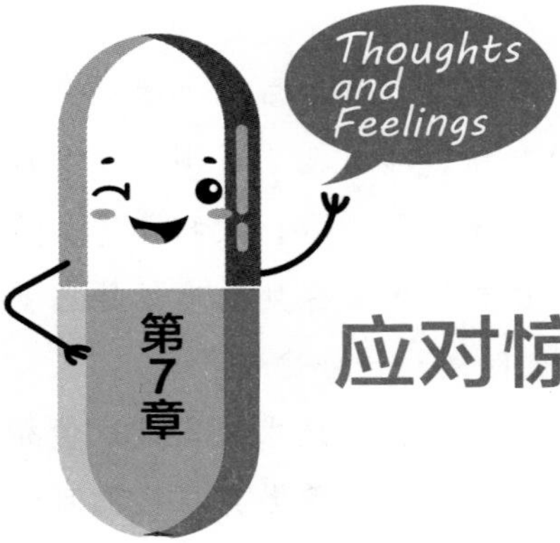

第7章 应对惊恐障碍

惊恐障碍（panic disorder）常被比作一个人站在一扇活动门前，永远不知道它什么时候会打开，或者究竟会不会打开。当惊恐来袭时，你会感受到一种强烈的恐惧感，觉得自己死定了，或是马上就要完全失控了。你的身体会产生一系列的应激反应，包括心跳加速、呼吸急促，感到虚弱、头晕、脸红或是昏厥，以及一种超然、空虚、不真实或人格解体般的感受。对于患有惊恐障碍的人来说，不真实和人格解体的感受是最为可怕的反应，因为人们通常认为这些是精神错乱的迹象。

惊恐发作让人无法预料，因此，有惊恐倾向的人常常背负着预期恐惧的沉重负担。他们会尽量回避任何容易引发自己惊恐发作的情况，这就解释了为什么未经治疗的惊恐障碍常常会演变为场所恐惧症——害怕离开自己感觉安全的地方，比如自己的家。幸运的是，有一些研究团队（Barlow & Craske，1989；

Clark，1989）已经开发出了很好的治疗方案来应对惊恐障碍。

能否改善症状

对于缓解与场所恐惧症相关的惊恐障碍，或者其他以“战斗或逃跑”的应激反应为特征的情绪障碍，本章所给出的技巧十分有效。研究人员发现，本章所描述的治疗方案的类似方法使得 87% 的惊恐障碍患者摆脱了惊恐的症状（Barlow & Craske，1989），这一治疗效果在为期两年的随访中也一直保持良好。还有一些研究人员报告说，类似的方案达到了 80% 到 90% 的有效性。在另一项研究中，参与者在为期四周的研究中使用了研究人员所提供的自助手册，结果显示，只需要心理治疗师的极少干预，惊恐障碍的治疗就能够产生非常明显的效果（Hackmann et al.，1992）。

何时能够见效

使用本章所提供的练习，一些人在短短的 6 ～ 8 周内就能控制住自己的惊恐症状。然而，如果你正在与严重的回避问题或者场所恐惧症做斗争，那么你需要一些额外的方法来得到有效的治疗，这些方法包括让自己暴露在惊恐场景之中等（具体内容详见第 13 章“短时间暴露”和第 14 章“长时间暴露”）。

控制惊恐症状的治疗方案有 4 个主要的组成部分：

- 理解惊恐障碍：是什么导致了惊恐发作，如何控制惊恐发作。

- 呼吸控制训练：这是一个简单的技巧，能够放松你的横膈膜、减缓你的呼吸速率。
- 认知重建：学会重新解读那些令你感到恐惧的身体反应，同时控制自己的灾难化思维。
- 内感受性脱敏：这种技术使你暴露在你最恐惧的身体感受中，但以一种安全、可控的方式，使它们不再与惊恐联系在一起。

理解惊恐障碍

惊恐障碍不同于大多数形式的焦虑，它的关注点不是外部的危险和事件。相反，它关注的是身体内部发生的事情：那些让人恐惧、害怕失去控制的身体感受。

如果你很容易惊恐，你可能会对与焦虑相关的身体症状高度警惕，每当心跳加速、呼吸急促、超然和不真实的感觉有一点点苗头的时候，你就会马上提高警惕。你可能会一直监测自己是否有虚弱、头晕或昏厥的感觉。这种警惕只有一个目的：为自己的惊恐发作做好准备。通过观察和忧虑这些身体感受，你正试图为那可怕的时刻（当惊恐加剧时，你会大声嚷嚷着自己死定了、要疯了）做好准备。

惊恐序列

具有讽刺意味的是，正是这种对身体症状的警惕和恐惧导致了惊恐发作。图 7-1 向我们展示了这一工作原理。

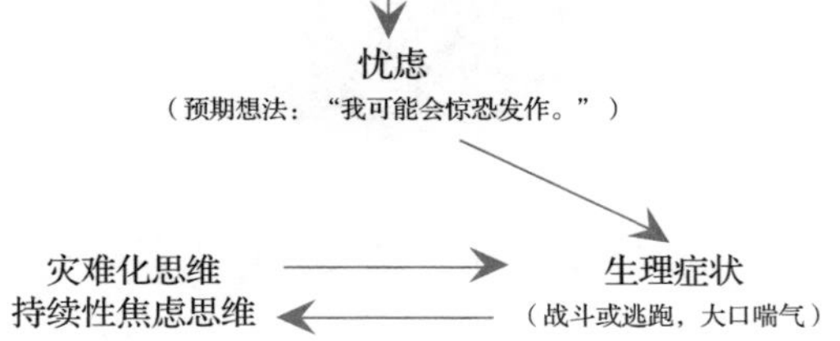

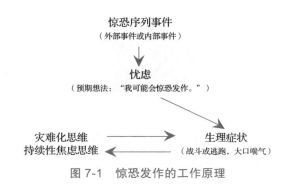

图 7-1　惊恐发作的工作原理

惊恐发作可能开始于内部事件，也可能由外部事件引发。外部事件包括即将到来的压力和挑战，或者之前经历过的惊恐发作的情境。内部事件是你开始觉察到的一些身体症状，并认为它们是惊恐发作的前兆。

这些事件引发了你的忧虑。以下是一些典型的忧虑思维：

- 糟糕，会议室又挤又闷！我可能要做出奇怪的举动了，我会失控的。
- 我希望飞机不要在跑道上停留太久。我会有一种被困住的感觉，我会崩溃的。
- 我希望能把这个营销计划推销给我们的新客户。但当所有人的目光集中在我身上时，我可能会在大家面前头脑一片空白，惊慌失措。
- 我的心跳得有点快，是不是要发生什么事情了？我感到越来越热，我要失控了吗？
- 我觉得头晕、很滑稽、不真实、脱离现实……我不像我自己了……快停下来！糟糕，又开始了。

忧虑思维预示着危险的到来，这些思维会将外部的压力源和一些主要的身体感受解读为灾难的预警信号。在惊恐序列中，这一步的发生如闪电一般迅疾，忧虑思维的表达常常很简短，以至于你甚至很难注意到它们。然而，正是它们引发了惊恐发作的循环。

惊恐序列的下一个阶段是被称为“战斗或逃跑”的生理反应的加剧。你的身体开始做好准备以面对危险。心率上升是为了给“战斗或逃跑”反应所需的大块肌肉群的运动提供血液。当血液在你的腿部积聚时，尽管额外的血液会使它们更强壮，但它们实际上可能会感到虚弱，不断颤抖。你的呼吸速率上升，是为了给突发而剧烈的运动提供更多的氧气。一个常见的但无害的副作用是你会感到缺氧，并伴有胸痛或胸闷。

你的大脑的供血量会减少，因此你会产生头晕、混乱和不真实的感觉。如果你受伤了，那么流向你的皮肤、手指和脚趾的血流量也会降低，以减少出血。这会让你感到四肢发冷，尽管与此同时你可能会感到脸上滚烫。

从进化意义上来讲，“战斗或逃跑”反应会引发出汗，使皮肤变得光滑，让捕食者难以抓住。它还会减弱你的消化功能，常常导致你胃部痉挛、感到恶心，等等。

虽然“战斗或逃跑”反应是无害的，但它们往往表现得过于明显，有时甚至非常剧烈，会把你带入惊恐序列的下一个阶段：对你的“战斗或逃跑”反应产生灾难化思维。以下是一些示例：

- 我的心脏病要犯了。
- 我呼吸不了了，我要窒息了。
- 我会在路上开着车或者走着的时候突然晕倒。
- 我会虚弱得走不动路，突然倒下，这让我觉得很丢脸。
- 我要失去平衡了，我再也站不起来了。
- 我感到昏昏沉沉的，没法思考和工作。

这些灾难化思维会导致肾上腺素激增，这表明你的身体加强了对危险的准备。所有“战斗或逃跑”反应都开始出现，你的心率和呼吸速率进一步上升，你开始大口喘气，感到双腿无力，颤抖不止，你发现自己感到更加头晕、发热，更加不像自己了。观察到出现在自己身上的这些反应时，你开始产生更极端的灾难化思维：

- 我要死了。
- 我快要失控了。我会上蹿下跳，尖叫不止，最后我会发疯的。
- 我再也好不了了。

从这里开始，恶性循环就启动了：这些灾难化思维会引起更多肾上腺素的分泌，导致你出现更多的“战斗或逃跑”反应，从而产生更多的灾难化思维，使得这一恶性循环不断循环往复，最终突破惊恐发作的最高阈值。这时，持续性焦虑思维可以让“战斗或逃跑”反应持续作用数小时。图 7-2 是一系列典型的持续性焦虑思维，可以帮助说明这一工作过程：

我快要崩溃了

⇩

这种状况会一直持续，直到我什么也干不了

⇩

我就无法工作了

⇩

我会失去我的房子，最终流落街头

⇩

我就不能照顾我的孩子了

⇩

我的孩子会被送去寄养家庭

⇩

我的一生就这么完了

图 7-2 持续性焦虑思维的工作过程

打破这一循环

幸运的是，这一循环可以不用以这种方式继续下去。惊恐会持续多久完全在你的掌控之中。当你发现自己陷入这一循环时，要记住关于惊恐障碍的最重要的事实：如果你不再用忧虑思维来吓自己，惊恐发作就不会超过 5 分钟。这是一个医学事实，因为来自“战斗或逃跑”反应的肾上腺素会在 5 分钟或更短的时间内代谢，如果新的忧虑思维没有引起更多肾上腺素的分泌，惊恐症状就会消散。因此，最关键的是，停止关注和产生灾难化思维及其他忧虑思维。

一个重要的策略是，改变你对正常压力反应的解读和反应。学会将头晕、呼吸短促、昏昏沉沉的感受识别为“战斗或逃跑”反应的无害症状，这是控制惊恐发作的关键一步，本章接下来要谈到的内感受性脱敏技术将帮助你做到这一点。同时，你可以研究表7-1，它为惊恐障碍提供了许多医学上的解释。在最困扰你的症状上标上星号，然后把你标记的每个症状的医学解释写在索引卡上，随身携带。之后，无论何时你体验到惊恐的症状，就可以阅读这张卡片，来用医学事实提醒自己。

表7-1　症状解释表

身体症状	灾难化思维	医学事实
心率上升或感到心悸	我的心脏病要犯了	根据惊恐障碍专家克莱尔·威克斯博士（Dr. Claire Weekes，1997）的说法，一颗健康的心脏可以连续几天，甚至几周每分钟跳动200次，而不会受到损伤。你的心脏可以很好地承受压力，一小时的惊恐与心脏的最大承受能力相比根本不算什么
感觉头晕目眩	我会在路上开着车或走着的时候突然晕倒	头晕的感觉是由于大脑的供血量和供氧量减少所造成的，一般很难导致昏厥。惊恐发作会引发高血压，这与和昏厥相关的低血压问题正好相反
感到缺氧，并伴有胸痛或胸闷	我要窒息了。我的心脏病要犯了	“战斗或逃跑”反应会导致胸部和腹部肌肉收紧，进而造成胸部的紧绷感和肌肉的疼痛，以及肺活量的降低。为了缓解这一情况，你可能会开始大口喘气，而这样只会让你感觉更糟。惊恐发作不会导致窒息，不管感觉有多么难受，你总能得到赖以呼吸的充足的空气
有眩晕的感觉	我一站起来就会摔倒	这种眩晕的感觉是由大口呼吸以及流向大脑的血液量和氧气量降低所引起的，是一种短暂而无害的反应。即使在最惊恐的时候，人们也很少会失去平衡
感到双腿无力，颤抖不止	我会虚弱得走不动路，突然倒下	“战斗或逃跑”反应会导致腿部血管暂时扩张，让血液在腿部的大块肌肉中积聚。你的腿和以前一样强壮，能够支撑你的运动
感到脸上滚烫	我要惊恐发作了	身体发热和脸红的感觉来自氧气的增加和循环系统的突然变化。它们是无害的，不会导致惊恐发作，除非你把这一症状解释为引起惊恐的原因
感觉恍惚、不真实、不像自己了	我要疯了。我会失控的，我再也好不了了	产生恍惚、不真实感和其他的心理感受，这是与大口喘气和大脑血氧流量减少有关的“战斗或逃跑”反应所造成的，是无害的。它们是暂时性的反应，不会让人发疯，或是丧失对自己行为的控制能力。而且无数据表明它们会导致精神分裂症、瘫痪，或者惊恐发作后的发狂

呼吸控制训练

这一练习改编自尼克·马西（Nick Masi）的《生命之息》（*Breath of Life*）（1993），这一呼吸指导音频是专门为惊恐障碍患者所创作的。大多数人在感到惊恐的时候，会想要不停地大口喘气，之后进行短而浅的呼吸，无法排空肺部的气体。这就造成了胸腔或肺部的一种充盈感，让你感觉自己无法获得足够的氧气，但实际上这是一种错觉，只是因为你肺部的气体没有排空。事实上，即使有足够的空气，你的呼吸也会越来越快。最终，你可能会出现过度通气的反应，这就可能会引发惊恐发作了。以下是呼吸控制训练的 5 个简单步骤。

第一步：先把气体呼出。在第一次出现紧张、惊恐的迹象，或第一次担心自己的身体症状时，完全地排空肺部的气体。重要的是，你要先把空气呼出去，这样你才会觉得有足够的空间来进行完整的深呼吸。

第二步：用鼻子吸气和呼气。用鼻子吸气会自动地减缓呼吸，防止过度通气的出现。

第三步：将空气深深地吸进腹部。将一只手放在腹部，另一只手放在胸部。深呼吸，让你腹部的手能够向上移动，而胸部的手不动。通过引导呼吸深入腹部，你可以伸展横膈膜，并放松让呼吸变得困难的那些收紧的肌肉。

第四步：呼吸的同时计数。先把气体呼出，然后用鼻子吸气，开始计数：“1……2……3。”暂停 1 秒钟，然后用嘴呼气，开始计数：“1……2……3……4。”数一数可以使你避免产生惊恐所引发的急促呼吸的情况。你在呼气时应该总是比吸气时多数一个数，这将确保你在一呼一吸之间排空肺部的气体。

第五步：将呼吸放慢一拍。吸气，开始计数：“1……2……3……4。”暂停 1 秒钟，然后呼气，开始计数：“1……2……3……4……5。”和之前一样，呼气时比吸气时多数一个数。

呼吸控制训练是一种非常有效的方法来放慢你的呼吸，防止出现通常由惊恐发作所引发的过度通气。如果一感受到忧虑的苗头就能放慢呼吸，你就能避免那些最糟糕的“战斗或逃跑”反应。

这一训练的关键是不断练习。最初几次的呼吸控制训练最好是在你感到安全、放松、不会被打扰的环境中进行。一开始，当你感到惊恐甚至焦虑时，不要尝试使用这种方法，而要在没有威胁的环境中，去练习放松和适应这种呼吸的放慢。每天坚持练习，几周之后，你会充分掌握这项技术。当你可以在计数的同时轻松地开始深呼吸时，你可以逐渐尝试在你感到轻微紧张的情况下进行呼吸控制训练。之后，当你害怕自己惊恐发作，或是注意到令你感到不安的身体症状时，你可以试着进行呼吸控制。

在你完全陷入惊恐状态的时候，不要尝试进行呼吸控制训练，而要等到你已经掌握了内感受性脱敏技术之后。我们将在本章后面的部分聊到这一技术，它将为你提供你所需掌握的经验，这样即使是在最令你感到不安的焦虑症状发作期间，你也可以做到放慢呼吸。

如果你很难做到在呼吸控制训练中计数，那么你可以制作一个指导语录音，来帮助自己掌握正确的呼吸节奏。以下是录制一段每分钟呼吸12次的指导语录音的说明：

1. 说“吸气”这个词，保持2秒钟。

2. 说“呼气”这个词，保持2秒钟。

3. 暂停1秒钟。

4. 继续重复说“吸气”这个词，保持2秒钟；说“呼气”这个词，保持2秒钟；然后停顿1秒钟。重复以上过程大约5分钟。

为了进一步放慢你的呼吸，你可以制作一个每分钟呼吸8次的指导语录音，说“吸气”和“呼气”，各保持3秒，说“呼气”后仍然停顿1秒。

认知重建

人类总是试图理解自己的经历，试着给各种事情贴上标签，并去预测这些事情会对未来造成什么影响。当你焦虑不安，拼命预防自己的惊恐发作时，你往往会陷入两种明显的错误思维中：第一种是夸大化思维，夸大负面事件发生的可能性；第二种是灾难化思维，假设结果将远比你所能承受的更痛苦、更难以控制。

夸大化思维和灾难化思维都可能引发你的焦虑。然而，有一种方法可以帮助你克服这些思维模式，并帮助你在这个过程中逐渐减少焦虑。这种方法包括收集与你的恐惧相关的确凿证据，并确定替代性的应对策略。这一技术用到了一种特别的思维记录方式——概率表格（the probability form）。后文所给出的就是一张空白的概率表格。把这一表格多复印几份，每当你感受到灾难化思维时，就把它记录下来。

我们接下来讲讲如何使用这一概率表格。在第一栏，记录下引发你焦虑的事件。这些事件可以是外部事件（比如和朋友一起去看电影），也可以是内部事件（比如你感到昏昏沉沉的）。在“自动化思维”一栏中，写下你对这些事件的解读和看法，试着记录下你所能想到的最糟糕的灾难化思维。

当你专注于自己的自动化思维时，用接下来的两栏来评估你所担心的事情实际会发生的概率和你的焦虑水平。概率评级为 100% 意味着灾难一定会发生。注意，有许多事件发生的概率小于 1%。之后，按照从 0 到 100 的等级给你的焦虑水平打分，100 代表你所经历过的最严重的焦虑。

为事件发生的概率和自己的焦虑水平进行打分是非常重要的，这样你就能看到它们是如何发展和变化的。在你填写了“证据”和“替代性应对方案”两栏后，你可能会看到自己打的分数明显下降。

接下来的两栏将帮助你审视自己的自动化思维。在“证据”一栏，写下所有支持或反驳你的自动化思维的事实或经历。问自己以下这些关键性问题：

- 我在过去做这件事情或者产生这种感受的经历中，有多少次发生了灾难性的后果？
- 在过去类似的情况下通常会发生什么？
- 在我的过往经历中，是否有什么事情让我期待得到一个好的结果，而不是害怕会发生糟糕的事情？
- 客观事实究竟是怎样的？（一定要记录下你在本章了解到的相关医学事实。）
- 这种体验可能会持续多久？我能承受那么长时间吗？

在你列出你能想到的所有证据之后，接着记录“替代性应对方案”一栏。在这一栏中，描述你的行动计划，写出当最糟糕的情况发生时，你将如何应对这一危机。尽管想出一个应对方案可能会让你感到不舒服，但这样做能够帮助你直面自己最深的恐惧。如果你能想出一些应对计划，那么无论结果有多么糟糕，你都能够克服它们。你可以在自己的应对计划中涵盖以下内容：

- 所有可能有所帮助的放松技术或呼吸技巧。
- 你所能够获得的用于应对危机的所有资源（来自朋友或家人的支持、经济资源、问题解决的能力）。
- 你过去曾经使用过的有效的应对策略。
- 其他人在这种情况下可能会使用的策略。

花点时间来记录“替代性应对方案”这一栏。你可以进行头脑风暴，想出至少 3 种可行的应对策略。对于那些对你来说并不现实的替代性方案，不必把它们记录下来，但如果它们有奏效的一丝希望，那就把它们写下来，随后评估它们可能产生的结果。

完成概率表格的最后一步，是再一次为事件发生的概率和自己的焦虑水平打分。通常，在审视了所写下的证据以及想出替代性应对方案后，你会发现，灾难性后果发生的概率似乎比较低，与此同时你的焦虑水平也会降低。

你可以在感到焦虑时使用这一概率表格。在相关事件发生后尽快记录下来，最好当天完成。即使只是感受到一些身体症状，你也可以按照这种形式记录下来。（你也可以扫描目录下方二维码下载这一表格。）当你认为对身体感受的灾难化解读是自己惊恐发作的主要原因时，这一表格能帮你对此有更深入的理解。如果你坚持记录这一表格 3 ～ 4 周的时间，你就会对自己应对恐惧的能力培养出新的信心。

如果你在起步阶段需要对如何记录概率表格得到帮助，你可以参考空白表格后面的桑德拉的概率表格，桑德拉是一位 32 岁的单身母亲，3 个月内惊恐发作反反复复。她对自己的身体症状感到非常担忧，也一直忧虑自己会失去作为一位母亲和一名投资分析师的能力。桑德拉的这一概率表格涵盖了她第一天记录的内容。

概率表格

事件（外部事件或内部事件）	自动化思维	概率（0% ～ 100%）	焦虑水平（0 ～ 100）	证据	替代性应对方案	概率（0% ～ 100%）	焦虑水平（0 ～ 100）

桑德拉的概率表格

事件（外部事件或内部事件）	自动化思维	概率（0%～100%）	焦虑水平（0～100）	证据	替代性应对方案	概率（0%～100%）	焦虑水平（0～100）
喝了咖啡，感觉有点紧张	我可能会陷入惊恐状态中	80%	80	我经常喝咖啡，可只有两次惊恐发作。这种情况发生的概率非常低，特别是我现在就要着手应对这件事了	我可以开始进行呼吸控制，用医学事实来提醒自己，而不是一味专注于那些可怕的想法。再坚持 5 分钟就没事了	30%	35
在工作中我有了焦虑的情绪	这会毁掉我的职场信誉的，再这样下去我可能会丢掉工作	65%	70	在过去的几个月里，我在工作中的确感到非常焦虑，但我总是能把事情做好。尽管我很焦虑，但我的绩效表现很好	如果我得到了负面的反馈，那么我会尽力找到我做得不足的地方，并制订计划努力改正。如果我丢掉了工作，我会找份兼职工作或者压力小一点的工作。我爸爸会在经济上支援我一阵儿。我也可以在家工作，有更多的时间陪陪儿子	35%	15
感到双腿无力，走不动路	我要摔倒了，这让我觉得很丢脸	85%	90	我至少有 50 次这种感觉了，但我从来没有摔倒过。我之所以有这种感觉，只是由于“战斗或逃跑”反应导致血液在腿部肌肉中积聚，这并不意味着我真的很虚弱	就算我摔倒了，我也可以请路过的好心人扶我到一个地方坐下休息，直到我感觉好一点。这的确很尴尬，但是我总会克服的	20%	35
心跳加速，感到焦虑	我受不了了，我的心脏病要犯了	90%	100	我能承受住的，我的心脏也就是在承受每次我锻炼时它所承受的压力。医生说我的心脏很健康，可以连续几周每分钟跳动 200 次。现在是每分钟跳动 140 次，才 5 分钟。我的心脏能够很好地承受住这种压力	如果我有心脏问题，那么我会接受治疗，改变饮食，多加锻炼，努力照顾好自己。我能够应对这一切的，因为我需要这样	45%	55

在和老板说话的时候感觉昏昏沉沉、恍恍惚惚的	我没法好好思考了；我感觉不像是自己了。这意味着我要发疯了，我会一直神志不清的	80%	95	通常当我放松下来的时候，这种恍恍惚惚的感觉就会消失。这种感觉我有过很多次了，最后它总是会过去的，没有什么持久的影响。这只是一种“战斗或逃跑”反应，流向我头部的血液突然减少了	如果我再也不能集中注意力，甚至是失去了这种能力，我会非常难过。但我会尽量找一份要求不高的工作。就算我总是恍恍惚惚的，我依然是那个爱着我的儿子的妈妈	45%	60
需要给前夫打个电话，问他怎么还没把儿子的抚养费打给我	我应付不了他。他一动怒我就会很不安，我会觉得很惊恐	50%	60	通常当我打电话提醒他打款的时候，他都很冷酷、很尖锐，但不会动怒的。我可以应付他的冷酷，他就是那副老样子	我会不断提醒自己，这是他的问题，不会有什么糟糕的事情发生的。每次就算他晚打款了，他最终也会把抚养费打给我的。我可以使用呼吸控制技术，并且不断重复我的诉求	5%	20
晚饭后修整了草坪，感觉很热	糟糕，我可能要惊恐发作了。这会毁掉这个美好的夜晚的	90%	90	我感觉很热是因为刚才一直在忙着修整草坪，汗流浃背，而不是因为焦虑。从过去的经验来看，这种感觉很快就会过去。我仍然可以享受这个夜晚	我可以进行呼吸控制训练，而不是一味关注那些惊恐思维，过一会儿它们就会自动消失了	15%	20

内感受性脱敏疗法

内感受性脱敏疗法是治疗惊恐障碍最有效、最具挑战性的方法之一。内感受性是指“身体内部反应所引发的感受”，而这种疗法强调以一种安全的方式重现个体在惊恐发作时的身体感受，它可以让你学会将这些感受体验为不舒服的感觉，而非害怕的感觉。感到头晕、心跳加速，甚至是不真实的感觉，这些都只会成为“战斗或逃跑”反应的烦人的副作用。当这些感受不再与惊恐障碍联系在一起时，你会发现自己对这些身体上的感受就不再那么警惕和关注了。

第一个阶段：内感受性的初始暴露

对惊恐障碍所带来的身体感受的脱敏会经历三个阶段。在第一个阶段，你要将自己短暂地暴露在十种特定的感受中，然后对自己的反应进行评估。以下大部分的暴露练习都是由米歇尔·克拉斯克（Michelle Craske）和戴维·巴洛（David Barlow）所开发和检验的（2008）。它们所引起的感受与许多人在惊恐发作前或惊恐发作期间所报告的感受相似。

1. 左右摇晃你的头，重复这一动作 30 秒。
2. 弯腰，使头处于两腿之间，然后抬起头直起身子，重复这一动作 30 秒。
3. 原地跑 60 秒（事先咨询你的医生能否做这一动作）。
4. 穿着厚夹克原地跑 60 秒。
5. 屏住呼吸 30 秒。
6. 拉伸你的大块肌肉群，特别是腹部肌肉，持续 60 秒或尽可能长的时间。
7. 坐在转椅上旋转 60 秒（不要站起来）。
8. 快速呼吸，持续 60 秒。
9. 用一根细吸管呼吸，持续 120 秒。
10. 盯着镜子里的自己，持续 90 秒。

当你阅览这一列表时，你可能已经能够知道有些感受会让你很不舒服。但要对你的惊恐障碍有所疗愈，你恰恰要对那些最让你感到恐惧的感受进行脱敏。如果你觉得将自己暴露在这些身体感受中实在太过可怕，你无法独立完成这一练习，那么你可以请一个能给你带来支持感的人全程在场，陪你进行这一练习。一段时间之后，当你更加适应这些不舒服的感受时，你就不再需要他人的陪伴了。

在内感受性脱敏疗法的第一个阶段，你要让自己一一暴露在上述这十种感受中，来确定哪一种感受最容易引发你的焦虑，以及和你在惊恐发作时的感受最相似。在做完这十项练习之后，你可以对自己的焦虑水平、每种感受与你的惊恐感受的相似程度进行打分，并记录在下面给出的内感受性评估表中。（你可以将书中的表格复印几份，也可以扫描目录下方二维码下载这一表格。）同样地，按照从 0 到 100 的等级来为你的焦虑水平打分，100 代表你所经历过的最严重的焦虑；用百分比的形式来为每种感受与你的惊恐感受的相似程度打分，100% 代表感受完全相同。（空白的内感受性评估表后是桑德拉所填写的内感受性评估表，可以供你参考。）

内感受性评估表

练习	焦虑水平（0 ～ 100）	惊恐感受的相似程度（0% ～ 100%）
左右摇晃你的头		
弯腰，使头处于两腿之间，然后抬起头直起身子		
原地跑		
穿着厚夹克原地跑		
屏住呼吸		
拉伸你的大块肌肉群，特别是腹部肌肉		
坐在转椅上旋转		
快速呼吸		
用一根细吸管呼吸		
盯着镜子里的自己		

桑德拉的内感受性评估表

练习	焦虑水平（0 ～ 100）	惊恐感受的相似程度（0% ～ 100%）
左右摇晃你的头	10	20%
弯腰，使头处于两腿之间，然后抬起头直起身子	0	0%
原地跑	60	80%
穿着厚夹克原地跑	70	90%
屏住呼吸	45	50%
拉伸你的大块肌肉群，特别是腹部肌肉	15	10%
坐在转椅上旋转	25	30%
快速呼吸	80	95%
用一根细吸管呼吸	50	60%
盯着镜子里的自己	40	45%

这一练习和记录的过程对桑德拉来说极为可怕。为了帮助自己渡过难关，她请自己最好的朋友全程在场，陪她进行练习。她将练习进行了两次才彻底完成，但她发现结果很有趣。那些让自己昏昏沉沉的练习所带来的感受与真实的惊恐感受并不相同，也不会让她感到困扰；但那些让她心跳加速或身体发热的练习，会唤起她较高水平的焦虑感受，与她在惊恐状态时的感受比较相似。快速呼吸所引发的感受和她在惊恐状态下的感受完全相同，这也是在所有感受中最让她害怕的。

第二个阶段：内感受性的渐进式暴露

在内感受性脱敏的第二个阶段，你要根据在第一个阶段所填写的内感受性评估表，来对你的惊恐感受进行分级。首先从与你的惊恐感受的相似程度达到或超过 40% 的每一项练习开始，一一审视它们。之后，使用以下给出的空白的暴露等级和焦虑强度表，将你选中的那些练习项目按焦虑水平从低到高排序。（你也可以扫描目录下方二维码下载这一表格。）记录你第一次暴露在各练习项目时的焦虑水平。（空白表格之后所给出的是桑德拉填写的一个示例表格。）

暴露等级和焦虑强度表

练习	第一次	第二次	第三次	第四次	第五次	第六次	第七次	第八次
1.								
2.								
3.								
4.								
5.								
6.								
7.								
8.								
9.								
10.								

桑德拉的暴露等级和焦虑强度表

练习	第一次	第二次	第三次	第四次	第五次	第六次	第七次	第八次
1. 盯着镜子里的自己	40							
2. 屏住呼吸	45							
3. 用一根细吸管呼吸	50							
4. 原地跑	60							
5. 穿着厚夹克原地跑	70							
6. 快速呼吸	80							
7.								
8.								
9.								
10.								

桑德拉仔细地把与她的惊恐感受相似程度达到或超过 40% 的每一项练习都记录在了这一等级表中，她将这些项目从焦虑强度最低的（盯着镜子里的自己，焦虑强度为 40）到最高的（快速呼吸，焦虑强度为 80）进行了排序。

第三个阶段：诱导内感受性暴露来进行脱敏

在为自己的惊恐感受进行分级后，你就该进入第三个阶段了，也就是实际的脱敏过程。你可以从等级表中焦虑强度最低的那一项开始。如果在最初的几次试验中你需要一些帮助，你可以请一个能让你感受到支持感的朋友在场陪伴你；然而，你必须尽快进入独立进行暴露疗法的状态。以下是诱导内感受性暴露的步骤，可以帮助你对这些身体感受脱敏：

1. 开始练习，注意你一开始感受到不舒服的地方。在出现不舒服的感受后，继续保持练习至少 30 秒，坚持得越久越好。

2. 在你停止练习后，在暴露等级和焦虑强度表中记录下你的焦虑强度。

3. 进行呼吸控制训练。

4. 在你进行呼吸控制训练的同时，不断提醒自己那些与你正在体验的身体感受相关的医学事实。例如，如果你在进行快速呼吸这一练习之后感到头晕或眩晕，那么提醒自己这是一种暂时的、无害的感觉，只是因为大脑的供氧量减少了。或者，如果你在原地跑之后心率变得很高，就多多提醒自己，健康的心脏可以每分钟跳动 200 次连续几周，而不受损伤，它肯定有能力处理这一次小小的锻炼。

5. 继续进行这一练习，当你在没有支持性他人在场的情况下，你的焦虑强度低于 25，这就表明你已经对那种感受脱敏了。

6. 对你的等级表中的每一个项目都重复第一步到第五步的操作，一步一步地对你的这些惊恐感受进行工作。

如果你在内感受性暴露疗法中难以脱敏，这可能是因为你有一些灾难化思维尚未处理。当你开始进行暴露练习时，时刻留意你对出现的身体感受的想法。你在对自己说什么？你担心会发生什么可怕的事情？最糟糕的结果是什么？一旦你发现了一个或多个灾难化思维，就把它们记录到概率表格中。然后审视“证据”和“替代性应对方案”中的内容，来找出你可以在暴露疗法中实际使用的应对方法。

桑德拉在她最好的朋友的陪伴下开始了脱敏练习。她从等级表中的第一个练习开始：盯着镜子里的自己。她花了 50 秒才触发了那些她所熟悉的会感到不真实的感觉，之后她在这个练习上坚持了 1 分钟。每次尝试过后，桑德拉立即开始呼吸控制训练。她提醒自己，这种不真实的感受是无害的，是大脑缺氧所引发的“战斗或逃跑”反应。

在第三次尝试后，桑德拉的焦虑强度降到了 20，对她来说，是时候独自面对暴露疗法了。在她独自进行第一次练习时，她的焦虑水平上升到了 40，但在第五次练习中，她的焦虑水平再次下降到了 20，这表明她已经可以继续进行下一项练习了——屏住呼吸，这比她想象中的要容易一些。仅在一次有朋友在场的练习以后，她便可以独自一人进行练习了，后来她的焦虑水平降到了 25 以下。她在每次练习后还进行了呼吸控制训练，这可以帮助她迅速放松下来，也有效地提醒了她，她可以通过深呼吸来轻松地缓解自己呼吸困难的感受。

桑德拉在内感觉性脱敏中最大的挑战是快速呼吸这一练习。这一练习所带来的令她昏昏沉沉、感到不真实的感觉让她感到深深的恐惧。在第二次练习后，尽管她的朋友全程握着她的手为她提供支持，但她的焦虑水平仍高达 90。桑德拉在朋友在场的情况下进行了 8 次尝试，焦虑水平才下降到 25，然后她独自进行了 4 次尝试。在反复尝试后，她学会了在练习中提醒自己，自己的恐惧只是“大口喘气”和“战斗或逃跑”反应所带来的短暂影响，只要做几分钟的呼吸控制训练，这种恐惧的感受就会消失。

随着桑德拉对自己在快速呼吸后平静下来的能力越来越有信心，她的惊恐感受变得不再让她感到害怕了。她不再担心自己会失去控制，而是把“大口喘气”看作一种不舒服但可控的感受。

在进行了所有练习后，桑德拉发现自己最大的问题是倾向于产生灾难化思维。她意识到她老是对自己说“我受不了了”和“我承受不住这个”，而使用概率表格已经帮助她学会了反驳这些想法。在她根据自己的等级表格一一进行练习之后，她越来越能够自我安慰：“我对任何事情都能忍受几分钟的，它们不会真的伤害到我。”

现实中的内感受性脱敏

当你已经诱导内感受性暴露来对惊恐发作的身体症状进行脱敏，并且没有一项练习引发的焦虑水平高于 25 时，你就可以在现实生活情境中练习脱敏了。在征求了医生的医学建议之后，你可以开始尝试接触那些因为害怕惊恐发作而避免接触的活动和体验了。将这些活动列到一张白纸上，并按照引发焦虑的强度从最低到最高进行排序，将它们记录到暴露等级和焦虑强度表上。然后按照第三个阶段所介绍的过程进行工作。

为了更好地说明如何进行这一过程，我们将继续以桑德拉的故事为例。她在现实生活中的脱敏等级如下表所示。当一位同事邀请桑德拉共进午餐时，她接受了邀请，并利用这个机会第一次尝试消除她对去餐厅的恐惧，去餐厅在她的等级表格中是最容易做到的。在与同事共进午餐时，她用呼吸控制训练和概率表格中所提到的有效方法来应对自己的惊恐。桑德拉对于去餐厅的主要恐惧是感觉昏昏沉沉和不真实，于是她提醒自己，这是一种无害的感受，不会被她的同伴注意到。桑德拉采用了类似的策略，完成了她所记录的等级表中的所有项目，无论需要经历多少次尝试，桑德拉最终都能将每个项目的焦虑强度降低到 25 或以下。

当桑德拉的暴露疗法接近尾声时，她发现自己对惊恐发作的恐惧降低了——她已经有几周没有惊恐发作了，也不再一味关注和害怕那些与惊恐相关的感受了。现在，心跳加速不会再吓到她了，她在感到发热或昏昏沉沉的时候也不会因为惊恐发作而感到紧张不安了。

桑德拉的暴露等级和焦虑强度表

练习	第一次	第二次	第三次	第四次	第五次	第六次	第七次	第八次
1. 去餐厅	35	30	20					
2. 喝咖啡	50	30	35	25				
3. 在天气凉爽时散步 1 英里	55	40	15					
4. 在天气炎热时穿着夹克散步 1 英里	65	60	50	35	25			
5. 上坡跑	80	55	25	30	20			

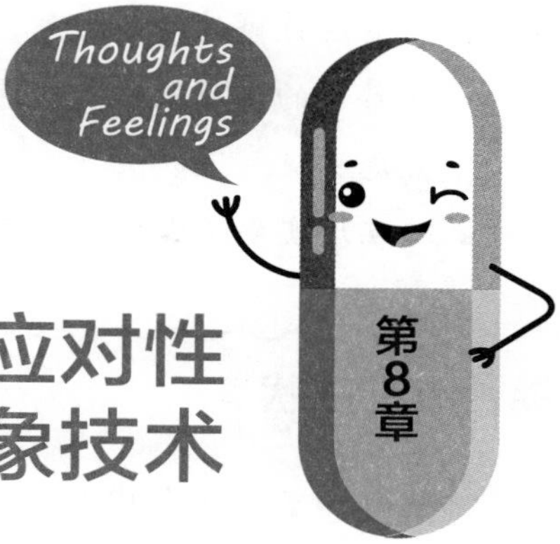

应对性想象技术

应对性想象技术（Freeman，1990）一章结合了第13章“短时间暴露”和第19章“内隐示范”中最有特点的内容，帮助你在问题情境中提高表现水平，同时减少自己的焦虑，其中包括识别引发问题情境的事件的详细顺序——你在该情境中从开始到结束所做的一切，并确定序列中的哪些元素最容易引发焦虑。之后，你要使用特定的放松技术和替代性应对思维来演练整个过程，用这种方法来降低在关键节点的焦虑水平。最后，将你的应对性想象技术运用到现实生活中。更具体地来说，应对性想象技术能帮你做到以下几点：

- 看到自己成功地处理了一件令你感到焦虑的事情，也许你已经逃避这件事很久了。
- 为这件事特别制订放松练习和认知应对策略。

- 随着这件事的不断发展，在引起你焦虑的关键节点，不断演练并完善你的应对策略。这能帮你建立信心，减少你在现实生活中的焦虑反应。
- 为在现实生活中会发生的事件按顺序一步步做好准备。

能否改善症状

应对性想象技术在减少与现有问题情境相关的焦虑和回避症状方面最为有效，它可以用来减少由恐惧和表现焦虑所导致的回避行为，帮助个体增强自信。应对性想象技术还有助于减少拖延、怨恨和抑郁，这些常是由于个体没有成功应对引发焦虑的特定情况而导致的。

应对性想象技术依赖于你建构清晰而细致的图像的能力。如果你很难获得清晰的视觉图像，另一种选择是使用听觉或身体印象来构建一个生动的图像。只要其中有一种方法能让你构建出清晰的想象场景，那么你就可以有效地使用这一技术。

何时能够见效

每次练习 15 分钟，练习 6 ～ 8 次之后，你就能看到一些效果。

应对性想象技术包括以下 6 个简单的步骤，你可以通过定期练习来逐渐掌握这一技术：

1. 学习一些放松技术。
2. 描述一个问题情境。
3. 找出这一情境中的压力点。
4. 为每个压力点制订应对策略。
5. 演练这些应对策略。
6. 在现实生活中应用这些应对策略。

第一步：学习一些放松技术

要使用本章的方法，你需要首先掌握第5章所给出的线索词提示放松法。线索词提示放松法建立在其他放松技术的基础上，因此你需要首先学习和练习渐进式肌肉放松法和无压力放松法。在你掌握并实践了这三项放松技术之后，才能进入下一步。我们建议你充分学习线索词提示放松法，直到你可以对其收放自如。最终，你应该能够在两分钟或更少的时间内达到深度的肌肉放松。你练习得越频繁，你就能够放松得越快，放松得越深入。

第二步：描述一个问题情境

在学习放松技术的同时，你也可以做一些额外的工作，来为使用应对性想象技术做好准备。现在，找出一个现实生活中让你焦虑的情境——在这个情境中，你一直想要去做某件事，却总是陷入回避或是纠结。它可以是任何事情，参加工作面试、拜访公婆或岳父岳母、策划一场约会，或是向一个脾气暴躁的朋友说出自己的需求。

问问自己，这一情境是如何以及为什么会让你感到焦虑的，它的哪些方面对你来说难以应对？你最担心会发生的结果是什么？在什么情况下你的情绪最为失控？这些问题的答案并不总是清晰的，特别是当你面对一个复杂的情境时。然而，你对所面临的问题情境了解得越多，就越容易更好地应对它。

首先，按顺序一一写出导致这一问题情境的种种事件。将它们完整地叙述下来，尽量多地描述细节，叙述的事件顺序可以从你对这一情境的预期开始，然后描述事件发生时的场景，继续描述其他细节，最后描述这一问题情境是如何得到解决的。本书建议你对这一情境的最终结果得出两种可能性，一种是消极结果，另一种是积极结果。这样做能让你为任意一种可能性做好准备，从而将意外的预期降到最低。你要叙述的最重要的细节是在这一情境中那些让你感到焦虑的方方面面，以及这些焦虑是如何影响你的，具体来说就是：你在生理上有什么样的反应？你有什么样的情感反应？这些反应是如何以及为什么被问题情境所强化的？（本书给出了两个参考示例，一个出现在下一节，另一个附在本章的末尾。）

第三步：找出这一情境中的压力点

接下来，在上一步的描述中找出让你感到最有压力的那些部分。完成这一步骤的一个有效方法就是使用可视化想象技术。慢慢地出声读出你所记录下的对于问题情境的描述，并把它录制下来，其中要包含你所得出的两种可能结果。之后，播放这一录音，找一个舒服的姿势，安静地坐下来，闭上眼睛，将所有的注意力都集中于在自己的脑海中构建音频中的场景。或者，你也可以让一个朋友慢慢地读给你听，你来想象这一场景。

你的目标是尽可能生动和细致地体验这一场景。你在哪里？和谁在一起？你感到天气是温暖的还是凉爽的？你能听到远处传来了什么声音吗？你能闻到周围有什么气味吗？运用尽可能多的感官来在脑海中构建场景，充分使用你的所有五种感官，这可以使你所构建的场景更加生动。（参见第16章“用可视化想象技术改变核心信念”中的“特别注意事项”，以获得关于构建生动想象的更多信息。）继续这一过程，密切注意你所体验到的身体反应和情感反应。焦虑的常见症状包括肌肉紧张、心率上升和呼吸加快，等等。

当你进入自己所构建的想象情境中时，在体验到极度焦虑的时候，把它所处于的那一情境记录下来。在你想象了整个场景之后，用星号标记其中使你感到极度焦虑的几个关键节点，这些就是你的压力点。之后，当你对这一问题情境使用可视化想象技术时，你要在这些压力点处停下来，进行一些特定的放松训练和应对练习。

以下是戴夫所描述的一个问题情境，戴夫是一名为非营利组织提供服务的专职律师。有一次，他需要在他所提供服务地区的慈善机构的董事会成员研讨会上做演讲。通常这种演讲是由他公司的一位高级合伙人所负责的，当戴夫被要求代替这位高级合伙人发言时，他感受到了很大的压力。尽管戴夫对自己的社交互动很有信心，但一想到站在一群人面前演讲，他就感到很害怕。为了做好准备，戴夫按顺序一一写下了他所想象的在演讲时会发生的事情，以及两种可能的结果，一种是消极结果，另一种是积极结果。在记录下这些描述并对内容进行录音之后，他开始播放这一录音，并从头到尾对演讲的情境进行可视化想象。之后，他用星号标出了所有让他感到焦虑的压力点。

我正走在去做演讲的路上，希望一切顺利，但我总是想象着自己会犯一些让人尴尬的错误。* 在我的脑海里，我想象着在我演讲的时候，观众在窃窃私语。当我到达停车场，看到我要做演讲的大楼时，我产生了一波忧虑。* 我从大楼正门走进去，和接待员打了招呼。在等电梯的时候，我检查了我的公文包，看看是否所有的文件都准备齐全了。当我看到装着我的演讲大纲的文件夹时，我又感到一阵焦虑。* 我搭乘电梯上了三楼，然后朝会议室走去。我在大厅里碰到了几个熟人，在和他们打招呼时尽量不让自己显露出紧张。我站在会议室外面，人们来了我就跟他们打招呼。我调试好了麦克风，调整了讲台的高度。现在大多数人都到了，他们都满怀期待地看着我。* 我浏览着我的演讲大纲，对演讲内容是否连贯以及是否实用产生了一丝担忧。*

我清了清嗓子，整个会议室安静了下来，然后我向观众打招呼："很高兴大家能来参加这次会议。"*当大家都安静下来的时候，我感受到自己的声音在整间会议室上方回响，所有的目光都集中在我身上。*我以自我介绍开始了这次演讲，尽量把注意力集中在我要说的内容上。在演讲过程中，我一度忘记自己讲到了大纲中的哪个位置，因而不得不停下来调整一下方向。房间里一片寂静，我想大家都在怀疑我的能力。*我的脸开始变得滚烫起来，我担心我的紧张表现得太过明显。演讲得以继续，我感受到观众开始交换座位，在会议室后排窃窃私语。当我继续演讲，快要接近尾声的时候，我开始对问答环节感到焦虑。*我尽可能地总结了我的全部演讲内容，并真诚地征求大家的反馈。

可能的结果1：我欢迎大家提出建议或问题，但大家似乎不愿意做出回应。*我不知道接下来该说些什么，因此有了一段长时间的沉默。最后终于有观众提出了问题，他质疑了我所演讲的内容是否有用。我感到很尴尬和难过，但努力不去做出一些不恰当的辩解。*下一个观众的问题与我所演讲的主题关联性不强，因而我无法做出回答。又沉默了很长一段时间之后，我向大家致谢，开始收拾我的演讲稿。我迫不及待地想要回到我的车里，盼望着自己能够忘掉这一整段经历。

可能的结果2：大家似乎对我的演讲很满意，一些观众给出了反馈。他们的问题很切题，让我能够进一步解释那些需要澄清的内容。演讲终于结束了，我成功地渡过了难关，这让我感到非常欣慰。我为自己控制住了恐惧和焦虑而感到自豪。

第四步：为每个压力点制订应对策略

大多数引发焦虑的情况都是由多种压力事件组合而成的。在戴夫的例子中，导致他焦虑的压力事件包括观众所施加的压力、他对演讲内容的不确定，以及他对自己表现出不安和害怕所感到的不适。

将问题情境描述出来，并找出其中的压力点，能够帮你发现焦虑的根源所在。如果你能将问题情境拆分成一个个较小的压力事件，你就会更容易理解和管理自己的焦虑。

焦虑反应有两个基本的组成部分：生理上的压力反应以及将其解读为危险情境的思维方式。因此，应对性想象技术中必须包含与身体放松相关的训练，以及能够让你平静和安心的应对性语句。

放松训练

在你可视化想象问题情境的过程中，在每个压力点使用线索词提示放松法，并进行深呼吸。

认知应对性语句

你还可以为这一问题情境中的每个压力点准备好一些认知应对性语句。有效的应对性语句能够提醒你，你有能力处理这一情境，并可能为你提供具体的策略来处理问题。以下是一些有效的应对性语句："没有必要惊慌，我能处理好的""我不需要非得把事情做得完美，只要尽力就好了""再过几分钟就好了""如果事情出了问题，我还有别的计划""我知道如何处理这一问题"。你会发现，每个压力点都体现了你的一种忧虑。试着准备一些在当下能够真正缓解你的忧虑的语句。

以下是认知应对性语句的一些重要作用：

- 强调你有相应的应对性计划，并详细说明在那种情况下的计划是什么。
- 让自己放心，没有必要惊慌，你有能力处理这种情况。
- 帮助你提醒自己要放松，不要有压力。
- 重申灾难化的恐惧并非真实情况，对可能发生的最坏的情况做出更加实际的评估。

- 降低不合理的高预期。
- 告诫自己不要把注意力集中在灾难化思维上，而是要着手迎接挑战。

以下是戴夫针对他的叙述中的压力点所准备的一些应对性语句：

- 想象着自己会犯一些让人尴尬的错误。

“放松，深呼吸。犯一些错误没关系的。我已经做出了最大的努力，我很满意。”

- 当我看到我要做演讲的大楼时，我产生了一波忧虑。

“我能顺利完成演讲的。感到害怕也很正常，保持平稳的呼吸就好。”

- 房间里一片寂静，我想大家都在怀疑我的能力。

“深呼吸，放松。我对要讲的内容非常了解，接下来我会补充讲一些刚才遗漏的内容。”

- 我开始对问答环节感到焦虑。

“放松。最难的部分已经过去了。我都已经坚持到这儿了，再坚持一小会儿就好了。”

- 我感到很尴尬和难过，但努力不去做出一些不恰当的辩解。

“我只要尽力就好。我可以接受别人的批评。我知道我没事。”

你可以阅读第13章“短时间暴露”的内容，来了解更多关于应对性语句的参考示例，以及自己如何写出这些语句。

再次记录你的问题情境并录音，这一次要包含线索词提示放松法和应对每个压力点的具体思维。在录音的过程中，在每个压力点给自己留出一段进行放松的时间，让你的应对思维能够渗透其中。

第五步：演练这些应对策略

现在是时候了，在听自己关于问题情境描述的录音时，你可以开始使用你所制订的应对策略。这一步的目标是继续练习，直到你的焦虑水平在 0 到 10 的等级内低于 4（0 代表你没有感到焦虑，10 代表你所体验过的最高水平的焦虑）。你不必非要把自己的焦虑水平降到 0，但你应该尽量降低它。要知道，在你的问题情境叙述中，有些压力点可能比其他的更难处理，最关键的是多多练习。在你不断磨炼你的应对技术，并对其更加熟悉的过程中，你将制订出更有效的应对策略。

如果演练了几次之后你感觉自己的焦虑仍然没有减轻，那么你可能需要优化你的应对策略。以下是一些建议：

- **多多练习放松技术。**放松技术对于你的应对策略的有效性来说至关重要。确保线索词提示放松法能够帮助你真正地放松。如果不能，那么你可能需要集中精力，专门练习线索词提示放松法一段时间。
- **回顾你的应对性语句。**有时很难确定你的每个压力点所代表的焦虑的真正根源所在。有可能你的一些应对性语句并没有解决让你焦虑的主要问题。在练习的过程中，你能够发现哪些语句需要重写，以及你需要补充些什么来使它们更加有效。

第六步：在现实生活中应用这些应对策略

掌握应对性想象技术的最后一步是将其应用到现实生活中。当你能通过想象将整个问题情境可视化，同时成功地降低你在每个压力点的焦虑水平时，你就已经做好身心准备来迎接现实情境了。当然，在现实情境中，你对环境的控制能力会比在可视化想象过程中要弱。但你不必担心自己会失控，你从这一技术中所学到的最重要的技巧之一就是如何控制你的情绪和身体反应。曾经会引发惊恐的感觉和紧张感现在可以被你视为进行放松和自我鼓励的线索。

如果可能的话，在开始时使用你新的应对策略来应对轻度到中度的压力情境。现实生活中的情况通常比可视化想象中的更难以处理，因此你的首要任务之一应该是避免感觉到不知所措。多花些时间进行练习，直到在现实生活中使用你的应对策略时你感到非常舒适和有效，在此之前，你可能会遇到一些挫折，你要对此有所预期。

和这一技术的前几个步骤一样，反复练习是成功的关键。当你更擅长在现实情境中使用应对性可视化想象技术时，它可能会成为你应对许多不同来源的压力的重要技能。

参考示例

苏珊从记事起就害怕看牙医。她每次在预约牙科检查时所经历的恐惧，常常让她几个月都不去做必要的牙科检查。她越不去看牙医，她就越害怕，也就越难以面对预约必要的牙科检查这件事。为了打破这种恶性循环，她开始尝试克服自己对看牙医的一些恐惧。她在学习线索词提示放松法的同时，写下了一篇对问题情境的描述，详细描述了她去看牙医时会发生什么，然后慢慢地出声读出了这一情境描述并录制下来。之后，当她有空闲时间并且没有任何干扰时，她就播放这一录音来进行可视化想象的过程，并在心里记下这一问题情境中使她焦虑水平上升的每一个压力点，打上星号。以下是她的问题情境描述：

我现在正在开车去往牙科诊所的路上。我刚刚用牙刷清洁了我的牙齿，也用牙线剔过了。今天早上在刷牙的时候，我的舌头碰到了牙龈肿胀的部分，好像有些轻微的出血。我突然想到有几周我忘记用牙线了，然后开始想象牙医会立刻知道我对自己是多么不负责任。*我知道我的牙齿健康问题越发恶化了，因为我已经将看牙科门诊拖延了两个月。我责备自己是不能承担成年人基本责任的人。当我快要到达牙科诊所的大楼时，周围糟糕的交通情况让我非常烦躁，*我感到压力倍增。

当我把车停好，走进牙科诊所大楼的时候，*我已经在为我为什么拖延了这么久才来看牙医编造借口了。我决定不去搭乘拥挤的电梯，因为我怕等待会让我更加焦虑和易怒。空荡的楼梯给了我一些独处的时间。我听着楼梯上回响的自己的脚步声，试图把自己从当下的状态中抽离出来。当我走进牙科诊所时，接待员认出了我，并让我坐下稍等。我能清晰地闻到空气中消毒剂和一氧化二氮的气味，*这让我感到有一点儿恶心。我翻了翻杂志，但无法把我的注意力从楼下大厅传来的钻孔声中转移开来。等待的时间越久，我就变得越焦虑。我的脑海中开始浮现出许多画面——牙医盯着我的嘴巴说："糟糕！你的牙齿情况真不妙。"*

我看到接待员在服务台后面正和她的一个女同事开玩笑。我对她缺乏同理心的态度感到恼火，并且在恐惧和焦虑中我感到更加被孤立了。这时传来了医生助手轻松而悦耳的声音，她叫着我的名字。*当她把我领进诊室时，我尽量把自己刚才在等待时的怨愤掩饰起来。我仰面躺在牙科椅上，椅子缓缓下降的电子声冷冰冰的。*我不断向医生描述我口腔的情况，希望在她检查之前，能让她做好心理准备。

现在我躺在椅子上，头往后仰，嘴巴张得大大的，感觉自己毫无权力和尊严。我能感觉到助手用尖尖的仪器在我的牙齿和牙龈上移动。当仪器快移动到痛处时，我绷紧了全身的肌肉，来抵御将要到来的疼痛。*当她碰到痛处时，我跳了起来。*我想这会让她生气的。她草草地写了一些笔记后，遗憾地向我解释说，我有很多牙菌斑，应该早一点清理掉的。我还有一些蛀牙情况更严重了，甚至损害到了牙床。*现在她正准备帮我洗牙，我用余光看到了装着手术器械的金属托盘。我的整个身体突然绷紧了，下巴因为一直张开而开始感到酸痛。*我能感受到她的乳胶手套摸到我牙齿的感觉，还能听到金属器械摩擦我牙齿的声音。

可能的结果 1：牙医助手完成了对我的口腔的检查和洗牙，然后叫来了牙医。我听着她描述她发现的我的牙齿和牙龈有问题的地方。

牙医偶尔点点头，瞥我一眼。而后，他又检查了一次我的口腔情况，*他也对我没有早点来就诊感到遗憾。他们都向我解释了使用牙线的重要性。我觉得很丢脸，就好像自己被当成了一个小孩。*我迫不及待地想离开诊室，这样我就又能感觉到自己是个成年人了。医生助手递给我一些免费的牙线和一支牙刷，并把我带到服务台，为我预约下一次门诊的时间。我带着一种解脱的感觉离开了牙科诊所，一切终于都结束了。

可能的结果2：牙医助手完成了对我口腔的检查和洗牙，然后叫来了牙医。他看了看助手做的笔记，并亲自仔细检查了我的口腔情况。牙医解释说，每天正确地使用牙线和刷牙，能够使我的很多口腔问题得以改善。他给了我一些特殊的漱口水，可以帮助我控制一些口腔问题不再恶化。我们寒暄了几句，然后我走到服务台预约了下一次门诊的时间。离开的时候，我感到如释重负，充满了希望，感觉下次看诊也不会很糟糕。

接下来，苏珊写下了一组应对性语句，来应对在每个压力点会提高她的焦虑水平的特定恐惧和忧虑。以下是其中的一些参考示例：

- 我……开始想象牙医会立刻知道我对自己是多么不负责任。

“我要原谅自己，只要尽力就好了。牙医能帮助我很好地了解我的口腔情况。”

- 我能清晰地闻到空气中消毒剂和一氧化二氮的气味。

“我都已经成功来到诊所了，我能挺过去的。我要放松一下我的胃部。”

- 我绷紧了全身的肌肉，来抵御将要到来的疼痛。

“深呼吸，放松。快结束了。为了把我的牙齿弄干净，稍微疼一下也是值得的。”

- 我觉得很丢脸，就好像自己被当成了一个小孩。

“我要原谅自己。他们对每位患者都会说同样的话。我挺过来了。我很高兴检查终于结束了。”

苏珊在写下应对性语句之后，便开始着手演练应对性想象技术。她再次对问题情境进行了描述，并录制下来，这一次包含了：在每个压力点设置了使用线索词提示放松法以及具体的应对性思维的提示。演练了 4 次之后，苏珊成功地将她在大多数压力点上的焦虑水平降低到了 5 左右（0 ～ 10 等级）。然而，有两个压力点的焦虑水平仍然保持在 9 左右。当她再一次用可视化想象技术演练这一情境时，她就对这两个压力点投入了特别的关注。她尝试使用了不同的应对性语句，并找到了更加有效的方法来减轻她的焦虑。在 10 天的练习之后，她的焦虑水平再也没超过 4 了，她开始有足够的信心给牙医打电话安排预约了。

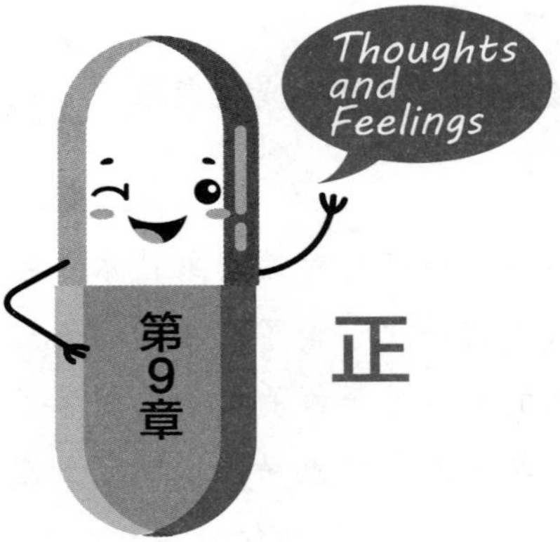

正念

正念是一种以非评判的、慈悲的和接纳的方式来看待个人体验的练习。它从简单觉察开始，要求你在每个当下关注自己的体验。你可以用正念关注你的内心世界——你的思维、情绪和身体感觉，也可以用正念关注外部世界。

当你练习正念时，你会意识到，你所有的感受、思维和情绪，无论是痛苦的还是愉快的，都是短暂的。它们来来去去，独立于你而存在，似乎已不再是你的感受、思维和情绪了。如果你退后一步，从一个友好、公正的观察者的角度来观察这一过程，就会觉察到自己的偏见，并对每个缓缓铺开的时刻形成一个更新鲜、更清晰的画面。你可以冷静地观察到你的一些扭曲思维和错误思维，以及它们对你产生的感受的影响，而不是自动地对消极思维做出反应，在消极情绪的泥淖中苦苦挣扎。这通常会帮助你自然而然地做出更加明智的选择。

正念是很久以前由亚洲的佛教徒发展起来的，是几种冥想方式的核心技巧。在西方，医学研究者兼作家乔·卡巴金（Jon Kabat-Zinn）对正念进行了研究，他在马萨诸塞大学创立了减压项目（Stress Reduction Program），并发展了基于正念的减压疗法（mindfulness-based stress reduction，MBSR；Kabat-Zinn，1990）。正念也是接纳与承诺疗法、正念认知疗法以及辩证行为疗法的核心技能。

能否改善症状

在临床研究中，正念已被证明可以显著减少焦虑和惊恐（Kabat-Zinn et al.，1992）、抑郁、愤怒，以及癌症患者的混乱（Speca et al.，2000）和慢性疼痛（Kabat-Zinn et al.，1986）。正念也有助于减轻压力症状（Astin，1997）、银屑病（Kabat-Zinn et al.，1998）、暴食症（Kristeller，1999）和纤维肌痛（Kaplan，Goldenberg，& Galvin-Nadeau，1993）的症状。正念练习也是焦虑、恐惧和人际冲突治疗项目的一个组成部分。

何时能够见效

你可以立即开始进行正念练习，享受它所带来的好处。你练习得越频繁，就会获得越多的技能，也会从中得到更多的收获。由于正念的最终目标是充分觉察你清醒的生活中的每一个当下，因此并不存在所谓的“已经完全掌握了正念”。然而，正念练习的最大益处是帮助你在注意力涣散时重新关注当下，你在一生中都能体验到正念所带来的好处。

说明与指导

培养正念能力有两种主要途径：观察自己的身体和观察自己的思维。本章为这两种途径都提供了许多技术。你可以先从练习正念呼吸开始。呼吸训练是所有形式的冥想的基础，当你训练你的头脑一次只观察一件事时，呼吸可以作为一个非常好的关注点。在你练习正念呼吸一段时间之后，你就可以继续展开其他练习了。你可以按顺序一一进行练习，每个练习都多尝试几次，看看哪些是最适合你的，然后专注于这些练习。培养正念能力是一项可以持续一生的训练，因此你可能会不时重温这一章，并尝试与其他的练习方法相结合。

观察自己的身体

通往正念的一条捷径是观察自己的身体。通过有意识地关注那些通常是无意识的过程，比如呼吸，你会开始觉察到当下自己的身体性存在。深呼吸，计数或是记录下你的呼吸，仅仅是留意你通常会忽略的感觉，也会为你带来一些简单又深刻的影响。在你进行了一段时间正念呼吸练习之后，你可以开始通过身体扫描来将自己的觉察转移到其他的身体感觉上。之后你可以进行内外感觉切换练习（inner-outer shuttle），这一练习可以帮助你优化分辨身体内部感觉和外部体验的能力。

正念呼吸

正念呼吸是正念入门的最佳方法。首先，仰面躺下，闭上眼睛。将一只手放在胸前，另一只手放在腹部。缓慢地吸气，将空气深深地吸进肺中，你会感受到自己腹部胀起，而胸部没有任何变化。如果你难以让空气深入腹部，那么你可以用手轻轻按压腹部，给腹部施加一点点压力，之后在每次吸气时都试着用腹部顶起按压在上面的手。(这与第5章中的腹式呼吸的过程基本相同。)

在你的呼吸开始变得有规律之后，尽可能多地观察自己在呼吸过程中的细节。当空气进入你的鼻孔，进入你的喉咙，进入你的肺部时，留意它所带来的凉爽感觉。觉察自己每次吸气时横膈膜下沉的感觉。感受携带着你身体一部分热量的空气呼出的温暖感觉。专注于你能从简单的深呼吸动作中梳理出来的每一个细节。

最后，为你的呼吸添加一个想法或是一句类似座右铭的提示语。例如，当你吸气时，你可以对自己说“活在当下”，当你呼气时，你可以说“接纳当下”。你可以将任何对你来说有意义的语句作为提示语。在你日复一日的正念呼吸练习的过程中，你可以常常改变这句提示语，来关注你当前的担忧，或是你通过一个特定阶段的练习想要得到的收获。

要知道，你的大脑会走神，这很正常。各种各样的想法都会随时侵入你的大脑。当你发现自己走神了时，就重新开始正念呼吸，调整到一个平稳的呼吸节奏，觉察自己感受上的细节，在心里不断默念自己的提示语。

每天进行两次正念呼吸练习，坚持一周，多多留意正念呼吸是如何改变自己的情绪和思维的。

计数呼吸

在练习的初期，你可以在安静地躺着或坐着的时候练习为自己的呼吸计数。在你更加熟练之后，你就可以随时随地进行这项练习了，比如在你走路、工作或是乘坐公共汽车的时候。在第一次吸气的时候，你可以在心里默数“第一次吸气”，一旦你开始呼气，就在心里默数“第一次呼气”。当你再次开始吸气时，在心里默数“第二次吸气”，当你开始呼气时，在心里默数“第二次呼气”。一直数到第四次呼吸，之后重新从第一次吸气和呼气开始计数。

四次完整的呼吸是大多数初学者能够保持注意力高度集中的呼吸次

数。你可能会发现自己很容易分心，一不小心就不知道自己数到哪了。你甚至可能会想："这太愚蠢了。我为什么要分心，这简直是浪费时间。"如果有这些情况发生，你只需要重新集中自己的注意力，重新开始计数。

这个练习简单并不引人注目，因此你可以在繁忙而嘈杂的环境中练习，只要你想要通过正念练习来让自己更加平静。

记录呼吸

有些人不喜欢数自己的呼吸；有些人觉得这一练习过于放松，很容易就忘记计数；还有一些人喜欢在做呼吸练习时发出声音。对于以上这些情况，记录呼吸是一个很好的替代性方法。

在你睁着眼睛或闭着眼睛时，你都可以练习这一技术。舒服地吸一口气。当你吸气的时候，低声对自己说"吸……气……"，将这个词尽可能拖长声音，和吸气的时间一样长。如果你喜欢在吸气和呼气之间暂停一会儿，就对自己说"屏住呼吸……"。然后呼气，并低声对自己说"呼……气……"，将这个词拖长声音一直到呼气最后。如果你喜欢的话，接下来屏住呼吸并说"屏住呼吸……"，以此重复下去："吸……气……屏住呼吸……呼……气……屏住呼吸……吸……气……屏住呼吸……呼……气……屏住呼吸……"

在这个练习中，不要试图调节你的呼吸频率或保持稳定的节奏，只要自然呼吸就好。每次练习 2 ～ 3 分钟，注意自己的呼吸是如何变慢或变快的，以及如果你将词语拖长声音的时间足够长，它们是如何渐渐失去原本含义的。你也可以在有他人在场的情况下进行这一练习，只要动一动嘴巴，不发出任何声音就好。试着做一两个呼吸周期，来快速放松。

身体扫描

在你练习了一段时间正念呼吸之后，你就可以开始将这种正念觉察扩展到你的全身，进行身体扫描。

仰卧在床上，闭上眼睛。做几次深呼吸，将你的注意力转移到你的脚趾上，扭动它们，觉察这给你带来的感觉。你的脚趾感到热还是冷？你的鞋紧不紧，还是说你光着脚？转动你的脚踝，前后弯曲双脚，注意脚部复杂的骨骼、肌腱和肌肉此时有什么感觉。

向上扫描到小腿和膝盖的部位，注意它们的感觉：包裹着你的皮肤的衣服有着怎样的质感，周围的温度怎么样，你的小腿后部感觉到怎样的压力。你有什么疼痛的感觉吗？你感到痒还是一阵一阵的刺痛？你可以抓痒、调整姿势，或者只是躺着，觉察自己的所有感觉。

将你的注意力转移到骨盆和下背部。是否有僵硬或不适的感觉？前后倾斜一下你的骨盆，注意这种感觉。你的背拱到了什么程度？你的屁股是如何压在床上的？

现在，当你吸气和呼气时，扫描你的胸部和腹部。将一只手放在胸前，另一只手放在腹部，注意它们是如何相对运动的。注意当你的横膈膜上下运动，你的肺充满空气然后排出空气时，你的身体感觉如何。你的胸部是感到放松而打开，还是紧绷而收缩？你有任何温暖或压力的感觉吗？

把注意力转移到手指上。摆动它们，摸摸你的指尖，它们是光滑的还是粗糙的？握紧拳头，前后弯曲手腕，然后绕一圈。你的手指和手有什么样的感觉？把你的手放在身体两侧，感受你身下的床的质感。

把你的注意力从手臂转移到肩膀。微微弯曲手肘，耸一耸肩。注意你的手臂或肩膀有没有疼痛或紧张的感觉。然后将你的注意力转移到颈部，慢慢转动你的头，从一边转到另一边，注意在你的脊柱、肌腱和肌肉的相互作用下，你的颈部的所有微妙感觉。在转动脖子时，你能听到微弱的咔嗒声和水流声吗？

现在停止转动头部，休息一段时间。感受头的重量以及它与床的接触部位的感觉。注意整体的温度感觉。你的头感觉温暖、凉爽还是温度适中？注意自己是否有头痛或鼻窦压力的迹象。

现在将注意力转移到脸上。你的眉头是紧皱着的还是舒展开的？你的眼皮是轻轻地贴在眼睛上的，还是需要一点努力才能闭上眼睛？你在用鼻子呼吸还是用嘴呼吸？当你呼吸时，你的鼻子或嘴巴有什么感觉？你的上下牙齿是合着的还是分开的？你的舌头正处在口腔里的什么位置？你可以花很多时间来观察自己的脸上正在发生什么。

当你扫描你的身体时，各种各样的想法都有可能侵入。它们可能与你的身体、这一练习，或者完全不相干的事情有关。它们可能是消极的、积极的或者无关紧要的：

- 天啊，我好胖。
- 我应该多做运动。
- 我的大腿功能仍然很好。
- 太无聊了。
- 我老了。
- 别忘了买面包。
- 我的皮肤太干了。
- 我很擅长这个。
- 骨瘦如柴，没有肌肉。
- 我太坐立不安了。
- 我希望兰迪会打电话来。
- 这没什么用。
- 我永远都做不好这个。

每当有想法侵入时，无论这些想法是什么，你只需要注意到自己已经被一个想法分散了注意力，然后你可以重新将注意力集中到练习上。之后，这些想法本身就会成为正念的对象。

内外感觉切换练习

内外感觉切换练习是身体扫描的一个重要组成部分，在这一练习中，你会关注身体内部感觉和外部体验之间的差异。这将帮助你对自己所处的环境以及身体对所处环境所做出的反应有更多的觉察。

安静地坐在椅子上，闭上眼睛。像之前练习的一样，开始进行身体扫描，将注意力集中在你内部感觉的一个方面，例如，你的胃感到有多饱。然后将你的觉察转移到一种来自身体外部的感觉上，比如椅子扶手摸上去的质感。切换回内部感觉，比如小腿肌肉感到紧张。然后再切换到外部的一种体验，比如阳光洒在你手上所带来的温暖感觉。切换回内在觉察，意识到自己有点渴了。然后转移到外部体验，你听到了邻居的狗在不停地叫。在内部感觉和外部体验之间来回切换，持续3分钟。

通过快速地进行内外感觉的切换，你的觉察会总体上变得更加敏锐。你会注意到，有些感觉是微妙而模糊的：一块食物卡在你的牙缝间，这是内部感觉还是外部感觉？在寒冷的冬天，当你进入一个温暖的房间时，你的嘴里会有一种久久不散的味道，脸颊会有刺痛的感觉，这些是内部感觉还是外部感觉？

更重要的是，进行这一练习会让你注意到那个观察者：那个与你的感觉分离的“你”。头痛、噪声等所带来的不愉快的感受都不是你，它们不能定义你，它们只是你的感觉，一段时间之后就会消失，被其他的感觉所取代。

观察自己的思维

宁静空间冥想是一个能够帮助你识别评判性思维并与之分离的有效练习。内感受练习帮助你完善对内在感受、情绪和思维的觉察。以你在以上练习中培养的觉察为基础，传送带练习和智慧思维导图练习会帮助你退后一步，观察情况，并客观地评价你此时此刻的全部体验。

宁静空间冥想

在宁静空间冥想（white room）中，你可以观察自己的大脑在工作时的状态，想象大脑是一个自己的思维来回穿梭的宁静空间。你可以在任何安静的地方做这一练习，可以坐着或是躺着。闭上眼睛，开始做几次深长而缓慢的呼吸。在整个练习过程中，保持缓慢而稳定的呼吸。

想象一下，你正在一个中等大小的白色房间（宁静空间）里，房间有两扇门。你的思维从前门进入，从后门离开。当每个思维进入这一宁静空间时，密切关注它，并将其标记为"评判性思维"或者"非评判性思维"。

用心地、充满好奇心地、设身处地地观察自己的每一个思维，直到它离开。不要试图去分析它，只注意它是否为评判性思维。不要和它争论，不要相信或怀疑它。承认它只是一个想法就好，它是你精神生活中的一个短暂时刻，是宁静空间的一个过客。

觉察那些被你标记为"评判性思维"的想法。它们会试图引诱你，让你相信它们的判断。这个练习的重点是要注意这些评判性思维是如何黏在你的脑海里，并且让你很难摆脱的。如果一个想法在宁静空间里停留了过长时间，或者你开始对它产生了情绪波动，你就会知道你被一个恼人的评判性思维缠住了。

尽你所能，觉察自己的呼吸并使其保持稳定，继续使用可视化想象技术来构建宁静空间和两扇门，不断地观察和标记你的思维。记住，你的想法只是一个想法，你比你的想法重要得多，你是那个正在构建宁静空间的人，是你让思维能够在这个空间穿梭而过。你曾经有过无数个想法，它们现在都消失了，而你还在这里。出现一个想法不代表你必须要做些什么事情，出现一个想法不代表你一定要相信它，这个想法并不是你。

当你的各种想法在宁静空间穿梭时，仔细观察它们就好。允许这些想法短暂地存在过，告诉自己出现这些想法，即使是评判性思维，也没什么大不了的。你只需要承认它们的存在，而它们会在适当的时候自行离开，这时就做好准备去迎接下一个想法，再下一个想法。

坚持观察和标记你的思维，直到你真正感觉到自己与自己的思维。坚持进行练习，直到评判性思维能够在宁静空间中奔涌向前、不做停留。

内感受练习

内感受练习与内外感觉切换练习非常相似，但内感受练习更强调在身体感受和情绪感受之间的切换，以及在思维与情绪之间的切换。

现在开始，请你安静地坐下，深长而缓慢地进行呼吸。闭上眼睛，然后进行身体扫描，寻找最初出现的身体感受，也许是你感到自己的双脚又热又疼。之后切换到扫描你的内心世界，来寻找最初出现的情绪感受，也许是你感到有点难过。现在切换回身体上的感受，然后是情绪上的感受，以此类推，坚持练习 2 ～ 3 分钟。

有些人喜欢睁着眼睛做这个练习，在一张纸上随意做些笔记来记录下他们从身体感受切换到情绪感受时的发现。

身体感受	情绪感受
双脚很疼	难过
耳垂刺痛	沮丧
胃不舒服	愤怒
双肩紧张	仍然愤怒、不高兴

几分钟后，将练习变换为在思维和情绪之间切换。

思维	情绪
晚餐开始得晚了	愤怒
她一点儿也不在乎	生气
我一定让她失望了	内疚
我可能反应过度了	困惑

试着在进行这一练习时，保持一种富有同情心的、不评判的态度。当你把关注点从身体感受切换到情绪感受，或从思维切换到情绪时，你需要训练自己觉察两件事：第一，不愉快的思维往往先于不愉快的情绪

出现；第二，你的观察性自我可以在某种程度上与你痛苦的体验、思维和情绪分离开来。

传送带练习

在传送带练习中，你会重点练习注意和标记任何通过你头脑的东西，就好像你的头脑是一条从现在移动到过去的传送带。闭上眼睛，深长而缓慢地进行呼吸。想象一下，你的眼前有一条从右向左缓慢运动的传送带。花一点时间想象传送带的橡胶表面，注意它是什么颜色的，它有多宽。再多想象一点儿，你听到了电机发出的嗡嗡声。把这个画面牢记于心。

现在，放空思绪，来看看什么会最先浮现出来。无论你想到什么，都给它贴上一个描述性的标签，如下表所列。

思维	记忆	情感
欲望	渴望	后悔
向往	想象	冲动
感受	愿望	计划
想法		

如果你觉得这些标签都不足以准确地形容你所想到的事情，你可以使用自己的标签。一旦你想出了一个标签，就想象它被印在了一个小木块上。把这个小木块放在传送带上，让它被传送带带到过去。然后让下一个想法或感受自然浮现，依然用一个标签把它标记在一个小木块上，让传送带把它带到过去。

做这个练习可以帮助你观察自己的思维，并对其进行分类，而不会让自己陷入具体的思维内容或是习惯性的思维模式里。

智慧思维导图

有时候，痛苦的记忆、思维、感受和冲动在你的脑海中紧紧地缠绕在一起，以至于你无法像在内外感觉切换练习或者传送带练习中那样，闭着眼睛就轻易地将它们分离。乔希的故事就是一个例子，他一直被和女友黑利分手的记忆所折磨。那天，乔希路过黑利的公寓，想看看自己是不是把 iPod 落在那里了，结果看到楼下停着一辆陌生的轿车。走进公寓，他撞见黑利和一个又高又帅的陌生人正在沙发上亲热。乔希在愤怒之中打碎了一盏灯，跑出了公寓，砰的一声关上门，用力得把肩膀都扭到了。那天晚些时候，他就在一通充满哭喊声的电话中和黑利分手了。

在接下来的几天里，当乔希试图进行正念练习时，那天的画面总是会在他脑海中闪过，其间穿插着肩膀的疼痛、伴随着橙色火焰的爆炸声和地震般的声音。就像是一部实验性的电影，非常有印象主义的风格，但又很难把它分解成单独的部分来进行标记。因此，乔希决定通过绘制智慧思维导图（wise mind diagram）的方式来整理他的创伤记忆（见图 9-1），这是一种简单而有效的方法，可以将思维、感受和行为一一分开。

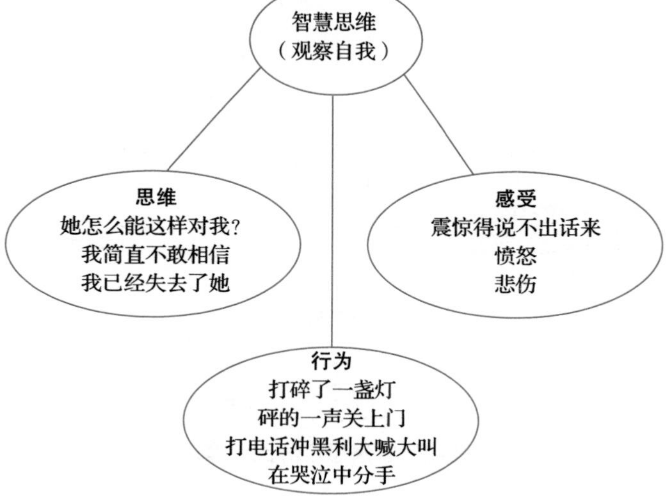

图 9-1　乔希的智慧思维导图

在他的思维导图的最初版本中，乔希还在一个椭圆里写下了自己的“冲动”，他在里面写道：“杀死黑利。然后自杀。”他对自己有这些冲动感到内疚和羞愧，但由于他不会付诸行动，因此他觉得这些冲动不算数，决定划掉它们。每个人都有冲动，但从未付诸行动。真正重要的是你所做出的行为。以这种画出思维导图的方式来列出各种反应，能够帮助乔希从自己的思维、感受和行为中抽离出来，从而让他对自己人生中最糟糕的一天有了一些新的看法。

如果你尝试过一些闭眼练习发现并不管用，或是在为你的思维、情绪、记忆、冲动等进行分类这一方面感到艰难，你可以试着使用下面的空白版本（见图 9-2），来绘制一个智慧思维导图，帮助自己分离出你的体验的不同方面。最为重要的空间就是“智慧思维”空间，它提醒你，你是独立于你的思维，独立于你的感受，甚至独立于你的行为的一个观察自我。

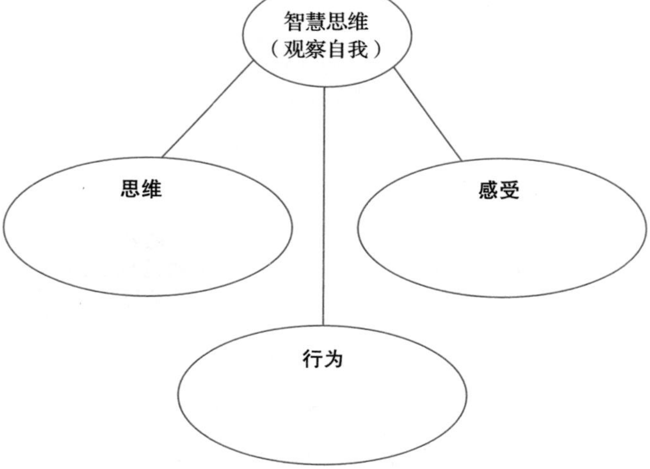

图 9-2 智慧思维导图示意图

参考示例

玛利亚是一位单身妈妈，照顾着两个处在学龄期的孩子。玛利亚总是觉得自己又胖又老，常常感到情绪低落，压力巨大，孤立无援。她羡慕她的两个姐姐，觉得她们更有魅力，也更成功。她觉得自己在医疗中心的工作枯燥乏味，毫无前途。她已经9个月没有与人约会了，也没有精力去约会。她的孩子们刚刚分别读完二年级和四年级，玛利亚也没有精力帮助他们解决问题。

玛利亚后来接受了心理治疗，开始进行正念练习，因为她觉得在她的治疗师的所有建议中，这个练习听起来似乎是最简单的一种。起初，她只是对正念练习本身让人非常平静这一点感到十分欣慰，但很快她就注意到，经过几分钟的深呼吸和标记自己的思维之后，她感到神清气爽。一想到自己能够与总是突然闯入自己脑海的思维相分离，她就感到十分安心。

对玛利亚来说，正念练习给她带来的收获是十分微妙的。虽然她生活中的某些方面仍然很难让人满意，但她开始对生活的其他方面更感兴趣也更有活力了，比如烹饪、和七岁的孩子闲聊，或者浏览一些园艺和针线活的收藏网页。她开始意识到，她不需要在修复了生活的方方面面之后才能过上新的生活。她可以在接纳那些令她沮丧、消极的想法在脑海中飘过的同时，做一些对她很重要的事情，比如设计一个小小的植物园、带孩子去动物园玩、给妈妈织一条新围巾。

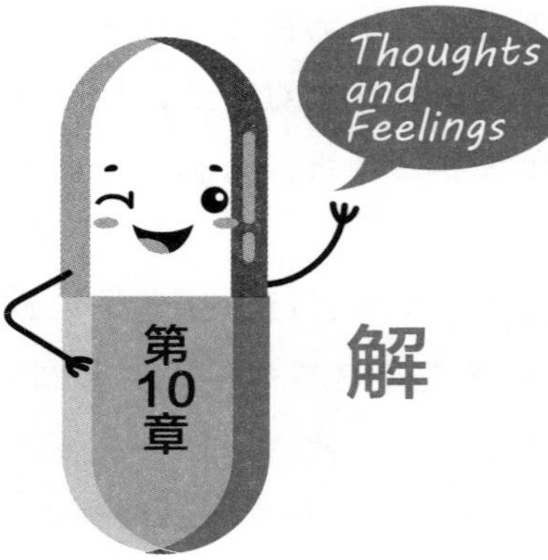

第10章 解离

“解离”（defusion）是由斯蒂文·海斯（Steven Hayes）所开发的一个术语，海斯是接纳与承诺疗法（Hayes，Strosahl，& Wilson，1999）的开发者之一。接纳与承诺疗法是佛教理念的一种实践，它指的是观察你的大脑，以及与你的大脑保持距离，从而改变你与你的大脑和思维之间的关系。与其与痛苦的认知“融合”，并陷入恐惧思维或沮丧思维的无限循环中，不如使用解离，来帮助你观看和释放大脑中那些令你不安的喋喋不休的对话。

通过观察你的大脑，标记和释放一些思维，你可以从你的思维中脱离出来，不再那么认真地对待它们。学会解离，能够让你不去“应验”你的思维（“我很丑”或“我正处于危险中”），而只是“拥有”这些思维（“我有一个想法——我很胖”或“我有一个想法——我正处于危险中”）。应验一个思维会让它看起来绝对正确，让你被那个思维困住，而只是拥有一个思维会帮助你认识到它只是一个想法，是你每天会产生的无数想法中的一个。你可以让它在你的大脑中穿梭，之后飘走。它只是你思想的产物，因此不一定反映了真相或现实。

你的大脑通过预测危险、将世界上的事分成有益的或有害的，以及解释事情发生的原因，来帮助你预测或改变它们，得以生存。通常，这是一件好事。但事实证明，这些完全相同的倾向也是大脑的一个缺点。你的大脑会不断地预测危险来让你感到害怕，通过评判你事情做得不好来让你感到压抑，并以这样一种方式来解读发生的事情——让你觉得自己是错的，你要为遭遇的每一件糟糕的事情负责，或为别人引发了糟糕事件而感到愤怒。你将在本章学到的技巧能够帮助你不再陷入消极思维中，跳出愤怒、恐惧、消极认知的习惯陷阱。

值得注意的是，尽管解离是针对认知层面的，但它与第 3 章和第 4 章中所涉及的认知重建技术完全不同。在认知重建技术中，重点是面对、反驳并最终改变你的思维。解离则会改变你与思维之间的关系，而不是去改变思维内容。

能否改善症状

虽然关于解离的研究相对较少，但这一技术是接纳与承诺疗法的核心技术之一，许多研究发现，接纳与承诺疗法对焦虑（Eifert & Forsyth，2005）、抑郁障碍（Zettle，2007）、愤怒（Saavedra，2007）、思维反刍（Ovchinikov，2010），以及其他一系列的心理健康问题（包括强迫思维和羞耻）都很有效。对于思维反刍的研究尤其重要，因为解离作为接纳与承诺疗法的要素之一，似乎可以增强个体的认知灵活性，让个体从强迫性心理过程中解脱。

何时能够见效

学习并开始练习一些基本的解离技术，只需要不到一周的时间。我们鼓励你尽可能尝试所有的解离技术，以便确定哪些技术最适合你且最方便使用。一旦你选定了最适合自己的解离技术，你将需要 2 ～ 4 周的时间来感受到变化，你的消极思维会开始变得不那么咄咄逼人，不那么强大，而更容易消散。

说明与指导

在本章中，我们将介绍一些练习，这些练习将帮助你发展解离的能力。首先，你可以通过练习来学会观察自己的思维。接下来，我们将提供一些标记思维和释放思维的练习，以及综合这些技术的建议。练习的最后一部分将帮助你与自己的思维拉开更远的距离。

观察自己的想法

解离的起点是学习观察自己的大脑。有两种方法可以让你在这一过程中感到舒服一些：宁静空间冥想和正念专注。

宁静空间冥想

想象一下，你在一个白色的房间（宁静空间）里，这个房间里没有任何家具或装饰品。你可以把自己放在这个房间的任何地方——天花板上、地板上、角落里，等等。无论你把自己放在哪里，都想象你的左手边有一扇门开着，右手边也有一扇门开着。门外一片漆黑，你看不到门外的任何东西。

想象你的思维正从你左手边的门进入，经过你的视野，然后从你右手边的门离开。当你的思维穿过房间时，你可以将它们与视觉图像（一只飞翔着的鸟，一只奔跑着的动物，一个高大的黑手党成员，一个气球，一朵云彩，或者其他任何东西）联系在一起。或者你可以简单地对自己说“思维”这个词。不要去分析或者探索你的思维。允许每个思维在你的意识中停留一段短暂的时间，然后从你右手边的门离开。

有些思维可能会让你感到咄咄逼人、无法抗拒，有些思维可能想要比其他思维停留在你脑海中的时间更久。你需要让每个思维都从右手边的门依次离开，为下一个思维腾出空间。当新的思维出现时，确保你已经让旧的思维消散了，但如果这些旧的思维再次出现了也不必担心。很多思维往往都会重复出现，造访你的宁静空间的思维可能也不例外。

进行这一冥想练习5分钟。当你完成练习时，花点时间来回想在冥想过程中的体验。你的思维是加速、减速还是保持和以前相同的速度？对你来说放弃旧的思维来为新的思维腾出空间很容易还是很困难？你的思维变得更咄咄逼人、更吸引人，还是和以前差不多？最后，你是感觉更平静了、更紧张了，还是和以前差不多？

对许多人来说，仅仅是观察自己的思维这一行为就会让他们慢下来，让他们感觉不那么紧迫了。有些人会体验到更深层的平静，因为他们在观察自己的思维，而不是完全陷入自己的思维中。

正念专注

无论你对宁静空间冥想的感受如何，我们鼓励你通过第二个练习来观察自己的思维：正念专注。在这个练习中，你不需要从观察自己的想法开始，而是可以先进行呼吸练习。注意凉爽的空气从你的喉咙后部进入你的肺部的感觉，你的胸腔开始扩张和收缩，你的横膈膜收紧，之后在你呼气时放松。继续观察自己的呼吸，注意身体各个部分的体验。

当你专注于某件事情时，即使只是专注于自己的呼吸，你也不可避免地会产生很多想法。你可以从观察自己的呼吸上得到一些经验，来觉察你的大脑在做些什么。当每个想法出现时，承认它的出现（“我产生了一个想法”），然后让注意力回到自己的呼吸上。总结下来，这一练习的顺序是先进行呼吸练习，注意到自己所产生的一个想法，承认这个想法的出现，然后回到对自己呼吸的觉察上。

观察各种想法是如何在你专注于某件事的情况下侵入你的意识的，这是认识到大脑的力量的一个好方法。无论你如何努力将注意力保持在自己的呼吸上，你的大脑中都总是会出现各种想法。这很正常，无法避免，但随着正念专注练习的不断深入，你可以慢慢学会在觉察到自己的身体体验的同时，承认一些想法的出现。

进行正念专注练习5分钟。然后回想一下这一练习是如何改变了你与你的想法之间的关系的。这些想法的出现频率、强度、可信度或侵入性方面是否有任何变化？

标记自己的想法

在你学会观察自己的想法之后，是时候来对它们做出不同的标记了。描述你的头脑正在做的事情，会让你和自己的想法保持一定的距离，降低它们对你而言的可信度或说服力。以下是两个很有效的技巧。

“我有一个想法……”

标记自己的想法的一种方式是使用“我有一个想法……”这一句型。比如：“我有一个想法——我很自私。”“我有一个想法——我可能永远也无法晋升了。”“我有一个想法——我总是胃痛，是因为我胃里长了一颗肿瘤。”要知道，仅仅是标记自己的想法这一行为，就能让你和你的认知保持一定的距离，让你感觉自己的那些想法也没那样咄咄逼人、令人无法抗拒。

“现在我的头脑中有一个……的想法”

标记自己的想法的另一个句型是“现在我的头脑中有了一个……的想法”。你可以在这个练习中使用的一些特定的标签可能包括“恐惧性思维”“评判性思维”“不够好的思维”“错误思维”“‘应该’思维”等。为你最常见的一些思维创立个性化标签。在你观察自己的一系列想法时，你为自己的想法做标记的过程可能是这样的：“现在我的头脑中有一个自我批判的想法……现在我的头脑中有一个对未来感到恐惧的想法……现在我的头脑中有一个愤怒的想法……现在我的头脑中有另一个对未来感到恐惧的想法……”，诸如此类。

放下自己的想法

解离技术的第三种方法是放下自己的想法。与之相关的练习有很多，以下是最推荐的一些练习，它们都很容易掌握和实践。

溪流上的树叶

把自己的每个想法想象成一片秋叶，它从树上脱落，落入一条湍急的溪流中。这片树叶一碰到水面，就被溪流卷住，迅速被冲到下游，拐了个弯，消失不见了。当每一个新的想法出现在你的脑海中时，把它想象成一片新的落叶，落入溪流，被溪流卷住顺流而下，消失在你的视线中。

广告牌

想象一下，你正驾车行驶在一段很长的高速公路上，偶尔会看到广告牌出现在公路两边。你可以把自己的每个想法想象成一个广告牌上的信息，你驾驶着自己的车子，短暂地注意到它，然后疾驰而过。当你的想法从视线中消失时，下一个新的想法就会出现在下一个广告牌上，你继续短暂地注意到它，直到驾车呼啸而过。

气球

想象一下，有一个小丑手里正牵着一大捧红色气球的绳子。当你的每个新想法出现时，就把它绑在其中的一个气球上，然后将那个气球的绳子挑出来，松开手，任它飘向天空，消失不见。如果这一想象过程时间很长，气球花了很长时间才飘出你的视线，那就想象每次都会有一阵狂风出现，把气球一下子吹走了。

屏幕弹窗

把自己的每个想法想象成电脑屏幕上弹出的广告或提醒。短暂地注意到这个想法，然后关闭这一弹窗，并让屏幕保持空白，直到下一个弹出窗口（想法）出现。

火车或船舶

想象自己正站在一个铁路的交叉路口，看着一列货运列车缓慢地从你面前驶过。每一节车厢都是你的一个新的想法，它们随车厢慢慢地驶过。或者想象自己站在一座桥上，看着渔船从你的下方缓缓驶过，驶向大海。每一艘船都代表你的一个想法，它们慢慢驶出了你的视线。

生理上的放松体验

以上几个练习都主要基于想象，而这一练习是从身体感受入手。当每个想法进入你的大脑时，想象你正把它握在你掌心朝上的手里。虽然事实是伸出你的手，掌心朝上。然后慢慢转动你的手，直到掌心朝下，想象这个想法从你的手和视线中消失。然后让你的手回到掌心向上的位置，迎接下一个新的想法。当下一个想法出现时，再次转动你的手，想象这个想法消失了。让这一“放手”的过程更有生理上的体验感，会让你感觉更有力量、更加真实。

组合练习

当你与自己的想法解离之后，为每一种认知建立一个反应序列是很有帮助的。最简单的方法是选择一种标记自己的想法的方式，然后将其与一种放下自己的想法的可视化想象技术以及生理上的放松体验结合起来。

马克反复思考着未来可能发生的糟糕后果，他选择用“我有一个想法……”来标记自己的想法，然后将溪流上的树叶进行可视化想象来放下自己的想法。在尝试了一段时间之后，他意识到，当他在社交场合时，很难想象出溪流上的树叶来放下自己的想法，因此他开始用生理上的放松体验代替。他没有转动手掌，而是微微张开手指，以此表示放弃自己的一些想法。马克发现，当他使用标记自己的想法和放下自己的想法这一组合策略时，他以前的“要是……就……”的认知开始变得没那么可信，也不再那么令人沮丧了。

远离自己的想法

某些解离练习特别有助于你与自己的想法保持一定的距离，不把它们当真。当你与自己的一些想法保持距离时，它们就没有那么大的力量让你悲伤、生气或害怕。保持距离的练习有一个共同点：它们能够让你仍拥抱一个痛苦的想法，慢慢缩减这个想法的重要性。当你进行以下实践时，你将逐渐理解这一过程。

感谢自己的大脑

正如本章前面所提到的，为了保护你，你的大脑会产生许多想法，甚至是有问题的想法。它试图预测各种可能存在的危险，判断什么对你是好的、什么对你是坏的，或者总是想要找出事情发生的原因。你的大脑在努力运转，来帮助你生存下来并克服各种问题。然而，你的大脑有时会疯狂地、痴迷地专注于那些只会让你感到痛苦的想法。

应对这些想法的一种方式是感谢你的大脑为保护你所做的努力。当消极的想法出现时，就对自己说："谢谢你，大脑，谢谢你产生了那个想法。"你不需要被卷入这个想法之中，你不需要去理解它或者探索它，你只需要感激你的大脑为了保护你而让你产生了这样的想法。"谢谢你，大脑"认可了你的大脑的善意，同时能让你与它抛给你的痛苦想法保持一定的距离，"谢谢你，大脑，谢谢你产生了那个让我感到惊恐的想法……谢谢你，大脑，谢谢你产生了那个我不够好的想法……谢谢你，大脑，谢谢你在为我预测失败……谢谢你，大脑，谢谢你产生了那个我会被分手的想法"。

当你感谢你的大脑时，你也在与它所产生的每一个想法制造距离。你在感谢自己大脑的工作的同时，也能够意识到它可能已经误入歧途了。

不断复述负面标签

爱德华·铁钦纳（Edward Titchener，1916）发现，如果你不断复述一个单词50次以上，它就会开始失去意义，它会变成一个单纯的声响，而不再是一个概念。以"牛奶"这个词为例。当你只听到这个词一次时，你可以想象出牛奶的颜色和气味，以及这种清凉的液体流过你喉咙时的感觉。但是想象一下，如果你一遍又一遍地大声说"牛奶"这个词，会发生什么？你可以现在就来试一试，尽可能快而清晰地说"牛奶"这个词，持续至少60秒。

这个词的意义发生了怎样的变化？它是否还能唤起你同样的印象和联想，还是你会感到它很奇怪或没什么意义？它是否变成了一个声响而不是一个词？

重复会改变和削弱意义，这对于解离来讲非常有用。你可以不断重复那些消极的自我评判或对未来结果的担忧，直到它们不再刺痛你，无法干扰到你。现在就试试吧。选择一个你经常给自己贴上的负面标签。

尽可能快地重复1～2分钟，同时保持发音清晰，注意你与这个标签相关的想法之间发生了什么变化。

物化自己的想法

让自己的想法变得不那么重要和令人不安的一个经典方法是物化它们，即把它们想象成物体。例如，给一个困扰你的想法指定一种颜色。你也可以给这一想法指定形状、纹理、大小，或以上所有。当你想象它是绿色的，像篮球那么大，有着芝士蛋糕的质地和海星的形状时，你就更容易与这一想法保持距离。

随身携带索引卡

有些想法不断出现，就像不受欢迎的亲戚不断来访。与这些想法保持距离的一种方法是把它们写在索引卡上，并随身携带。每当其中一个想法再次出现时，你就提醒自己："它已经在我的卡片上了。"

把想法"戴在身上"

有时候，将你大脑中所产生的最痛苦的想法公开是有帮助的。把这个想法写在便利贴或姓名牌上，戴上几个小时。(你可能只希望在家里或者和好朋友在一起的时候这样做。) 你会发现，一旦你开始戴上你的想法，这种想法的力量和给你带来的刺痛感就会很快消失。许多人发现用这种方法来应对评判性思维特别有用，比如"我很愚蠢""我是个糟糕的家长""我很孤独和空虚"。公开自己的想法似乎有一种神奇的效果，这样能使它们与你之间更有距离，不断降低它们的重要性。

审视自己的想法

对于那些特别棘手和痛苦的想法，或是那些经常出现的想法，我们建议你使用以下四个步骤来应对它们。

第一步：问问自己产生这个想法多久了。它是从三年前你失业的时候产生的吗？它是从你第一任妻子提出离婚的时候产生的吗？还是你回忆起自己小时候就有过这种想法？如果你不能确定它是从什么时候产生的，那么粗略地估计一下它已经持续了多久——5 年、10 年，还是 20 年？

第二步：审视这一想法的作用。这个想法的出现是为了服务什么？大多数消极的想法都有一个功能：试图通过避免特定的行为或情境来帮助你避免疼痛。问问自己，这一想法驱使你去做什么，或者避免你去做什么，它在试图保护你不去感受到什么。

第三步：审视这一想法的可行性。它是在帮助你避免痛苦，还是只是在麻痹你，让你难以去做那些重要的事情？例如，如果你意识到，自己有一个想法正试图保护自己避免感到恐惧，那么你可能需要去审视一下，听从这一想法会让你的恐惧感更高还是更低。你可能还需要了解，这一想法是在帮助你做你想做的事情，还是在妨碍你。最后，探究这一想法的可行性其实非常简单——这一想法要么对你有帮助，要么对你没有帮助。

第四步：问问自己，你是否愿意在有这样的想法之后，还去做那些让你恐惧的事情。例如，如果你产生了一个想法——在派对上你不要去接近那个对你来说很有魅力的人，因为他可能会拒绝你，那么这时你会保有这个想法，还能去与那个人交谈吗？最终，关键取决于你是要让你的恐惧和沮丧的想法控制你的行为，还是不管你的想法说什么，都去做你生命中真正重要的事情。

即使是对于最为痛苦和持久的想法，这四个步骤也能让它们对你来说不再那么重要，减少它们对你的影响，让你远离会麻痹你的想法，这样你就不会让它们阻止你去做你在乎的事情。

参考示例

28 岁的电脑绘图员沃克多年来一直在焦虑和自我贬低的想法中挣

扎。他对自己的工作能力、社交能力和沟通能力有着许多评判性思维。他也害怕被人拒绝、遭人评判，以及害怕失去自己的工作、住所和独立性。他想回到学校攻读机械工程的学位，但一考虑到学业可能失败、学生贷款可能给他带来经济问题，他就迟迟无法前进。

在学习解离技术之后，沃克选择了一个简单的过程来观察并放下一些棘手的想法。当有一个想法出现时，他就对自己说“现在我的大脑正在产生一个评判性思维”或者“现在我的大脑产生了一个恐惧的想法”。然后他翻转自己的手，让掌心朝下，想象这个想法从手中掉到了地板上，消失不见了。

随着沃克越来越熟练地标记和放下自己的想法，他注意到他与自己的大脑相联结的方式发生了变化。他不再觉得自己的每一个评判性思维或是恐惧性思维都那么重要了，而是开始把它们只当作自己的一些想法、喋喋不休的自我心理对话的其中一部分。

尽管沃克产生了这些积极的变化，他的一些恐惧性思维仍然非常顽固和强大。其中最主要的想法是，他回到学校之后会经历学业失败。沃克首先尝试了铁钦纳的“不断复述负面标签”和“随身携带卡片”这两个策略，来帮助自己与自己的想法保持距离。其次，他不断使用“审视自己的想法”练习来在自己与这些认知之间制造一些喘息的空间。每当脑海中浮现对于重返校园的恐惧性思维时，沃克就会问自己产生这个想法多久了。他意识到这一想法大约是在11年前他刚上大学的时候产生的。这一想法的功能一直没变：通过避免迎接困难的挑战来保护自己免于失败和对失败的焦虑。

当沃克开始审视这一想法的可行性时，他意识到这一想法对他从来都没有帮助。在他上大学的头几年，这一想法迫使他避开艰深的工程学课程，最终导致他退学。他还记得，这一想法非但没有让他免于焦虑，反而让他的大学生活变成了一场充满紧张的噩梦。现在，每当他想到要重返校园时，他就会心跳加速，感到一阵焦虑。他的这一恐惧性思维非但没有保护他不受焦虑和失败的影响，反而让他充满了恐惧，使他注定要失败。

最后，沃克问了自己一个最重要的问题：在保有这些想法的同时，他还愿意填写大学申请表吗？他决定去做出努力，不管他的大脑预测了多少失败和糟糕的结果。

特别注意事项

解离不是要你和自己的想法反复争论。本书关于认知重建的两章（第 3 章“改变不良的思维模式”和第 4 章“避免产生过激思维”）都讲解了如何改变你的思维方式，用更积极或更客观的认知替代消极性思维。而解离所推崇的是，接纳你的想法，无论它们是怎样的形式。不管你的想法是积极的还是消极的，客观的还是扭曲的，解离都鼓励你让自己的想法顺其自然。

如果你试图与自己的想法争论，你就无法与它们保持一定的距离，因此你并没有在使用解离技术。要知道，解离的目的并非管理或重组你的想法，而是改变你与你的想法之间的关系。不要与自己的想法争辩，只是把它看作众多想法中的一个就好，没有特殊的真实性或准确性。每一个想法都是你的大脑所产生的，是一串你可以观察、标记和放下的语句。

有时候你的大脑会抵制这种解离的过程。它会坚持认为某个想法非常重要，如果你忽视它，你的大脑就会去预测一些糟糕的后果。而实际上这只是另一个想法，一长串想法中的一个，并不比其他任何想法更真实或更重要。观察这个想法，标记它，然后放下它。如果这个想法一再顽强地浮现，那么你可以进行“审视自己的想法”这一练习来探索它的产生时间、作用和可行性。当你了解到这个想法对你没有什么帮助时，就把它放下吧。

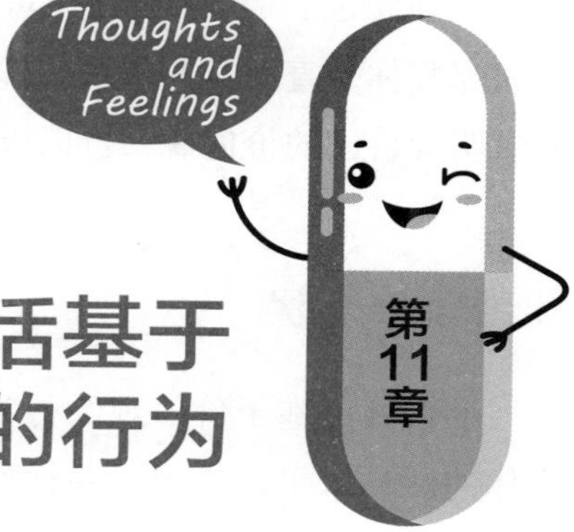

激活基于价值观的行为

激活基于价值观的行为是接纳与承诺疗法的核心方法（Hayes，Strosahl，& Wilson，1999），也是克服抑郁症的重要一步。基于价值观的行为可以归结为一个关键问题：你的生命是有限的，你会选择如何度过这一生？

你的价值观反映了你想要过什么样的生活。这并非指你的需要或喜好，比如水、冬天的阳光，或者尊巴舞，而通常被描述为一种内在的、抽象的原则。你所选择的生活价值就像指南针上的箭头，为你指明人生前进的方向。它们是你想要走的人生道路和生活方向。例如，在重要的人际关系中对彼此诚实或做一个好家长。目标，或者说意图，是指引你实现价值的道路上的铺路石，比如说出自己具体的感受，或者帮助你的孩子完成家庭作业。

明确自己的价值观和既定的相关目标可以激活你

的主观能动性。当你陷入抑郁时，它可以让你的生活继续前行，激励你去做那些你一直回避的事情。抑郁通常与自我封闭和脱离人际关系有关，通过明确自己的价值观，可以极大地帮助个体逆转这些抑郁维持因素。

能否改善症状

承诺做出基于价值观的行为可以提高你的动机和意愿水平，从而提高你的活动水平，克服经验性回避这一抑郁和其他情感障碍的关键维持因素（Hayes & Smith，2007）。激活基于价值观的行为是接纳与承诺疗法的一个核心方法，接纳与承诺疗法已被证明在抑郁的治疗中是非常有效的（Zettle，2007）。

何时能够见效

你只需要花几个小时的时间来明确自己的价值观，并发现自己基于某些特定价值观的目标。将你的价值观转化为具体的行动（目标），并变得更加具有主观能动性，这一过程可能会持续数月。

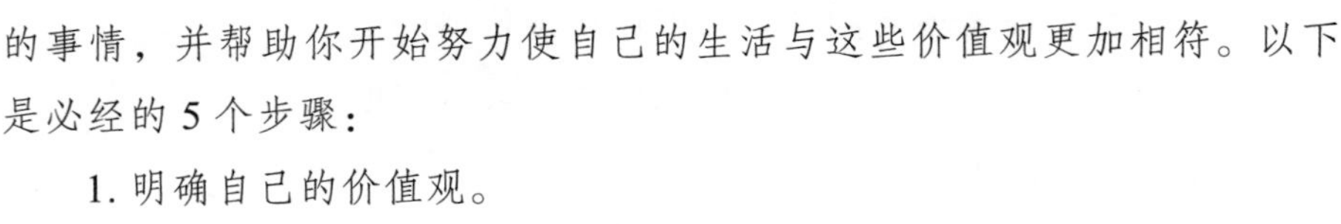

本章的练习将帮助你明确自己的核心价值观——你在人生中最看重的事情，并帮助你开始努力使自己的生活与这些价值观更加相符。以下是必经的 5 个步骤：

1. 明确自己的价值观。
2. 将自己目前的生活与核心价值观进行比较。

3. 设立目标，向基于价值观的生活迈进。
4. 想象自己正在一步步实现这些目标。
5. 激活基于价值观的行为。

第一步：明确自己的价值观

这一练习的第一步是明确你在生活中最看重的方面，以及在这些方面你最看重的是什么。人们倾向于看重以下 10 个生活领域，在这些方面具有强烈的个性化价值观（Hayes & Smith，2005）。在这些生活领域中，有一些方面对你来说相对更加重要。请阅读关于这 10 个领域的描述，然后完成“重要生活领域和核心价值观”工作表。

1. **亲密关系**。亲密关系是指你与伴侣、情人、男朋友或女朋友、配偶之间的关系。你想成为一个什么样的伴侣？如果你目前没有亲密关系，就想一想你理想中的亲密关系是怎样的。与亲密关系相关的价值观可能包括爱、忠诚、诚实、开放。
2. **亲子关系**。你认为作为父母，最重要的是什么？例如，你是否看重培养、教育、指导、保护、爱？
3. **教育与学习**。想想那些你正在从中学习新东西的生活领域。与学习相关的价值观包括理解、技能、智慧和真理。
4. **朋友与社交**。想一想你在交朋友或是社交中最看重的对方的品质。这些品质可能包括支持、诚实、信任、忠诚、爱。
5. **身体与健康**。你感受到照顾好自己的身体所带来的好处了吗，还是需要多多关注自己的身体与健康，采取一些预防性措施？与身体和健康相关的价值观包括活力、力量、耐力、感觉良好、行动能力、寿命。
6. **原生家庭**。你在与父母和兄弟姐妹的关系中最看重的是什么？你在这方面的价值观可能包括接纳、爱、支持、尊重。
7. **精神与心灵**。你是否与某些具有超然性的事物有所联结，它超越了你所有感官所能感知到的东西。精神与心灵活动有多种表现形式：欣赏美丽的日落、练习冥想，等等。人们重视自己和精神世界之间的关系，看重自然或是普遍的生命力量。

8. **社区与公民身份**。你为自己的社区做出了哪些贡献？你会为慈善机构捐款、做志愿者活动，还是参与政治活动？这方面的典型价值观包括责任、正义、同情、仁慈。

9. **娱乐与休闲**。你喜欢如何度过自己的闲暇时间？你如何恢复精力，与朋友、家人重新建立联系？你的爱好和兴趣反映了什么样的价值观？与此相关的价值观包括生活平衡、乐趣、创造力、欢乐、激情。

10. **工作与事业**。在理想情况下，你希望通过工作实现什么，你有着怎样的主张？关于工作与事业的典型价值观包括维持生计、创新、创造力、效率、尽责、高产、卓越、管理、指导。

以下所给出的工作表将帮助你明确自己的核心价值观，并确定哪些生活领域对你来说最为重要。你的优先级和价值观可能会随着时间的推移而发生改变，因此你可以把这一表格多复印几份。（你也可以扫描目录下方二维码下载这一表格。）在使用这一工作表时，首先填写最右侧的一栏，写下几个词或短语，来总结自己在对应的生活领域的核心价值观。你也可以在空白行中添加你很看重但列表中没有体现的生活领域。然后用0～2的等级将这些生活领域对你来说的重要性进行评分，0表示一点儿都不重要，1表示比较重要，2表示非常重要。（接下来的工作表中给出了临退休的工程师约瑟的例子，供你参考。）

重要生活领域和核心价值观

重要性	生活领域	核心价值观
	亲密关系	
	亲子关系	
	教育与学习	
	朋友与社交	

（续）

重要性	生活领域	核心价值观
	身体与健康	
	原生家庭	
	精神与心灵	
	社区与公民身份	
	娱乐与休闲	
	工作与事业	

约瑟的重要生活领域和核心价值观

重要性	生活领域	核心价值观
2	亲密关系	彼此诚实，敞开心扉，爱，尊重，支持
2	亲子关系	培育和教导我的孩子，而不过度保护他们
1	教育与学习	学习并发展批判性思维技能
2	朋友与社交	信任，忠诚，共同的兴趣爱好
2	身体与健康	感觉良好，有活力去做我看重的其他事情
1	原生家庭	彼此支持、理解，相互联结
0	精神与心灵	思考宇宙的奥秘，敬畏自然万物
1	社区与公民身份	为社区和这个世界做出更多贡献
1	娱乐与休闲	享受我的激情所在，具有创造力，玩得开心
1	工作与事业	以一种让自己更有创造力、有价值感和成就感的方式工作

第二步：将自己目前的生活与核心价值观进行比较

在已经明确了自己的价值观之后，你可以将自己目前的生活与核心价值观做一个比较了。首先，回顾一下你在“重要生活领域和核心价值观”工作表中所记录的内容。对于每一个生活领域，想想你与之相关的价值观，你是否对你目前在这个生活领域所做的事情感到满意？你在这方面的行动反映了你的价值观吗？如果没有，思考一下你可以做出什么改变，来让生活与自己的价值观更相符。花点时间把你的思考写在另一张纸上。

这里有一段约瑟所写的思考摘录，他比较了自己目前的生活与他在一些更重要的生活领域的核心价值观是否相符。

身体与健康。我重视自己的身体健康，想要感觉良好、有活力去做在人生中我所看重的事情，但我没有做出任何努力来控制体重。我需要好好关注一下我的健康！

工作与事业。我试着修理我的房子，偶尔做些咨询工作，这些都与我在工作方面的价值观相符。

亲密关系。我和我妻子感情很好，我们之间的沟通是诚实和开放的，但当我们的意见或兴趣有分歧时，我们需要注意给彼此更多的尊重和支持。

亲子关系。我的孩子们都长大了，我想继续照顾他们，但不过度保护他们。我想指导他们，但他们觉得我在说教。我仍然把我的孩子们当孩子看待，我需要努力倾听他们而不是试图帮他们解决问题。

原生家庭。虽然我看重家人之间相互支持、彼此坦诚，以及与原生家庭之间建立联结，但我总是回避一些家庭活动，也不常主动联系他们，我总是感到沮丧和疲惫。

第三步：设立目标，向基于价值观的生活迈进

在第三步中，你将设立一些目标，来使你的生活与你在每个重要生活领域的核心价值观——那些你将其重要性评为 2 或 1 的价值观——更加接近。虽然你可能在每个生活领域都有多个目标，但你可以优先关注对你来说最重要的生活领域和价值观，这样你将最有动力去根据你的目标做出行动。

一个好的目标的关键特质是，它是具体的和可实现的。以下所给出的工作表将帮助你设立这样的目标。把“目标和内心障碍”这一表格多复印几份，这样你就可以在对未来的价值观进行工作时继续使用它。（你也可以扫描目录下方二维码下载这一表格。）

在这一表格最左侧一列中，写下你最看重的生活领域（重要性评分为 2 或 1 的生活领域），以及每一个生活领域至少包含一个核心价值观。

接下来，思考一个你最想要实现的目标，它能反映你在某一生活领域的核心价值观。要知道，这个目标应该是你在当下能够真正完成的事情。它还应该是非常具体的：你会具体做些什么或说些什么？如果有人在场，那么这个人可能是谁？你会在何时何地做这件事？好好想一想，然后在表格的中间一栏写下你的目标。请暂时将表格最右侧一栏留白。（在第四步中列出了约瑟的例子，供你参考。）

目标和内心障碍

最重要的生活领域 和核心价值观	目标 是什么？何人在场？何时？何地？	内心障碍 思维，感受，感觉

第四步：想象自己正在一步步实现这些目标

现在你已经设立了一些基于价值观的目标，你可以想象自己正在一步步实现这些目标。首先，选择一个目标。闭上眼睛，在脑海中演练一遍实现这一目标所需要的步骤。运用你所有的感官尽可能生动地体验每一步。你会和谁在一起？你会做些什么或说些什么？周围环境是什么样的？在你详细地想象这一系列过程的同时，记录下自己所有消极的思维、感受和感觉，这些可能会妨碍你按照自己的价值观行事并实现自己的目标。你还有什么内心障碍吗？（参见第 16 章“用可视化想象技术改变核心信念”中的“特别注意事项”，来获得创建生动形象的更多帮助。）

在你的“目标和内心障碍”表格的最右侧一栏中，列出任何可能妨碍你在现实生活中实现这一目标的思维、感受或感觉。对你的每一个目标都重复这一过程。以下是约瑟所记录的目标和内心障碍表，可以为你提供参考。

约瑟的目标和内心障碍

最重要的生活领域和核心价值观	目标 是什么？何人在场？何时？何地？	内心障碍 思维，感受，感觉
原生家庭：支持、联结	举办一个家庭活动，让大家聚在一起	焦虑，疲惫，不知所措。我觉得太累了，应付不了，承受不住
身体健康：感觉良好、有活力	每周 5 天，每次步行 1 小时，少吃食物，减少含糖食物的摄入，在两年内体重减掉 50 磅①	精力不足，常常觉得一块糖就能让我振作起来。我觉得太累了，坚持不了了。我认为这行不通，让人无法忍受。感到饥饿、易怒、绝望和悲伤
亲子关系：不过度保护地养育孩子们	每周给每个孩子都打一通电话，倾听他们，而不去说教或纠正他们	感到忧虑、不耐烦、愤怒和内疚。认为孩子们做了蠢事，会搞砸事情，而我是个不称职的家长
亲密关系：相互支持、彼此尊重	和妻子做出一个约定——在一起吃饭的时候练习带有支持、尊重的倾听和表达	感到生气，肌肉紧张，胃部不适。认为妻子没有把我当回事，也不支持我

① 1 磅 = 0.4536 千克。

第五步：激活基于价值观的行为

承诺做出基于价值观的行为意味着在现实生活中你将按照基于价值观的目标行动，并愿意有意识地注意和接纳在这个过程中可能出现的困难的内心体验。记住你的目标本身及其背后的价值。这将激励你坚持你的行动计划，即使你觉察到一些困难的想法、感受和感觉漂浮在你的意识内外。

将以下给出的基于价值观的承诺行为工作表复印几份，你也可以扫描目录下方二维码下载这一表格。用你在“目标和内心障碍”工作表中所写的内容来完成下面的第一份工作表，然后承诺按照你的目标去做。请确保使用第二份日志式工作表来监控你后续的进展。在左边一栏，简要描述你的行动计划中的每一步。然后每天检查你在这一步上采取的行动。一旦你完成了一个步骤，就在“完成”一栏中勾选它，并祝贺自己！写日志会提醒你采取行动的承诺，监督自己做了什么、没做什么，并向你展示坚持一定会有回报。

一个月后，评估你的进展状况，决定是要继续遵循当前的方法，还是要改变你的行动计划，或者转移到另一个目标。（空白工作表后面有一个来自约瑟的例子，供你参考。）

基于价值观的承诺行为工作表

因为我看重（核心价值观和生活领域）______________________________

____

我愿意体验（内心障碍）______________________________

____

____

____

为了达成（目标）______________________________

____

我的行动计划的具体步骤是：______________________________

____

____

____

____

____

____

我将监督自己履行承诺，通过______________________________

____

____

（续）

行动步骤	星期一	星期二	星期三	星期四	星期五	星期六	星期日	完成

约瑟的基于价值观的承诺行为工作表

因为我看重（核心价值观和生活领域）与家人之间相互支持、彼此紧密联结

我愿意体验（内心障碍）感到焦虑和不知所措，产生类似“我太累了”“我受不了了”的想法

为了达成（目标）我让家人团聚在一起

我的行动计划的具体步骤是：清理后院。买一个新的烧烤架。给每个人打电话邀请他们来烧烤，并与他们每个人保持联系。把家里收拾好。买好食物。接纳焦虑和不知所措的感受，无论如何都要把事情做好

我将监督自己履行承诺，通过 每天填写日志

行动步骤	星期一	星期二	星期三	星期四	星期五	星期六	星期日	完成
清理后院	×			×	×			
买烧烤架						×		×
至少邀请一个人	×	×		×		×	×	
把家里收拾好		×					×	
买好食物								
接纳焦虑和不知所措的感觉	×	×		×	×	×	×	

把行动计划的每一步都记录下来至关重要。你要每天都专注于你所承诺的具体行动，否则基于价值观的行为很容易从你的生活中消退。我们能够注意到，约瑟记录的一个行动步骤是接纳自己的感受（疲惫、焦虑、不知所措的感觉），并仍然完成事情。这是根据价值观来克服抑郁的关键。不管你感觉有多沮丧，不管消极的想法如何困扰你，你都要找到方法向你的目标一步步迈进，每天都要做出这种坚持和努力。

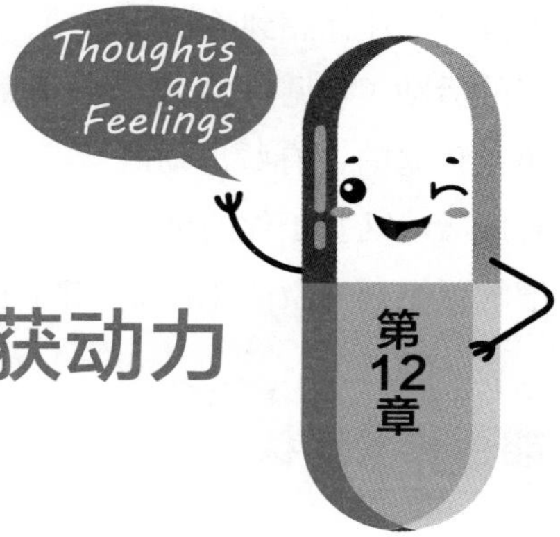

重获动力

抑郁症给人带来的一个影响是让人感觉没有动力。在抑郁状态下强迫自己去进行惯常的自我关怀是很困难的，快乐似乎从你的生活中消失了。感觉没有动力不仅是抑郁症的一个症状，也是抑郁症的一个诱因。你越不愿意动，你就越感到沮丧，你越感到沮丧，你就越不愿意动。这是一个恶性循环，使人渐渐脱离生活现实，延长抑郁症的病程。

对于这一问题的解决办法是，即使你不喜欢，也要强迫自己进行更高水平的活动。这种技术被称为行为激活（behaviour activation），也被称为活动安排（activity scheduling），它是由认知行为心理学家开发和改进的一种技术，可以让你重新充满活力，并为克服抑郁提供关键性帮助（Beck et al.，1979；Freeman et al.，2004；Greenberger & Pedesky，1995）。学习这一技术，你需要将三种不同类型的活动添加到你的日常安排中：让你感到愉快的活动、让你有掌控感的活动，以及基于你的价值观的活动（参见第11章“激活基于价值观的行为”）。这三种活动并不是相互独立的，有些活动既会给你带来愉悦感，又会给你带来一种掌控感；有些活动既基于你的价值观，又能给你带来一种对生活的掌控感。本章详细解释了行为激活（活动安排）这一技术，并将帮助你一步步掌握它。

能否改善症状

美国国家心理健康研究所的几项研究已经证明了，活动安排作为抑郁症认知行为治疗方案的一个组成部分，是有效的（Cuijpers，van Straten，& Warmerdam，2008）。许多研究表明，仅仅是增加个体的活动水平，而不做任何其他干预，就可以显著地降低抑郁程度。

辩证行为疗法的创始人马莎·莱恩汉（Marsha Linehan，1993）发现，以安排愉快活动的方式进行自我安慰对所有类型的情感失调（不限于抑郁症）来讲都是一种有效的干预。

何时能够见效

这一技术的第一步是监控和记录自己一周的活动。在这之后，你将花4～8周的时间来安排，并逐渐增加特定类型的活动。当你开始参与新安排的活动时，你可能就会开始感到自己有了一些收获。

说明与指导

如前所述，你将从监控和记录你的日常活动开始；之后你将评估，当你参与这些活动时，你感到愉快的程度，或者它们给你带来的掌控感的水平。这样你就能够确定可以添加到日常安排表上的活动，并开始参与其中。以下是对这一过程的概述：

1. 记录并评价你一周的活动。
2. 确定新活动的时间。
3. 安排给你带来愉悦感、掌控感和基于价值观的新活动。
4. 预测你对新活动的愉悦感、掌控感、价值匹配程度。
5. 将实际的愉悦感、掌控感、价值匹配程度与预测的进行比较。

第一步：记录并评价你一周的活动

请至少复印 8 份空白的一周活动安排表，你也可以扫描目录下方二维码下载这一表格。在接下来的一周，记录你的主要活动或每小时的活动。如果你白天没有时间记录自己的活动，不要忘记在那天晚上结束之前记录下来。

你将以几种不同的方式来使用你所收集到的信息：评估目前的哪些活动能给你带来愉悦感或掌控感；确定能够给你带来愉悦感或掌控感的新活动的时间；设定一个活动基线，这样你就可以在未来几周的计划实施过程里看到自己的进步，从而让自己重获动力，并帮助自己减轻抑郁。

在监控和记录你第一周的活动时，注意这些活动是否给你带来了愉悦感、掌控感，或者与你的价值观是否匹配。如果某项活动给你带来了愉悦感，就在其后面写上字母 P，然后从 1（轻微的快乐）到 10（极大的快乐）给这项活动给你带来的愉悦程度打分。

还要找出那些你在参与其中时会照顾自己或他人的活动，那些你可能一直在逃避的活动，比如回一封信、给花园除草、准备一桌健康的饭菜或者出差。对于能够给你带来掌控感的活动来说，这些都是特别好的选择。（你可以在第三步中看到一些典型的活动。）如果一项活动让你有一种掌控感，就在其后面写上字母 M，并评价这种掌控感程度，同时要考虑到你当时可能感到的疲惫和沮丧。同样，从 1（轻微掌控感）到 10（极大掌控感）进行打分。不要去评估你客观取得的成就，或是你觉得自己在抑郁之前会取得的成就，而要根据你当时的感受来评估掌控感，并把这个活动的难度考虑进去。

如果你现在需要一些帮助，在空白的一周活动安排表之后，我们给出了艾丽西娅所记录的表格，来为你提供参考。艾丽西娅是一名感到抑郁的大学生，她现在是一家电话零售公司的职员，经常觉得自己被困在一份没有前途的工作中。我们注意到，艾丽西娅把整个表格都填满了，连睡觉的时间也记录了下来。她还给一些活动贴上了愉悦感、掌控感、与价值观相匹配这三种不同的标签。

你还要确定自己基于价值观的活动，也就是在第 11 章中你所确定的核心价值观和目标所支持或者想要表达的那些事情。在你的一周活动安排表中，用字母 V 标出那些由你看重的事情所推动的活动，并从 1（与价值观轻微匹配）到 10（与价值观完全匹配）打分。

发现并评估能够给自己带来愉悦感、掌控感、基于价值观的新活动，这是第一步中的关键。这可以帮助你认识到你的生活是如何失衡的，你以前喜欢的许多事情可能已经没有出现在这一周的活动中了，或者你现在的活动只提供了非常少的情感滋养。愉悦感评级还能让你了解到你现在仍然喜欢的活动有哪些，哪些活动能够对你的情绪产生积极影响。明确和评估能够给你带来掌控感的活动可以帮助你认识到，不管情况如何，你仍然在努力，你仍然在做一些事情来应对困难。尽管与在抑郁之前相比，你各方面的效率可能都降低了，但你在感觉糟糕的情况下仍能做出这些努力，这本身就是很大的成就。

列出并评估基于价值观的活动，这有助于增强你的意义感。它能够不断提醒你什么是你所看重的，并通过让你专注于与你的核心目标一致的活动来对抗抑郁。

一周活动安排表

	星期一	星期二	星期三	星期四	星期五	星期六	星期日
上午 6 时							
上午 7 时							
上午 8 时							
上午 9 时							
上午 10 时							
上午 11 时							
中午 12 时							
下午 1 时							
下午 2 时							
下午 3 时							
下午 4 时							
下午 5 时							
晚上 6 时							
晚上 7 时							
晚上 8 时							
晚上 9 时							
晚上 10 时							
晚上 11 时							
晚上 12 时到次日上午 6 时							

艾丽西娅的一周活动安排表

	星期一	星期二	星期三	星期四	星期五	星期六	星期日
上午 6 时	睡觉	睡觉	睡觉	喝咖啡，读报纸 P3	睡觉	睡觉	睡觉
上午 7 时	睡觉	睡觉	睡觉	洗漱，穿衣 M2	睡觉	睡觉	睡觉
上午 8 时	洗漱，穿衣 M2	穿衣，没有梳洗打扮	穿衣，焦虑	穿衣，没有梳洗打扮	洗漱，穿衣 M2	睡觉	睡觉
上午 9 时	上课 M1	待在家里，无所事事，胡思乱想	上课 M1	待在家里，玩填字游戏	上课 M3	赖在床上	睡觉

（续）

	星期一	星期二	星期三	星期四	星期五	星期六	星期日
上午10时	上课M1	待在家里，无所事事，胡思乱想	上课M1	待在家里，玩填字游戏	上课M3	赖在床上	赖在床上
上午11时	上课M2	给比尔打电话P2	上课M1	看书	上课M3	做早餐M2	在床上看小说
中午12时	吃午饭和冰激凌P1	在家里吃三明治	购置学习用品M3	在家里吃三明治	在车上睡觉	待在家里，无所事事，胡思乱想	外出就餐
下午1时	处理电话订单M3	处理电话订单M2	处理电话订单M3	处理电话订单M3	处理电话订单M2	待在家里，无所事事，胡思乱想	看电视
下午2时	处理电话订单M3	处理电话订单M3	处理电话订单M3	处理电话订单M3	处理电话订单M2	和回来的比尔聊天P2	看电视
下午3时	处理电话订单M3	编写新的通话脚本P3 M7	处理电话订单M3	处理电话订单M3	研究工作项目M6	和比尔亲热P5	看电视
下午4时	和丽塔谈工作上的事P3	和丽塔一起吃冰激凌	处理电话订单M2	和丽塔聊天P3	研究工作项目M6	看电视	看电视
下午5时	工作到5时45分，开车回家	在车里看书	待在家里	学习P3	清理桌面M3	看电视	小睡一会儿
晚上6时	做晚餐，吃晚餐M3	外出就餐P3	做晚餐，吃晚餐M2	做晚餐，吃晚餐M2	家里没吃的了，订了比萨饼	外出就餐，和比尔吵架	学习，无法专注M1
晚上7时	看电视P1	学习，无法专注M2	看电视	哥哥来电P3	和比尔亲吻、聊天	看电视	一边看电视一边吃晚餐
晚上8时	看电视	学习不下去，开始看电视	看电视	看电视	看电影P4	看电视	看电视
晚上9时	看电视	看电视	给苏珊和洛丽打电话	看电视	看电影P4	看电视P2	看电视

（续）

	星期一	星期二	星期三	星期四	星期五	星期六	星期日
晚上 10 时	看电视，一个好节目	看电视	看电视 P1	看电视 P1	和比尔聊天 P4	看电视	看电视
晚上 11 时	和比尔亲热（短暂）P3	对上课感到焦虑	看书 P2	学习 M3	看书 P2	看电视	躺在床上胡思乱想
晚上 12 时到次日上午 6 时	看书到凌晨 2 时 30 分，难以入睡 P1	睡觉	睡觉	看电视到凌晨 2 时 30 分，难以入睡	看书到凌晨 1 时 P2	睡觉	看书、看电视到凌晨 2 时，难以入睡 P1

当艾丽西娅在一周结束之后回顾她的活动安排时，她有了一些有趣的发现。首先，她在看电视上花了很多时间，但其实并没有享受这一活动。她的愉悦感大部分来自与人交流，还有一部分来自看书。她还注意到，待在家里，无所事事，胡思乱想，或是早上一直赖床不起，这些似乎加重了她的抑郁。

如果艾丽西娅前一天晚上学习了功课，那么第二天她在学校的掌控感得分会更高一些。另外，虽然她在工作中通常会有一些掌控感，但在研究一些特别的工作项目时，她的掌控感评分会更高。当她自己做饭时，以及在出门之前多多梳妆打扮一下时，她的掌控感更多一些。

艾丽西娅很看重自己的家人（她也把男朋友比尔视作自己的家人）。她注意到，任何能表达对家人的爱或支持的活动，都会让她感觉良好，这些活动通常会得到 4 ～ 5 的评分。

第二步：确定新活动的时间

在填写完第一周的“一周活动安排表”之后，你就可以用它来确定能够安排新活动的时间，这些活动要能给你带来愉悦感和掌控感，并基于你的价值观。从那些既没有给你带来快乐又没有让你产生掌控感的活动中，至少拿出 10 个小时。看看你每天能否拿出 1 ～ 2 个小时来安排一些给你带来愉悦感、掌控感的新活动，然后替代那些没有产生什么积极影响的旧有活动。

第三步：安排给你带来愉悦感、掌控感和基于价值观的新活动

分析你对第一周各项活动的愉悦感和掌控感评分，可能会为你安排新活动提供一些方向。当然，你也可能需要在你一直在做的事情之外寻找新的尝试，或者重新找回以前喜欢的活动。如果你已经抑郁了一段时间，你可能很难想出好主意，因此我们提供了一些给人带来愉悦感和掌控感的常见活动，来激发你的灵感。你也可以通过询问朋友或家人来得到一些建议。

给人带来愉悦感的活动

- 看望朋友或家人
- 和朋友或家人打电话
- 去看电影或戏剧
- 看视频或电视
- 锻炼身体
- 做运动
- 玩游戏
- 参加线上活动
- 上网
- 在网上聊天
- 听音乐
- 周末去度假
- 做假期计划
- 追求一门爱好
- 搞收藏
- 做工艺品
- 晒太阳
- 喝杯热饮放松一下
- 听有声读物或放松指导音频
- 散步或远足
- 购物
- 洗个热水澡
- 阅读
- 做园艺
- 写作
- 外出就餐
- 吃最喜欢的食物
- 与人拥抱或亲密接触
- 做按摩
- 与爱人亲热

- 开车兜风
- 去野餐
- 去自己最喜欢的地方
- 待在一个令人平静的地方
- 给人写信
- 艺术追求
- 观看或阅读新闻

这一列表只列出了能够给你带来愉悦感的许多活动中的一小部分。在下面的空白处，你还可以写下一些让你感到愉悦的活动。回想一下这些年来你喜欢做的事情。试着回忆你做过的所有有趣的事情。浏览上面的列表，试着在这些宽泛的类别中明确你可能会喜欢的具体活动。例如，在玩游戏方面，你可能喜欢台球或者纸牌；对于做工艺品，你可能喜欢刺绣或者制作模型飞机；艺术追求可能对你来说意味着去画廊或写俳句；当你想要给朋友打电话或看望朋友时，你可能会发现自己更喜欢和某些朋友在一起。现在让我们来花点时间，在下面的空白处记录下，你喜欢的或者未来可能会给你带来愉悦感的一些具体活动。

一些会给我带来愉悦感的活动

____

____

____

____

____

____

____

____

____

____

____

____

如果你现在很难想象出自己会喜欢的事情，或是很难对曾经享受于其中的事情重新提起兴趣，不要感到惊讶，现在它们对你来说甚至可能是一种麻烦或是负担。这是抑郁所造成的。当你开始在新的一周中做更多的令人愉快的活动时，即使这些活动现在无法让你提起兴趣，你之后也会感觉更好一些。现在，从你的列表中选出5～7项给你带来愉悦感的活动，并放在你下周的活动安排中。

你还需要添加一些能给你带来掌控感的新活动。通常这些都是你会忽略的自我关怀活动。你可能需要去购物、出差、打扫或整理房子、给人写信，或是拨出一些重要的电话。当你情绪低落、没有动力时，即使是这些惯常的日常任务也会显得困难无比。以下列出了一些能够给人带来掌控感的活动，你可以选出一些放进你下周的活动安排里。

给人带来掌控感的活动

- 购物
- 去银行办理业务
- 辅导孩子功课
- 监督孩子的就寝时间
- 洗澡
- 做一桌热腾腾的饭菜
- 支付账单
- 上午9时前起床
- 遛狗
- 修东西
- 清洁打扫
- 洗碗
- 锻炼身体，做伸展运动
- 解决冲突
- 洗衣服或去洗衣店
- 做园艺
- 出差
- 上班
- 处理工作中具有挑战性的任务
- 叠衣服、收纳
- 解决问题
- 整理东西
- 改善家里的环境氛围
- 做汽车保养
- 打商务电话
- 回电话
- 写日记

- 做自助练习
- 去理发
- 给宠物梳毛
- 梳妆打扮
- 给人写信
- 给孩子安排活动
- 艺术追求
- 开车送孩子去参加活动

与给你带来愉悦感的活动一样，这里列出的只是能够给你带来掌控感的众多活动中的一部分，而且大多数是非常具有概括性的活动。在浏览这一列表之后，列出能够给你带来掌控感或成就感的具体活动的清单。现在来花点时间，在下面的空白处记录下，你可能会放入下周活动安排的能给你带来掌控感的一些具体活动。

一些给我带来掌控感的活动

现在，选出 5 ～ 7 项能给你带来掌控感的活动，来分散在你接下来的一周活动安排中，其中特别要关注那些你可能一直在回避的任务。如果你一直在拖延做旧物回收工作，那就在你的一周活动安排表上给自己定个时间来完成它。如果你一直在推迟去更新驾照，就明确一个去做这件事的时间。但是，不要尝试每天添加一项额外的掌控感活动，否则你可能会感到压力过大。

从第一周开始，在你的一周活动安排表中，寻找那些没有给你带来什么积极影响，同时也没能给你带来愉悦感和掌控感的时间段，用能够给你带来掌控感和成就感的活动替代它们。

要知道，有些给人带来掌控感的活动可能过于复杂，无法在一个小时内完成，或者一次性解决所有的问题会让人压力过大。在这种情况下，你可以将这一活动分解成几步，使每一步都能够在15分钟或更少的时间内完成。例如，改善客厅外观的计划可能涉及许多步骤，你可以从决定购买并张贴一幅新海报开始。对于一些给人带来掌控感的活动，完成过程中的每一步，可能会持续两周或更长时间。

在第四步中，你会看到艾丽西娅填写的一周活动安排表，展示了她在第二周中所添加的新活动。艾丽西娅通常很难专注学习。因为她的第一周活动安排表中显示，当她前一天学习了功课时，她会在第二天的课堂上有更强的掌控感，所以她在每天上课前安排了两个小时的学习时间，中间还安排了一个小时的放松时间。

艾丽西娅列出的掌控感活动包括处理新的电话订单、洗衣服和购买食品。她把这些事情整合到了她在第一周中看电视和胡思乱想的时间段。对于给她带来愉悦感的新活动，她选择了听新的音乐、在浴缸里看书、打网球、去远足、去散步。这些都是她过去喜欢的活动，她觉得自己愿意在接下来的一周尝试一下。

确定了新的掌控感活动和愉悦感活动之后，是时候回顾一下你的核心价值观和目标了。你在第11章中列出了你的重要生活领域和核心价值观，你可以在下面的空白处，尽可能多地写出在未来几周中想要设立的基于自己价值观的目标。

生活领域	基于自己价值观的目标
______________	______________________
______________	______________________
______________	______________________

对艾丽西娅来说，她的基于价值观的目标包括，为了保持身体健康而练习瑜伽、打电话帮助妈妈做些事情、给哥哥和朋友致电问候。艾丽西娅也想为她的社区做点贡献，她在她家附近的一个妇女庇护所注册报名了志愿活动。她的男友比尔一直感到颈部疼痛，她按照他的理疗师的建议给他安排了伸展运动。

当艾丽西娅在一周活动安排表上写下每一项时，她都把它当作对自己的一种承诺。她试着把它想成是和她尊重的人的约定，不想让他失望。我们鼓励你也这样做，让你对愉悦感活动的承诺和对掌控感活动的承诺一样重要。在一周中增加愉快的经历是克服抑郁、让生活恢复平衡的必要步骤。

第四步：预测你对新活动的愉悦感、掌控感、价值匹配程度

安排新活动的一个重要部分是尝试预测它们会给你带来什么样的感受。在填好了下一周的一周活动安排表之后，现在花点时间来预测一下你对每项活动的愉悦感、掌控感或价值匹配程度。从 P1 到 P10 来评价活动给你带来的愉悦感，从 M1 到 M10 来评价活动给你带来的掌控感，从 V1 到 V10 来评价活动与你的价值观匹配程度，其中 10 表示最高值，然后圈出你的评分。以下是艾丽西娅第二周的一周活动安排表，以及她对各种活动的评分。她对打网球的评分是 P1，这表明她并不期望从这项活动中得到什么乐趣。她对外出就餐和看电影的评分是 P3，这表明她希望能度过一段比较愉快的时光。

大多数抑郁的人会对他们在活动安排中所感受到的愉悦感或成就感做出非常保守的预测。不抱希望也没关系，你可能的确不会期望从你所计划的活动中获得好的感受，但还是去做出这些活动安排，并评估会发生什么。

艾丽西娅的一周活动安排表（第二周，评分预测）

	星期一	星期二	星期三	星期四	星期五	星期六	星期日
上午6时							
上午7时							
上午8时	做瑜伽V3	做瑜伽V3		做瑜伽V3	做瑜伽V3		
上午9时		处理新的电话订单M2		打网球P1			做瑜伽V3
上午10时						购买食品M1	学习M2
上午11时							学习M2
中午12时						在缪尔森林徒步P2	
下午1时							在默塞德河边散步P3
下午2时							
下午3时							
下午4时						帮妈妈做些事情V4	
下午5时	为一些新音乐付费P2	给比尔做颈部按摩V4	给妈妈和哥哥打电话V3			帮妈妈做些事情V4	在妇女庇护所做志愿活动V4
晚上6时			给苏珊打电话V4		在餐厅吃晚饭P3		
晚上7时	听音乐P3	学习M2	洗衣服（之前拖延了好久）M1	学习M2	在餐厅吃晚饭P3		
晚上8时		听音乐P2	给桑迪或盖尔打电话P2	在浴缸里读小说P3	看电影P3	收听播客“新生活”V3	
晚上9时		学习M2		学习M2	看电影P3		
晚上10时			叠衣服M1	看视频P2			
晚上11时				看视频P2			
晚上12时到次日上午6时							

第五步：将实际的愉悦感、掌控感、价值匹配程度与预测的进行比较

在接下来的一周中，在你圈出来的预测旁边，写下你对每一项新活动的实际愉悦感、掌控感或价值匹配程度。你可能会发现，你的实际评分比你预测的要高。正如前面所提到的，抑郁会让你较为悲观。将实际的愉悦感、掌控感、价值匹配程度与预测的进行比较，可以帮助你认识到抑郁是如何扭曲你的思维的。新活动比你预期的更令你愉快和满足，这一事实可以帮助你抵抗内心的负面声音："不要安排新活动了，那样太累了，而且你还是会觉得很糟糕。"以下给出的仍然是艾丽西娅第二周的一周活动安排表，但她对安排的新活动实际给她的愉悦感、掌控感、价值匹配程度进行了评分。

艾丽西娅在评分后很惊讶地了解到，她其实比想象中更加享受生活。尤其是在新安排的晚间活动中，艾丽西娅感受到的成就感和愉悦感远远超过了自己的预期，她在妇女庇护所的志愿者工作尤其令她感到满意。她意识到看电视使她麻木，并加重了她的抑郁，而她所安排的新活动能够让她离开沙发，做一些能让她感觉更好的事情。

在第二周之后，设定一个目标——在每一个新的一周活动安排表中加入给你带来愉悦感、掌控感、与你的价值观相匹配的 9 项活动。如果你之前添加的新活动让你感觉不错，并且可以重复进行，那么你也可以试着继续安排这些活动。另外，放弃所有根本不起作用的活动，不要犹豫。

以艾丽西娅为例，在第三周，她开始集中精力用新活动来替换周末的一些看电视的时间。她从她的清单中选择了一些活动，并用前一周感觉不错的活动（听音乐，给朋友打电话，在浴缸里看书，打网球）替换了周末大块儿的看电视时间。虽然这对她来说有一些费力，但艾丽西娅发现，如果周末安排了更丰富的活动，她会感觉好很多。这使她重获动力，虽然她有时很想躺在沙发上，但她发现她做的活动越多，心情也就越好。

艾丽西娅的一周活动安排表（第二周）

	星期一	星期二	星期三	星期四	星期五	星期六	星期日
上午6时							
上午7时							
上午8时	做瑜伽(V3)V5	做瑜伽(V3)V5		做瑜伽(V3)V4	做瑜伽(V3)V4		
上午9时		处理新的电话订单(M2)M3		打网球(P1)P4			做瑜伽(V3)V5
上午10时						购买食品(M1)M4	学习(M2)M3
上午11时							学习(M2)M3
中午12时						在缪尔森林徒步(P2)没能去	
下午1时							在默塞德河边散步(P3)P4
下午2时							
下午3时							
下午4时						帮妈妈做些事情(V4)V5	
下午5时	为一些新音乐付费(P2)P4	给比尔做颈部按摩(V4)V5	给妈妈和哥哥打电话(V3)V5			帮妈妈做些事情(V4)V5	在妇女庇护所做志愿活动(V4)V7
晚上6时			给苏珊打电话(V4)V4		在餐厅吃晚饭(P3)P6		
晚上7时	听音乐(P3)P5	学习(M2)M3	洗衣服（之前拖延了好久）(M1)M4	学习(M2)M4	在餐厅吃晚饭(P3)P5		
晚上8时		听音乐(P2)P4	给桑迪或盖尔打电话(P2)P5	在浴缸里读小说(P3)P5	看电影(P3)P4	收听播客“新生活”(V3)V5	
晚上9时		学习(M2)M3		学习(M2)M4	看电影(P3)P4		
晚上10时			叠衣服(M1)M3	看视频(P2)P4			
晚上11时				看视频(P2)P4			
晚上12时到次日上午6时							

特别注意事项

有些人觉得他们无法在一周中添加任何新的活动了。做出一周活动安排是克服抑郁的关键干预措施，因此你可能需要限制或暂停一些日常活动。浏览你第一周的一周活动安排表，划掉所有不是绝对必要的活动。你可以用能够给你带来愉悦感、掌控感、与你的价值观相匹配的新活动来占据这些时间。

在这样做 4 ～ 5 周之后，你可能会发现你的生活变得很充实。这时，你可以再次适度清理一些为你提供较少滋养的新活动。在这个阶段，你也可以减少每周添加的新活动的数量，但请继续在你的一周活动安排表上制订计划，因为把你要做的事情写下来能够增加你去做它们的概率。继续在你的一周活动安排表中填写计划活动，直到你感到自己的抑郁有了显著的改善。

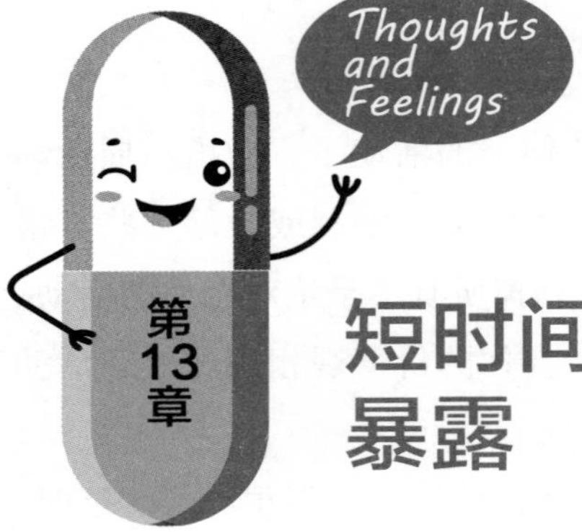

第13章 短时间暴露

本章所讨论的短时间暴露是对治疗焦虑症和恐惧症有巨大影响的两种先驱性技术的产物，这两种技术分别是系统脱敏疗法和压力免疫训练。

系统脱敏疗法（systematic desensitization）是由行为主义治疗师约瑟夫·沃尔普（Joseph Wolpe）于1958年开发的一种疗法。沃尔普帮助焦虑的个体构建与他们的恐惧相关的压力场景层级。这一场景层级从让个体几乎不会产生焦虑的场景开始，逐渐上升到令个体感到恐惧的画面。之后，他会指导个体进行渐进式肌肉放松练习，并通过将使个体感到恐惧的场景与深度放松练习相匹配，来帮助个体对恐惧场景脱敏，最终目标是使个体的焦虑水平降至零。这一最终目标既是这一技术的优点又是它的缺点，因为当人们在原先感到焦虑的环境中能够放松时，他们会感到一种巨大的成就感和自由感。但是，如果焦虑开始悄悄死灰复燃呢？

为了解决这个问题，唐纳德·梅肯鲍姆（Donald Meichenbaum）开发了压力免疫训练（stress inoculation）。在他 1977 年出版的代表作《认知行为改变术》(*Cognitive Behavior Modification*) 中，他写道，恐惧反应可以被理解为两个主要因素的相互作用：更高的生理唤醒水平（心跳和呼吸频率增加、出汗、肌肉紧张、发冷、喉咙哽咽，等等），以及将当下处境解读为具有危险或威胁并把自己的生理唤醒归因于恐惧的各种思维。实际的压力情境与你的情绪反应几乎没有什么关系，你对危险的评估以及你对身体反应的解读才是造成你焦虑的真正原因。

和沃尔普的系统脱敏疗法一样，梅肯鲍姆的压力免疫训练也包括了压力不断增大的压力场景层级和深度放松练习。此外，这一技术还开发了对于应对性思维的个人评估，可以用来抵消关于危险和身体感觉的消极想法。当个体暴露在某一场景中的焦虑加剧时，他被指导使用应对性思维和放松技术，并努力待在这一场景中，而不是缩短时间。

最近，认知行为主义的实践者和研究人员发现，个体最好是在暴露后使用放松技术和应对性语句，而不是在暴露期间或暴露之前。暴露本身就会增强脱敏反应和习惯效应，并且不会让放松练习和应对性思维成为回避场景的方式。

短时间暴露可以通过运用可视化想象技术，并在现实生活场景中进行来完成。一些基础性的指导原则对于两者都适用。

能否改善症状

在数十项研究中，压力免疫训练和系统脱敏疗法已被证明对各种各样的恐惧症是有效的。然而，其有效性取决于在现实生活场景中的暴露。换句话说，为了成功地完成针对自己的焦虑的一个疗程，你必须真正去做那些你一直回避的事情。

短时间的想象暴露，以及通常继续进行的长时间的想象暴露，对过去创伤记忆的脱敏是有效的。而对于因创伤后应激障碍引发的回避症状，可以先使用短时间的现实生活场景暴露，然后逐渐延长这一接触时间。

短时间暴露并不是治疗广泛性焦虑或惊恐障碍的首选方法。对于广泛性焦虑，第 6 章“控制忧虑”中所介绍的方法更有效；对于惊恐障碍，更推荐第 7 章“应对惊恐障碍”中的技术；而对于治疗与强迫症相关的症状，在下一章“长时间暴露”中会介绍一种更加有效的方法，这种方法是使用长时间的现实生活场景暴露来治疗个体的恐惧，使用长时间的想象暴露来治疗无回避行为的强迫症。

短时间暴露也有助于对抗完美主义。

何时能够见效

学习短时间暴露所需的放松技术需要 2 ～ 4 周的时间。在此期间，你可以构建你的压力场景层级。一旦你开始对这些场景进行系统的可视化想象练习，你可能会在几天之内看到练习效果。然而，一般来说，通过想象场景和现实生活场景暴露，惊恐障碍需要 1 ～ 4 周的时间才能得到有效的治疗。

为了完全从恐惧中恢复过来，你必须将你所练习暴露的想象场景搬到现实中，进行现实生活场景暴露。只有当你学会进入过去自己常常回避的现实生活场景，你才能确信，你已然能够面对自己的恐惧。

说明与指导

学习短时间暴露技术需要掌握 6 个步骤：

1. 学习放松技术。

2. 开发应对性思维。

3. 选择你要克服的一种恐惧。

4. 构建场景层级。

5. 进行短时间的想象暴露。

6. 进行短时间的现实生活场景暴露。

第一步：学习放松技术

如果你还没有掌握第 5 章中所介绍的放松技术，你现在需要先去学习那一章的内容。从学习腹式呼吸法开始，在你能够自如地感受到一种放松感时，就可以继续学习渐进式肌肉放松法，它会让你感受到当你的肌肉释放所有紧张时是什么感觉。

当你已经掌握了渐进式肌肉放松法，并且可以放松你身体的主要肌肉群时，你可以开始尝试练习无压力放松法。这种方法与渐进式肌肉放松法遵循相同的肌肉群放松顺序，但不要求你在放松前收紧肌肉，而是直接放松这些肌肉群。

最后一个放松技术是线索词提示放松法。这一方法将让你通过一系列的深呼吸练习来放松整个身体，并使用一个提示词或短语来触发你放松和平静的感觉。

当你掌握这些放松技术之后，你就可以进入短时间暴露的第二步和第三步了，选择你要克服的一种恐惧来进行工作，并构建场景层级。当你完成了放松练习之后，你就可以对你所构建的压力场景层级来进行想象暴露和系统脱敏了。

第二步：开发应对性思维

在针对每个压力场景进行暴露后，最好用两三个应对性思维来放松自己。这将加强你的放松反应，建立你在现实生活中处理焦虑情绪的信心。以下列出的一些应对性思维可以供你参考。

- **这种感觉让我不舒服也不愉快，但我可以接纳它。**

- 我可能会很焦虑，但仍然会好好应对这种情况。
- 我能应对这些感受。
- 这是一个让我学会应对恐惧的机会。
- 一切都会过去的。
- 我会挺过去的。我没必要让它影响到我。
- 深呼吸，放松。
- 我可以慢慢来，学会放下，放松自己。
- 我以前就成功挺过去了，这次也可以。
- 即使焦虑，我也能做好我该做的事。
- 焦虑不会伤害到我，只是会让我感觉不好。
- 这些是“战斗或逃跑”反应的表现，它们不会伤害到我。
- 只是焦虑而已，我不会让它影响到我的。
- 不会有什么糟糕的事情发生在我身上。
- 一味抗争和抵抗没什么帮助，我就不计较了。
- 这并不危险。
- 那又怎样？

现在，你可以想出两三个有效的应对性思维，在你进行压力场景暴露之后使用。如果某些应对性思维被证明是无用的，就用更有效的应对性思维来代替它。多多尝试总是好的。

第三步：选择你要克服的一种恐惧

几乎每个人都有他非常害怕的东西，许多人有不止一种非常严重的恐惧。如果你只有一种恐惧，并且已经准备好要克服它，那么你可以跳过这一步骤。但如果你有多种恐惧，不知道要先攻克哪一种，或者是否需要应对它们，那么你可以对你的每种恐惧都进行以下这一简单的评估练习。把这一表格多复印几份，这样你就可以分别评估你的每种恐惧。（你也可以扫描目录下方二维码下载这一表格。）

恐惧评估表

恐惧一：____________________

这种恐惧让你感到多么痛苦？

0	1	2	3	4	5	6	7	8	9	10
一点儿也不										极度

这种恐惧的出现频率如何？

0	1	2	3	4	5	6	7	8	9	10
从未发生										非常频繁

这种恐惧在多大程度上对你产生了限制？

0	1	2	3	4	5	6	7	8	9	10
一点儿也不										极度

恐惧二：____________________

这种恐惧让你感到多么痛苦？

0	1	2	3	4	5	6	7	8	9	10
一点儿也不										极度

这种恐惧的出现频率如何？

0	1	2	3	4	5	6	7	8	9	10
从未发生										非常频繁

这种恐惧在多大程度上对你产生了限制？

0	1	2	3	4	5	6	7	8	9	10
一点儿也不										极度

恐惧三：____________________

这种恐惧让你感到多么痛苦？

0	1	2	3	4	5	6	7	8	9	10
一点儿也不										极度

这种恐惧的出现频率如何？

0	1	2	3	4	5	6	7	8	9	10
从未发生										非常频繁

这种恐惧在多大程度上对你产生了限制？

0	1	2	3	4	5	6	7	8	9	10
一点儿也不										极度

现在你已经大致了解了这些恐惧是如何影响你的，接下来你可以把自己对每一种恐惧的三项评分加起来，来看看哪一种恐惧的总分最高，你可能会想要先去应对总分最高的那种恐惧。当然，你也可能会觉得在对每一种恐惧的三项评估因素中，有一项因素比其他的更加重要，因此你想要从在这一因素上得分最高的那一种恐惧开始工作。例如，许多人更关心的是惊恐障碍对他们的生活在多大程度上产生了限制，而不是它

给自己带来了多少痛苦或出现的频率如何。你可以自由选择从哪一种恐惧开始工作。当你做好选择之后，你可以继续进入到第四步。

第四步：构建场景层级

如果你正在努力克服的是一种单一的恐惧，或是一段创伤性记忆，那么你也许不需要特地构建一个场景层级。如果你想只使用一个场景来进行短时间暴露，那么你可以让自己在这一场景中暴露60秒，如果你能在这一场景中坚持这么长的时间，那么恭喜你，你做到了。如果你感到压力很大，不得不提前逃离这一场景，那么你可以尝试放松下来，然后再试两次。要是你仍然不能在这一场景中暴露60秒，可能说明单一场景暴露对你来说压力过大，这时你可以遵循这一步的指导，构建一个场景暴露层级。

一个场景暴露层级一般由6～20个场景组成。要规划好这么多步骤，并使要暴露的场景从最轻微到极度具有威胁性过渡得比较平缓，你可以将以下4个变量考虑得完善一些：

1. **空间邻近性：**指你与感到恐惧的物体或情境之间的物理距离有多近。例如，如果你害怕在有积雪的道路上开车，那么在年度的滑雪旅行中，当你靠近雪山时可能会感到更恐惧。你可以这样来创建场景层级——想象自己开车到达了第一个长坡道，此刻已经处于一定的海拔，能够看到道路边的第一堆积雪，等等。

2. **时间邻近性或持续时间：**指在时间上，再过多久你就会接触到令自己恐惧的物体或情境，或者你会暴露在其中的时间。例如，乘坐地铁的恐惧的场景暴露层级，可能会包含离要坐地铁的时间越来越近时的各种场景，或是乘坐地铁时间越来越长的场景。

3. **威胁程度：**指这一场景对你来说的艰难程度和恐惧程度。例如，对于电梯恐惧症，你可以通过改变上升或下降的楼层数，来控制不同场景让你感受到的威胁程度。

4. 支持程度：指在一个让你感到有威胁的场景中，你与能够为你提供支持的人之间的距离。比如，你害怕在高速公路上开车，能够为你提供支持的人可能坐在副驾驶座上、坐在后排座位上、坐在后排你看不到的位置、开车跟在你的车后并保持一个车身的距离、开车跟在你的车后并保持五个车身的距离，或者在你需要帮助时打电话才能联系得到，这些不同的距离代表了不同的支持程度。

当你为自己恐惧的场景构建场景暴露层级时，你可以将这四个变量全都考虑在内。以下给出了 3 个参考示例，来为你提供参考，其中 SP 表示空间邻近性，TP 表示时间邻近性，T 表示威胁程度，S 表示支持程度。看看这些场景层级是如何构建的，可以帮助你更好地了解如何控制这四个变量来构建不同的场景。

害怕在高速公路上开车的场景层级

变量	层级	场景
TP	1	想象自己在练习的前一天在高速公路上开车
SP	2	把车停在路边，坐在车里，看着一个匝道入口
T	3	坐在别人在高速公路上驾驶的车里
S	4	能够提供支持的人坐在副驾驶座上，我经过了一个高速公路出口后驶出（车辆稀少时）
T	5	能够提供支持的人坐在副驾驶座上，我经过了一个高速公路出口后驶出（交通繁忙时）
S	6	我独自经过了一个高速公路出口后驶出（车辆稀少时）
T	7	我独自经过了一个高速公路出口后驶出（交通繁忙时）
T, S	8	能够提供支持的人坐在副驾驶座上，我经过了两个高速公路出口后驶出（交通繁忙时）
S	9	能够提供支持的人坐在后排座位上，我经过了两个高速公路出口后驶出（交通繁忙时）
S	10	我独自经过了两个高速公路出口后驶出（交通繁忙时）
T, S	11	能够提供支持的人坐在副驾驶座上，我经过了四个高速公路出口后驶出（车辆稀少时）
T, S	12	能够提供支持的人坐在后排座位上，我经过了四个高速公路出口后驶出（交通繁忙时）
S	13	我独自经过了四个高速公路出口后驶出（车辆稀少时）
T	14	我独自经过了四个高速公路出口后驶出（交通繁忙时）

（续）

变量	层级	场景
T, S	15	能够提供支持的人坐在副驾驶座上，我经过了六个高速公路出口后驶出（交通繁忙时）
S	16	我独自经过了六个高速公路出口后驶出（车辆稀少时）
T	17	我独自经过了六个高速公路出口后驶出（交通繁忙时）
T	18	我独自经过了八个高速公路出口后驶出（交通繁忙时）

害怕打针的场景层级

变量	层级	场景
T	1	观看一部电影，有一个场景是一位演员在打针
T	2	跟朋友聊聊注射流感疫苗的事
T	3	用针轻刺手指
T	4	和医生预约注射生理盐水
SP	5	开车去医疗中心
SP	6	停在医疗中心的停车场
T, SP	7	坐在候诊室想象打针的场景
SP	8	走进诊疗室
TP	9	护士拿着打针器具进入诊疗室
TP	10	护士往注射器里填装药物
T	11	闻着棉球上的酒精味
TP	12	看着护士手里稳稳地拿着注射器
T	13	在右臂注射小剂量的生理盐水
T	14	在左臂注射较大剂量的生理盐水
T	15	在手臂上注射流感疫苗
T	16	在手臂上抽血

害怕蜜蜂的场景层级

变量	层级	场景
T	1	看到蜜蜂的图片
TP	2	计划晚些时候在后院练习
SP	3	站在门口眺望后院
SP	4	站在房子外面靠近后门的地方（1 分钟）
TP	5	站在房子外面靠近后门的地方（3 分钟）

（续）

变量	层级	场景
SP	6	站在去往大丽花盛开地方的半路上（那里有很多蜜蜂）（1 分钟）
TP	7	站在去往大丽花盛开地方的半路上（3 分钟）
SP	8	站在能听到蜜蜂的嗡嗡声的地方（1 分钟）
TP	9	站在能听到蜜蜂的嗡嗡声的地方（3 分钟）
SP	10	站在大丽花旁边（蜜蜂四处都是）（1 分钟）
TP	11	站在大丽花旁边（2 分钟）
TP	12	站在大丽花旁边（5 分钟）

规划现实生活场景暴露

尽最大可能，使你所构建的每个暴露场景都是你会在现实生活中实际接触到的场景。以对蛇的恐惧为例，如果你所构建的场景是在树林中穿行时看到一条蛇，来训练自己的应对技能，那么其实这很难在现实生活情境中实现。最好将场景设置在出售蛇的商店，在那里你一点点地靠近蛇所在的玻璃容器，直至碰到蛇，然后用手把它拿起来，诸如此类。

开始构建你的场景层级

要构建你对一种恐惧的场景暴露层级，你首先要想象一个场景，来体验你所害怕的物体或情境，在这一场景中，你只会产生轻微的焦虑。你可以先想象你所害怕的物体或情境在时间和空间上都离你较远，你的身边也有能够提供支持的人，或者你可以先从情境中具有轻微威胁的方面开始工作。

接下来，对于你所害怕的物体或情境，想象你所能想象到的最糟糕的体验。例如，如果你害怕公开演讲，那么你可以想象自己正面对一大群观众并需要进行一个很长的演讲。或者，如果你害怕人多的剧院或教室，而你离出口很远，那么你可以构建一个非常幽闭恐怖的场景——房间里很闷，你必须绕过坐在座位上的很多人，才能到达出口。想想上文提到的四个变量，你可以如何调控它们，来使你所构建的场景与想象中的场景具有同等的威胁性。也就是说，你所构建的场景都得是可以在现实生活中复现的。

一旦你确定了自己恐惧程度最严重和最轻微的场景，就把它们写在一张白纸上。

添加中间的场景

现在再想象6～18个与你的恐惧有关的场景。你可以先进行头脑风暴，尽可能多地想出一些场景，同时调控四个变量，想象不同程度的时间邻近性和空间邻近性，试着逐渐调高威胁程度。如果你计划在之后的现实生活情境中，也会请能够提供支持的人来陪伴自己，那么还要将不同的支持程度构建到你的场景层级中。在你想象这些场景的同时，把你的想法写下来。

将这6～18个场景写在另外一张白纸上，并将它们从最不具有威胁性（数字1）到最具有威胁性（最大的数字）进行排序。这时你就可能想要按照这一排序，将这些场景誊写到另一张白纸上了。

回顾你的场景层级，确保其恐惧程度的上升比较平缓。如果在有些场景之间恐惧程度的增量比其他场景之间的大得多，你就需要在这两个场景中间添加一个适当的场景，来避免恐惧程度的急剧上升。如果某些增量过小，你可以删除一些场景或者调控变量，来引发不同程度的恐惧。持续进行这一工作，直到场景之间的恐惧程度增量差不多相等。

最终确定场景层级

把你最终确定的场景层级按顺序写在以下给出的场景层级表中，你也可以把这一表格多复印几份，这样就能记录其他恐惧的场景层级。现在你可以填写“场景”一栏。如果你需要更多空白区域来记录场景，只需要在另一张空白的场景层级图中继续记录。（你也可以扫描目录下方二维码下载这一表格。）

__________的场景层级

排序	场景	应对性思维

第五步：进行短时间的想象暴露

短时间的想象暴露遵循以下 4 个步骤：

A. 可视化想象一个恐惧场景。

B. 评估自己的焦虑程度。

C. 在想象场景之后放松并使用应对性思维。

D. 重复步骤 B 到 D 直到焦虑减轻，之后想象下一个场景。

A. 可视化想象一个恐惧场景

从你的场景层级中的第一个场景开始。在计时器上设置 60 秒的计时（如果可以，你也可以做更长时间的暴露），然后想象这一场景，让自己在这 60 秒时完全身处其中。试着将这一场景带到现实生活中。观察这一情境，听听发生了什么，感受自己身体上有什么感觉。在这一场景中有什么事物、有哪些人？你看到了什么颜色？光线是明亮的还是昏暗的？你有没有闻到什么味道，温度怎么样，或者感到自己摸到了什么东西吗？你听到了什么声音吗，比如人声、风声或是钟表的嘀嗒声？不要设想自己在这一场景中非常焦虑，而要想象如果你在现场，你应该是舒适而自信的。如果你走神了，请重新集中注意力，把注意力放在细节上。

在想象场景时不要使用你的应对性思维或放松技术，把这些技术留到想象之后。如果你感到非常沮丧，撑不到 60 秒就提前退出了对这一场景的想象，这时你可以进行放松练习，然后再试着进行可视化想象。如果这种情况连续发生 3 次，那么说明这一场景对于目前的你来说感受过于强烈，你需要将它拆分成两三个使你的恐惧程度上升得更加平缓的场景。

B. 评估自己的焦虑程度

当计时器响起时，停止对场景的想象，来为自己的焦虑程度打分，按照 0 到 10 的等级，0 代表不焦虑，10 代表你所经历过的最恐惧的感受。

C. 在想象场景之后放松并使用应对性思维

在对自己的场景层级进行可视化想象之后，你可以进行放松练习并使用应对性思维。如果某一场景只引发了轻微的焦虑，那么你可以使用线索词提示放松法，让自己慢慢平静下来。如果你在一个场景中感到非常焦虑，那么你需要多花一点时间去做渐进式肌肉放松练习或者使用无压力放松法。这些有效的技巧可以帮助你获得更深层次的平静。

D. 重复步骤 B 到 D 直到焦虑减轻，之后想象下一个场景

如果你对自己的焦虑程度评分是 4 或以上，那么你需要重新想象该场景并进行暴露，直到评分下降到 3 或更低，才能继续下一个场景。对每个场景来说，通常需要至少两次的暴露，来达到对其显著脱敏。当然，如果你从一开始就没有那么焦虑，那么对于排在前面的一些场景，你可

能只需要进行一次暴露。

如果有可能的话，每天都要练习。第一次练习的时间最好持续大约20分钟。之后，你可以将每次的练习时间延长至30分钟。对练习时间的主要限制因素是疲劳。

在每一个阶段的练习中，最好能够完成1～3个场景的暴露。在开始一个新的练习阶段时，首先要回顾上次你成功完成的最后一个场景。这能够帮助你在面对引发更强烈焦虑的新场景之前巩固自己的收获。持续进行想象场景暴露，以及之后的放松练习和应对性思维的使用，直到你完成了对场景层级中排名最高场景的想象暴露。

第六步：进行短时间的现实生活场景暴露

在大多数情况下，你可以使用相同的场景层级来对现实生活中的恐惧场景进行暴露练习。在你对场景层级中的前三、四个场景进行可视化想象之后，你可以返回到第一个场景，对其进行现实生活场景暴露。想象暴露练习和现实生活场景暴露练习之间会相互强化。

如果一些场景很难在现实生活中进行练习，那么你可以对它们做一定的修改。以“电梯卡在楼层之间”为例。这显然是你无法按需构建的场景，但你可以把它修改为“站在巴克莱大厦的电梯里，门关上了，之后电梯长时间不动（因为你没有按下按钮）”。这和被困在楼层之间虽然不完全一样，但它能唤起一些相同的感觉。

要确保在现实生活情景中正好暴露60秒可能很难，在某些情况下，你可能想要或者需要设置较长的暴露时间。只要确保在你设定的时间内待在这个环境中，当你的焦虑程度上升时，不要过早离开。

参考示例

詹妮弗是一家大型服装公司的产品经理，她对在会议上需要当着大家的面发言感到极为恐惧，尤其是当她必须做季度产品汇报的时候。最近，她做了一次汇报，焦虑程度大大上升，因为有人批评她对产品线和生产计划的描述草率而混乱。

詹妮弗花了大约 3 周的时间来学习渐进式肌肉放松法、无压力放松法和线索词提示放松法。与此同时，她还建立了下面的场景层级。她选择了 3 种应对性思维：“学会放下，放松自己。”“我可以接纳这种感受，做我力所能及的事情。”“焦虑不会伤害到我，我能够应对它。”

害怕在会议上发言的场景层级

排序	场景
1	两周后要开产品规划会
2	在会议前一周，我在整理我的发言材料
3	在会议前一天晚上，把发言材料带回家，熟悉材料
4	在上午 10 点钟到达了会议地点
5	走进会场，和人们打招呼，把文件堆在我面前的桌子上
6	听其他同事精心准备的产品汇报
7	介绍我的产品线
8	我开始做汇报，发现大家都满怀期待地看向我
9	感觉汇报一直在继续，还要很久才能结束；我看到大家都专注地看着我，却不知道他们在想什么
10	在我汇报结束后，大家沉默了片刻才有一些反应，我不知道大家有什么看法

詹妮弗认真地遵循了短时间暴露的程序。她发现对于前两个场景的暴露很简单，引发了她非常轻微的焦虑，而到了第三个场景，她感受到了中度焦虑，在第四个场景中她出现了较为严重的焦虑，她将第四个场景所引发的自我焦虑程度评分为 8（满分为 10）。之后她进行了渐进式肌肉放松练习。在她第三次对第四个场景进行暴露时，詹妮弗的焦虑程度有所下降，只感受到了轻微的焦虑，评分为 3（满分为 10），之后她继续朝着下一个场景进行暴露练习。

詹妮弗每天进行 20 分钟的场景暴露练习，她依次对场景层级进行暴露，先是可视化想象这些场景，然后进行放松练习，一直到她的场景层级中的第九个场景。在这一场景中，她连续 6 次感到极度焦虑，因此她决定把这一场景拆分成两个场景。一个场景是“感觉汇报一直在继续，还要很久才能结束”，她发现自己能够比较容易地应对这一场景，在 3 次场景想象暴露之后就对它脱敏了。另一个场景是“我看到大家都专注地看着我，却不知道他们在想什么”，这一场景对她来说较为困难，她又经历了两次极度焦虑，但在第三次想象时，她的恐惧程度降低了。又做了四次想象场景暴露之后，詹妮弗对这一场景的焦虑程度大大降低了。

在现实生活中，詹妮弗在她接下来的产品汇报中使用了相同的场景层级。她的实际工作流程与她在想象场景暴露中所使用的场景有一些出入。例如，在会议开始前一分钟，她得知自己的报告时间被提前了，因此她没有很长一段时间坐下来听别的同事汇报，并做好准备。她给自己倒了一杯水来掩盖惊讶和慌张，然后努力恢复状态，开始了汇报。

詹妮弗之前进行的暴露练习产生了明显的效果，她现在能够在只有轻微到中度焦虑的情况下完成产品汇报了。虽然她没有完全消除自己的焦虑，但她确实取得了至关重要的成就：培养了接纳恐惧感的能力，在恐惧中继续迎接工作中的挑战。

特别注意事项

如果你抱着想要应对自己的恐惧的想法读完了这一章，但短时间暴露并不能完全消除你的恐惧，请继续阅读第 14 章“长时间暴露”，但请注意，你只需要练习长时间的现实生活场景暴露，而不要花大量时间在想象场景暴露的练习上。如果你在练习短时间暴露中遇到了困难，很可能是出于以下两种常见的问题：难以进行可视化想象，或者场景层级结构不佳。

难以进行可视化想象

如果你发现你所想象的场景看起来非常平淡、不真实、无法唤起你在现实生活中所感受到的痛苦，那么你可能在清晰地构建想象场景这一方面存在困难。为了激发你的想象力，你可以对自己所有的感官发问，使你所想象的场景更加生动。

- 视觉：在你所想象的场景中，有什么颜色？墙壁、风景、汽车、家具或人们的衣服是什么颜色的？光线是明亮的还是昏暗的？桌子上的电子书、宠物、椅子、地毯上都有哪些细节？墙上挂着什么画？标牌上写着什么？
- 听觉：你所听到的声音有着怎么样的音调？是否有背景噪声，比如飞机、交通、狗叫声或音乐声？树间有风声吗？你能听到自己的声音吗？
- 触觉：想象自己正伸手去触摸和感受物体。它们是粗糙的还是光滑的，硬的还是软的，圆的还是平的？天气怎么样？你觉得热还是冷？你会发痒、出汗或打喷嚏吗？你现在穿了哪件衣服？它让你的皮肤有什么感觉？
- 味觉：你在吃东西或者喝东西吗？它的味道是甜的、酸的、咸的还是苦的？

你也可以去想象场景背后真实存在的场景中收集图像、多多感受，并练习记住这些细节。如果你在努力尝试构建生动的、能够唤起回忆的场景之后发现仍不成功，那就转向直接在现实生活场景中进行暴露吧。

场景层级结构不佳

对于某一场景，如果你多次进行暴露练习之后仍然没有减少自己的焦虑，那么你可能需要改善你的场景层级，来使引发你焦虑的两个场景之间的增量上升得更加平缓。

如果你能可视化想象出清晰的场景，并且只感受到轻微的焦虑甚至没有焦虑，那么你可能需要增加两个场景之间的焦虑增量，或者在场景中添加更丰富的内容，来重建场景层级。

如果你能可视化想象出清晰的场景，但焦虑程度的上升不平缓，那么你的场景层级中的焦虑增量可能不太均匀。这时你可以重建场景层级，再进行暴露练习。

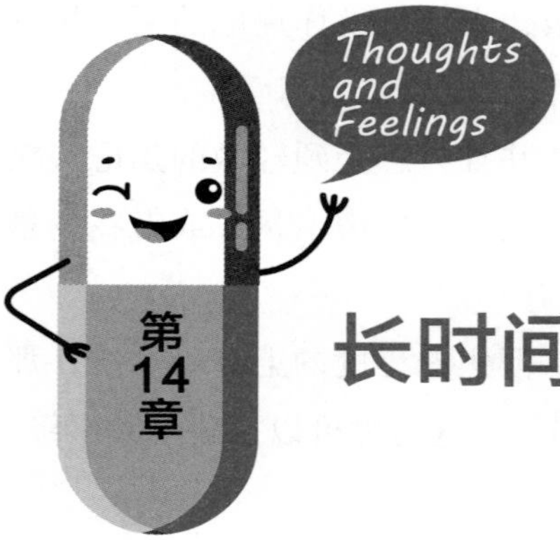

第14章 长时间暴露

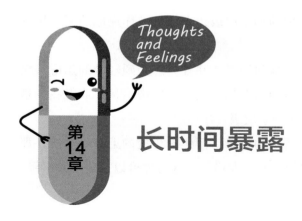

长时间暴露是一种简单的技术，在这一技术中，你有意地想象一个恐惧场景，或者沉浸在一个强迫思维中。让这个场景或思维在你的脑海中保持较长一段时间以及较高的强度，不去回避或者中和它们，直到你最终对它们见怪不怪，它们再难让你心烦。与短时间暴露相比，长时间暴露对个体有更强的脱敏作用和适应作用，但对个体来说，这一练习也更加困难，有时个体很难忍受长时间暴露的过程。

长时间暴露有一段很长的发展历史。1967 年，托马斯·斯坦姆普夫尔（Thomas Stampfl）提出了内爆疗法（implosion therapy）（Stampfl & Levis，1967）。他发现，恐惧症患者在连续 6 ～ 9 个小时集中地口头描述他们的恐惧情境之后，他们的恐惧会消退，或者说“内爆”。然而，大多数治疗师和来访者都认为这种技术太耗时、太累人，直到热夫·旺德拉（Zev

Wanderer）在 20 世纪 80 年代早期开发了生理监测内爆疗法。他利用血压生物反馈，来精确定位来访者的恐惧场景层级中令其最不安的短语和画面。通过强化这些画面，他将首次暴露练习所需的平均时间减少到 2 小时，之后的每次练习可以缩短至 30 分钟（Wanderer，1991）。

尽管如此，这仍然占用了咨询师相当长的工作时间，远远超过了每次 50 分钟的咨询时长。因此旺德拉又结合了另一种技术手段——使用循环磁带。他请来访者将自己所恐惧的画面描述出来，录进一个时长 3 分钟的循环磁带中，同时来访者需要连接一个血压仪。当血压仪显示来访者已经达到一个较为稳定的最高唤醒水平时，旺德拉会停止录音，捕捉那段引起来访者最大反应的画面描述，进行循环播放。之后来访者可以把这一磁带带回家中，进行现实生活场景的暴露练习。旺德拉博士后来发现，许多来访者都能在家中自行监控自己的最高唤醒水平，并通过制作循环磁带来进行暴露练习。

心理学家保罗·萨科夫斯基斯（Paul Salkovskis）和琼·柯克（Joan Kirk）（1989）开发了一种使用 32 秒循环磁带治疗强迫思维的方法。他们指导来访者专注于磁带所播放的内容，而不要在他们听磁带的时候试图回避或消除自己的强迫思维。

长时间暴露也可以在现实生活情境中进行练习，只要你可以找到能让自己待上一段时间的某些地方。对于那些不能通过短时间想象暴露或现实生活场景暴露来解决的惊恐障碍，延长暴露在现实生活情境中的时间是一种可行的选择。

能否改善症状

长时间的想象暴露对于减少不会产生强迫行为的强迫思维非常有效，比如害怕做出或者说出不好的、让人难以接受的事情。它也被用来帮助创伤后应激障碍患者对过去的创伤画面进行脱敏（Foa，Hembree，&

Olaslov Rothbaum，2007）。

在现实生活情境中，对于惊恐或者短时间暴露无法奏效的单纯恐惧症来说，长时间暴露是非常有效的，比如对蛇、高度、狭小空间、高速公路等的恐惧。长时间暴露也被用来帮助人们对与强迫症相关的恐惧脱敏，比如害怕被感染或被伤害，等等。

长时间暴露会使个体的血压持续升高，因此如果你有高血压病史，或者有心脏病或中风的家族史，就不要使用这种方法。如果你有做出自杀行为或者伤害他人的这类恐惧行为的任何可能，长时间暴露对你来说也是要绝对避免使用的（McMullin，1986）。

何时能够见效

长时间暴露练习的强度很高，但相对来说难度不高。对于长时间的想象暴露，你需要花费大约 1 小时的时间来制作录音，之后需要进行 3 ～ 10 次、每次至少持续 1 小时的暴露练习，才能将你的焦虑水平降低到接近 0。如果你阅读第 13 章后构建并记录了一个恐惧场景层级，那么你可以针对其中的场景依次进行长时间暴露练习。

对于长时间的现实生活场景暴露，你可以通过待在令自己感到恐惧的环境中，来对你的场景层级中的每一个场景进行工作，直到你感到痛苦显著减少。对每一个场景进行重复暴露，直到你的焦虑水平接近 0。

说明与指导

如果你读过第 13 章“短时间暴露”，你会发现本章的方法与第 13 章中所介绍的方法有些相似，这两种暴露方法都借助于想象场景，以及之后的现实生活场景。然而，这两种暴露方法还是有一些主要的区别。长时间暴露显然需要更长的暴露时间；而且，它在基于想象场景的暴露过程中要使用到录音材料。重要的是，长时间暴露不需要结合放松技术或应对性思维；事实上，这两种技术在长时间暴露练习中是被禁止使用的。

长时间的想象暴露

长时间的想象暴露包括 5 个步骤：

1. 对强烈的恐惧场景进行描述并录音。
2. 播放恐惧场景录音。
3. 每五分钟评估一次你的不适程度。
4. 当你的不适程度减半时停止暴露。
5. 重复第二步到第四步，直到不适程度接近 0。

在你开始进行这一暴露练习之前，阅读所有的说明并复印第三步中所给出的不适评分表。

第一步：对强烈的恐惧场景进行描述并录音

你可以使用录音机或麦克风，以及电脑或手机上的录音软件，来记录自己的描述。坐在一把舒适的椅子上，手边放好录音设备，以及铅笔和纸，以便你在录音的过程中想要把恐惧场景列出在纸上。

闭上双眼，调整到一个舒服的姿势，记录下自己的基础状态：你有什么样的感觉？你的呼吸速率、呼吸深度如何？你能感觉到自己的心跳吗？你身体的各个部位感到冷还是热？你有疼痛、饥饿、恶心或者其他一些内部感觉吗？关注自己当下的感觉，这样在之后身体状况有所变化时，你就能够更清楚地感觉到。

现在，你可以睁开双眼（也可以继续闭着眼睛），然后问自己以下几个问题：

- 我最希望克服的事情是什么？

- 我在回避哪些事情、接近哪些事情？
- 我想要如何应对那些让我感到恐惧的事情？
- 是什么阻碍了我？
- 在这种情况下，我担心会发生什么事情？
- 是什么想法一直在折磨着我？
- 我一直都难以摆脱的烦恼有哪些？

当你对你想要解决的惊恐障碍或强迫症有了清晰的认识后，你可以打开你的录音设备，开始对其进行描述。如果你一时不知从何说起，那么你可以用铅笔在纸上列出一些让你感到恐惧的场景或者短语，然后大声读出它们。详细描述每一个场景，看看它们到底让你感觉多可怕。

尽可能生动而细致地描述你的恐惧场景，就好像你正身临其境一般，不要像你在面对自己的心理治疗师时那样抽象地描述你的恐高症：

有时候，我身处一个高的地方会感到紧张，我怕我会翻过窗户或栏杆掉下去。

相反，你要把你所害怕的事情描述成就像你正在看的电影里发生的事情一样：

我走到西尔斯大厦的观景台上。我被绊了一下，跌倒在栏杆上；栏杆断了，我掉了下去，在空中翻滚，大声尖叫。

同样地，如果你在记录一系列的强迫思维，不要干巴巴地分析它：

我总是在想我的孩子会生病。

相反，描述对你来说噩梦一般的存在，就像它正在发生一样：

我突然想起来，我一整天都没给莎莉喂奶和换尿布。我冲进她的房间，发现她在婴儿床上抽动，身上满是排泄物和呕吐物。我抱起她抽动的身体，她就这样瘫倒在我的怀里。我知道她已经死了，她死了，这都是我的错。

你的描述中最好不要包含任何关于如何回避它的内容，比如“我转过身去，眼不见心不烦”“我尽量不去想这件事”“我从房间里跑出来”，等等。同样，不要描述任何中和性思维。中和性思维有几种表现形式，比如在强迫症中，它可能表现为强迫性的心理程序，来中和你头脑中的强迫思维，这些心理程序包括数数、重复无意义的音节、念咒语、祈祷，或是不断确认某件事情。

对于惊恐障碍，中和性思维可能表现为不断提醒自己，自己的恐惧是不符合实际的——你知道桥不会真的倒塌。或者常常表现为诸如“不管发生了什么，就顺其自然吧”或“别想了，放下吧”这样的说法。这些想法在认知疗法的其他应用中可能存在应对性价值，但对于长时间暴露来说，你需要沉浸在你所能想到的最糟糕、最疯狂、最无法释怀、最无法缓解的恐惧场景中。不要让自己逃避，不要让自己从恐惧中得到喘息。

你可以充分调动自己的视觉、听觉、嗅觉、味觉、触觉，来感受比如疼痛、触感、温度，等等。利用自己的所有感官来让你的场景描述更加生动。(参见第 16 章“用可视化想象技术改变核心信念”中的“特殊注意事项”，以获得构建生动想象的更多帮助。)

继续对恐惧场景进行描述，添加更多细节，直到你开始感到恐惧。感受你的身体反应。你的呼吸速率应该会加快，呼吸也会变得更浅。你可能会注意到自己开始从胸部中央呼吸，而不是从腹部进行深呼吸。你可能会开始出汗，感到双手发黏，有点反胃。你可能会开始哭或者感觉想哭。你可能会发抖或者感到头痛。

即使你在发抖和哭泣，也不要停止描述。不断地问自己："还有什么比我描述的情况更糟糕的？"用你的身体反应来让自己尽可能地感到害怕和不安。

当你达到生理唤醒的最高水平，你无法感到更多的不安时，停止描述和录音。回放你所录制的内容，选取令你感到最不安的内容，剪辑成 2 ～ 3 分钟的录音。

有些人即使在没有其他人在场的情况下，对着录音设备说话也会感到不自在。如果你也是这样，那么你可能需要多多练习，来得到一个可以使用的录音。你可以写一个脚本，在录音时出声读出它。

第二步：播放恐惧场景录音

舒服地坐在椅子上。手边放好铅笔和不适程度评分表，也可以戴上耳机。设置好你的录音设备，一遍遍地循环播放让你感到恐惧的场景。如果你的录音设备没有循环播放功能，那么你可以手动重复播放。按下播放键，把音量调大，让它充满你的意识，确确实实地影响到你。

认真听录音，至少持续一个小时，尽你所能忍受录音内容。如果你在这一过程中产生了强迫思维，那么尽量避免产生中和性思维和一些心理程序，比如数数、重复无意义的音节、念咒语、祈祷，或是不断确认某件事情，等等。如果你正在设法应对恐惧画面，不要用积极描述来反驳它们，比如"这是不可能发生的""很快就会结束的""其实没有这么糟糕"，诸如此类。

第三步：每五分钟评估一次你的不适程度

在不适程度评分表上，按 0 到 10 的等级评价你的不适程度，0 代表没有感到不适，10 代表你所感受过的最糟糕的不适感觉。（你也可以扫描目录下方二维码下载这一表格。）每五分钟在对应的不适程度旁边打个钩或标记 ×。

长时间暴露会让人很不舒服，你可能会频繁地看手表或者时钟，不断确定下一个五分钟什么时候到来。如果你记不住时间，你可以设定好计时器，让它每五分钟提醒你一次。

你可能会注意到，在一开始的 10 ～ 20 分钟里，你的不适评分不断上升。不要为此感到沮丧或忧虑，这是很正常的。

不适程度评分表

10																		
9																		
8																		
7																		
6																		
5																		
4																		
3																		
2																		
1																		
0																		
时间（分）	5	10	15	20	25	30	35	40	45	50	55	60	65	70	75	80	85	90

第四步：当你的不适程度减半时停止暴露

持续听录音一个小时，直到你的不适程度下降到你在这一过程中所达到的峰值的一半。不要过早地放弃，逃避会起到奖励的作用，强化你的恐惧或强迫，甚至会让你下次的反应更加强烈。

第五步：重复第二步到第四步，直到不适程度接近 0

给自己几个小时或一天的时间来恢复，然后按照第二步、第三步和第四步的说明再听一遍录音。在下一次听录音时，你可能会发现，你在开始时的不适程度会比前一次练习结束时的更强烈一些，但远远达不到前一次练习中不适的最高峰值水平。这是正常的不适感受“反弹”现象。

计划好每天进行暴露练习的时间，并坚持对同一段录音进行工作，直到练习开始时你的不适程度处于一个较低的水平，并迅速下降到接近0。对于每一种惊恐障碍或强迫症，都可能需要3～10次的练习才能达到这种程度。

当你在对恐惧场景层级进行工作时，一旦你对某一场景的不适程度接近0，你就可以转向下一个场景了。将你对这个新场景中令你感到最不安的描述进行录音，并以同样的方式进行练习。以下是我们提供的一些参考示例，来帮助你了解整个过程的工作方式。

参考示例

罗伯特对狗的恐惧

罗伯特是一名邮递员，由于几次遭受大狗的攻击而患上了对狗的恐惧症，他最近一次是在客户家的前廊被一只大型杜宾犬攻击。狗走上楼梯，堵住了罗伯特的去处，咬了他好几下。他被狗困住了10多分钟，主人才把他的狗叫走。他不顾律师的劝告，辞去了邮递员的工作，决定去治疗自己的这种惊恐障碍。

他买了一台小型的数字录音机，尝试描述并记录下他最害怕的场景的细节。但他的大脑总是一片空白，他无法把自己的恐惧场景描绘得非常恐怖或生动。

为了改进这一点，罗伯特列出了狗让他感到最恐惧的一些回忆。然后他闭上眼睛，在头脑中一个一个地想象这些场景，留意哪一个场景触发了自己最强烈的恐惧反应。他发现让自己感到最恐惧的场景是被两只德国牧羊犬攻击并拖倒在地。

他决定对这一场景进行工作。他打开录音机，详细地描述当时的场景，直到他感到自己产生了一种强烈的焦虑反应。罗伯特小心翼翼地避免自己出现任何有关回避、从恐惧中解脱的念头，以及应对性思维或中和性思维。例如，在他描述场景时，有一次他试图描述自己从狗群中逃了出来，但他后来意识到这样是有问题的，于是把这一段场景描述删掉了。在他剪辑完成的最后一个版本中，每一个场景都有着相似的被攻击的恐惧经历。以下是罗伯特录制的场景描述的最后一段脚本：

那两只德国牧羊犬朝我扑过来，它们嘴里喷着白沫，牙齿被我的血染红了。

其中一只咬住了我的手臂，它的牙齿咬进我的肉里。我想甩开它，但它紧紧咬住了我的胳膊，咬得更深了，我能感觉到它的牙齿要碰到我的骨头了。突然我感到腿上一阵灼痛。另一只狗咬住了我的小腿，想把我拉下去。我感受到狗呼出的热气和它尖牙的锋利。我听到了它们凶猛的咆哮声。狗扑过来，咆哮着，挡住了我的去路。它们想要杀了我，撕开我的喉咙。它们想要把我拖到地上，扯开我的脖子。我的衣服变红了，因为我的伤口在不停流血。它们想在这儿迅速解决掉我，咬破我的喉咙，扯断我的脖子。灼热的疼痛感折磨着我；我跌跌撞撞，马上就要倒下了，我知道自己已经死定了。

罗伯特的这一录音描述非常生动，而且能很好地从结尾连接开头进行循环，没有那种尴尬的过渡，因此他不得不想象自己躺在地上，喉咙被狗咬得嘎吱作响，之后又突然站了起来。罗伯特聪明地将喉咙被咬住这一场景用来代表自己对结果的恐惧。

录音完成后，罗伯特戴着耳机坐在一张舒服的椅子上。他闭上眼睛，听了一个小时的恐惧场景描述，努力让自己的注意力集中在场景上。每当他的思绪开始远离场景时，他就强迫自己重新集中注意力。如果他产生了中和性思维，例如，把狗赶走或者希望一个过路人能帮助他，他就马上抹去这一思维。

罗伯特每五分钟就在不适程度评分表上标出自己的焦虑程度。以下是他第一次进行暴露练习时的评分表。我们能够看到，他那时必须坚持一个小时以上才能将焦虑降低到最高峰值的一半。

罗伯特第一次暴露练习的不适程度评分表

10																		
9			×	×														
8		×			×	×			×									
7							×											
6	×							×		×	×							
5												×	×					
4														×	×			
3																		
2																		
1																		
0																		
时间（分）	5	10	15	20	25	30	35	40	45	50	55	60	65	70	75	80	85	90

在接下来三天的三次暴露练习中，罗伯特的不适程度逐渐减轻。以下是罗伯特第五次也是最后一次进行暴露练习的不适程度评分表。我们可以看到，这次罗伯特只在暴露一开始产生了短暂的焦虑，而在余下的时间里都没有感到不适。

罗伯特第五次暴露练习的不适程度评分表

10																		
9																		
8																		
7																		
6																		
5																		
4																		
3																		
2		×																
1	×		×	×														
0					×	×	×	×	×	×	×	×						
时间（分）	5	10	15	20	25	30	35	40	45	50	55	60	65	70	75	80	85	90

罗伯特对狗的恐惧逐渐减少，他现在甚至可以在狗狗公园附近散步，或者拜访那些养着大狗的朋友。他觉得如果有必要，他甚至可以重走之前被狗攻击过的那条路。幸运的是，他的诉讼为他赢得了一大笔赔偿金，他可以重回学校读书，之后从事一份不同的工作。

林梅被抢劫的创伤记忆

现年 32 岁的大提琴家林梅三年前在排练结束回家的路上遭到持枪抢劫。她通过长时间的想象暴露练习让自己对被侵犯的记忆进行脱敏。为了录音，她已经将工作室里的电脑做好了设置，方便她录制自己对恐惧场景的描述。她查阅了警方有关她被抢劫的报告，来帮助自己回忆起更多细节，经过几次修改之后，她得出了这样的描述脚本：

我走进停车场，发现光线比平时暗许多。我脚下踩到了玻璃，嘎吱作响，我意识到有人打破了安全灯。我感到自己的肾上腺素一阵飙升，就像有人一拳打在我的胸口一样。我快步朝我的车走去。虽然只有三个车位的距离，但我感觉像是走了一英里远。这时，一个穿着黑色运动衫的高个子男人突然出现在我面前，拿着一个类似于金属的东西挡在我面前，是一把枪！他像野兽一样冲着我大喊。我抱着我的大提琴盒，想要挡住他。他挤到我身上，我能闻到大麻和汗水的气味。他抓住我的背包，拽得我失去了平衡。为了不摔倒并压到大提琴上，我扭了一下身子。我的背包带挂在我的胳膊上，和大提琴纠缠到了一起。我摔倒在地，撞到了右膝盖和右手肘。他拽着我的背包带，一直到它松脱，我能感觉到沥青和碎玻璃磨进我肩膀的肉里。整个过程中，他都像野兽一样咆哮，没有说话。他最后抢走了我的背包。我大汗淋漓，浑身发抖，感觉就要吐了。我的心像锤子一样在我的胸膛里狂跳，我咬着嘴唇，尝到了嘴里的血腥味。

林梅的描述非常生动，全面运用了自己的视觉、听觉、嗅觉、味觉和触觉。她删除了一段关于“抢劫犯没有带走她的大提琴让她松了一口气”的描述，因为这一描述似乎会减轻她对这一场景的恐惧程度。

她把电脑设置成录音循环播放模式，并把手机上的闹铃设置成每五分钟响一次。在第一次听这一录音进行暴露练习的时候，林梅的确很害怕，在这一个小时中一半以上时间里，她的惊恐程度评分都高达9分（满分10分）。她每天早上都抽出一个小时来听这一录音，并跟自己说好在练习大提琴之前先来听录音。到第八天早上，她的焦虑水平已经不会高于3了，并且会在短短20分钟内，焦虑水平就下降50%以上，这时她发现自己对录音中的情境已经没什么感觉了。

长时间的现实生活场景暴露

要应对持续性的惊恐障碍，以及创伤后应激障碍和强迫症的回避症状，你可以在现实生活情境中练习长时间的暴露。让自己确确实实处于有攻击性的大狗的情境中，或者处于真正的飞机事故的情境中，这是不现实的，也是不安全的，因此你需要用创造力来想象自己的恐惧场景。你可以构建一个现实生活场景层级，对令你感到轻微恐惧到非常恐惧的场景做好排序。（参见第13章“短时间暴露”，来了解如何构建有效的场景层级。）然后让自己在现实生活中对每一种场景进行暴露练习，从令你感到最轻微恐惧的场景开始，持续一段时间，直到你的焦虑水平在1小时之内下降到最高峰值水平的50%。每天进行这一暴露练习，直到你的焦虑水平接近0。

在练习长时间的现实生活场景暴露时，遵循与长时间的想象暴露相同的原则：

- 关注那些让你害怕的细节。
- 不要通过分散注意力或自我隔离来进行逃避。
- 不要使用放松练习或使自我平静的心理程序。

- 按照从 0 到 10 的等级持续给你的焦虑程度评分，10 代表最不适的感受。你可以使用本章前面给出的不适程度评分表。
- 待在这一情境中，直到你感到自己对恐惧场景显著脱敏了，即你的焦虑水平在一次练习中下降到最高峰值的一半或接近一半。

由于长时间的现实生活场景暴露的细节因不同个体、恐惧症或强迫症的不同而千差万别，本书很难提供一个更精准的程序来说明练习如何进行。因此，我们提供了以下两个参考示例，来帮助你了解长时间的现实生活场景暴露是如何工作的。

查维的污染恐惧症

查维是一名患有强迫症的 26 岁女性，她对细菌和污染非常恐惧。她对相关问题的回避行为非常极端，甚至已经威胁到她在一家光学设备公司的工作，以及她和伴侣的亲密关系。她决定使用长时间的现实生活场景暴露，来应对对细菌的恐惧，并开始构建一个现实生活中的污染体验场景层级。

害怕污染的场景层级

层级	场景
1	用所有的五根手指紧紧抓住正对着的壁橱的门把手
2	把手张开，摸客厅的地板
3	坐在客厅的地板上，双腿完全接触地板
4	用手完全接触公司楼梯的扶手
5	把手张开，摸离马桶很远的浴室地板
6	坐在浴室的地板上，双腿完全接触地板
7	把手张开，摸家里的马桶座
8	用手摸过马桶座后，摸一下钱包，来“污染”它，然后不做任何处理
9	不用纸坐垫，坐在公共厕所的马桶座上

查维必须为自己制定严格的规则，来防止那些微妙的回避行为的产生。除了那些把手张开完全接触物体和表面的特别规定之外，她还告诉

自己在每次暴露练习结束之后不要立即洗手，而是等到吃下一顿饭之前才洗手。她也不再让洗澡成为她每天早上要做的第一件事。

查维花了两周的时间完成了她的场景层级中的前四个场景，并取得了成功，尽管她经常觉得自己浑身都是细菌。之后她还是很害怕用手摸浴室的地板，因此将长时间的现实生活场景暴露练习停止了一个月的时间。她不得不从场景层级中的第一个场景开始重新进行练习，但这次她成功地在大约六周内完成了所有场景的暴露练习。多年来，查维第一次可以像正常人一样外出旅行和外出就餐，不再总是感到焦虑不安，也不必对人隐藏自己的那些清洁习惯了。

卡拉的创伤后应激障碍回避

多年前，41 岁的教师卡拉参加了一次集会，但经历了驱散。在混乱中，卡拉摔破了脚踝。然而，即使是在她的脚踝痊愈之后，任何能让她想起那次事件的东西仍然都会让她感到痛苦。她后来对人群和噪声都感到很害怕，因而搬到了一个宁静而安全的小镇，但她仍然被自己的记忆所困扰，发现自己甚至会回避一些非常安全的地方。她进行了长时间的想象暴露练习，来减少对那次集会现场的恐惧，但她在现实生活情境中仍然每天都会感到非常紧张，因此她决定尝试进行长时间的现实生活场景暴露练习。她开始构建自己能够参与的场景的层级。

创伤后应激障碍的场景层级

层级	场景
1	星期六下午在市中心散步一个小时
2	看一部包含混乱场面的纪录片
3	坐在让我想起混乱经历的嘈杂的洗车室里
4	周日早上在人山人海的中心广场坐一个小时
5	和杰科在声音嘈杂的路边餐厅吃午餐
6	一个人在声音嘈杂的路边餐厅吃午餐
7	在人潮拥挤的高峰时间搭乘地铁
8	在人潮拥挤的舞蹈俱乐部待上一个小时
9	去观看新年的烟花表演

在一个周六下午，卡拉开始在人山人海的市中心散步。一开始，周围的噪声和行人都让她感到非常不安，但她继续走着，看着，听着。在 1 小时的暴露练习中，她的焦虑水平先是达到最高峰值 8（满分为 10），之后在最后 15 分钟下降到 2 或 3。她继续对场景层级中的下一个场景进行工作，有时不得不对一个场景重复暴露 2 ～ 3 次，直到恐惧程度下降到接近 0。她花了 4 个月的时间才工作到最后一个场景，但那时已经错过新年的烟花表演了，因此她去了当地的一个主题公园，那里每周末都有烟花表演。在青年之夜，当主题公园里挤满了吵闹的年轻人时，她和杰科一起去了那个主题公园，她惊喜地发现自己非常享受那个夜晚。

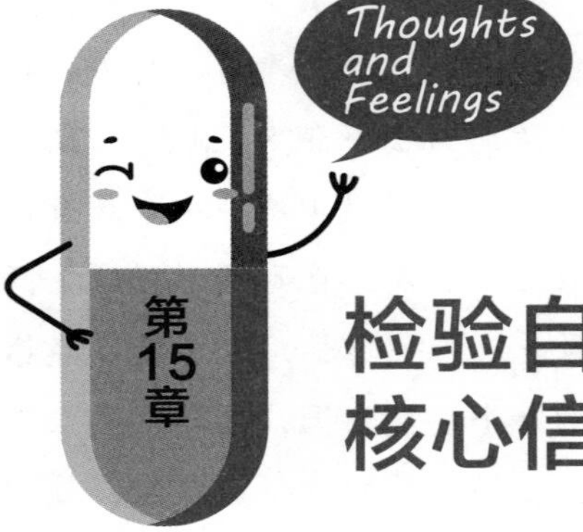

第15章 检验自己的核心信念

个体的核心信念是其对自己在这个世界上的身份的最基本假设。个体的核心信念可能会将其描绘成美丽的或丑陋的、值得尊敬的或不值得尊敬的、可爱的或不可爱的。这些核心信念主要是在个体的童年时期形成的，对其成年后的大多数行为都会产生影响。它们决定了个体认为自己安全、能干、强大、自主和被爱的程度；它们也建立起了个体的归属感，以及别人对待他的基本态度。

根据这些核心信念，个体可以制定规则来管控自己的行为。如果信念是积极的，那么指导其生活的规则将是实际而灵活的，反之亦然——消极的信念会催生消极的规则，这些规则往往让个体非常受限，常是受到个体恐惧的驱使而制定出来的。

例如，巴德是一个艺术家，当他还是个孩子时，他的父母说他很笨，他曾经对此深信不疑，因此逐渐构建了一个消极的核心信念“我很笨”，这进而让他制定了以下这些消极的规则：

- 不要申请助学金，谁会把我当回事儿？
- 我学不好数学的，我天生没这个脑子。
- 不要与人争论，别人会发现我很笨。
- 不要说太多话，别人会发现我是多么无知。

核心信念和据此而制定的规则对于个体人格的形成有着根本性的影响，却很少有人觉察到自己的核心信念和规则。我们生活中的方方面面都被这些信念和规则所支配，它们对我们的自动化思维有巨大的影响。在巴德所有的人际交往互动中，他的自动化思维都会一直提醒他很笨，这导致他总是会预期一些负面的评价和他人的拒绝：“天哪，你做的事情真蠢”“你说的话真傻”“他们怀疑你到底识不识字”“白痴”“快别说了，别再出丑了”，诸如此类。

总而言之，核心信念是个体个性形成的基础。它们影响了个体生活规则的制定，在很大程度上决定了个体能做什么，不能做什么，以及构建了个体如何解读自己的生活事件的自动化思维。然而，消极的核心信念是可以被改变的。本章将基于心理学家阿伦·贝克和阿瑟·弗里曼（Arthur Freeman）（1990）、唐纳德·梅肯鲍姆（1988）、杰弗里·杨（Jeffrey Young）（1990）、马修·麦凯和帕特里克·范宁（1991）所开发的方法，来教你识别、检验和修改你的核心信念。

能否改善症状

本章所给出的技巧可以帮助你识别自己的核心信念，检验它们的真实性，并开始改变那些对你不利的信念。这一过程可以缓解你的忧虑、抑郁、完美主义、拖延、社交恐惧、自卑、羞愧和内疚等。

童年时遭受过虐待的个体、处于危机之中的个体或对药物上瘾的个体，都需要在心理健康专业人士的指导下，来对自己的核心信念进行工作。

何时能够见效

一般来说，你需要 8 ～ 12 周的时间来识别自己的核心信念，检验其中一个核心信念的有效性，然后改变它，以及改变与它相关的规则。

识别、检验和改变自己的核心信念包含 7 个步骤：

1. 识别自己的核心信念。
2. 检验核心信念的负面影响。
3. 根据核心信念制定规则。
4. 做出灾难化预测。
5. 选择要检验的规则。
6. 检验自己的规则。
7. 重新构建核心信念和相关规则。

第一步：识别自己的核心信念

你可能已经觉察到自己的一两个核心信念，但大多数的核心信念都可能没有被你的意识捕捉到。为了识别那些你可能没有觉察到的核心信念，你可以使用第 2 章所给出的思维日志来记录下自己的自动化思维。在接下来一周的时间里，每当你体验到消极情绪时，就记录下你当下的想法。在你感到焦虑、悲伤、受伤、内疚等情绪时，把这些体验记录在你的思维日志中，并把与这些情绪相关的自动化思维一同记录下来。如果你每天不能记录下具有即时性的思维日志，那么一定要在当天入睡之前做好记录。以下给出了珍妮特的示例，珍妮特今年 31 岁，是一家五金店的收银员，也是一位单亲妈妈。她总是觉得，对于她的儿子布拉德来说，自己是一个不称职的母亲，为此她很困扰，她也很难在男友乔治面前自信起来。

珍妮特的思维日志

情境 发生在什么时候？ 发生在哪里？ 和谁在一起？ 发生了什么事？	感受 用一个词来总结 按 0 ～ 100 的等级来打分	自动化思维 在有不愉快的感受前你在想什么？ 在有不愉快的感受时你在想什么？
我得开始处理这个税务问题了	焦虑 40	我搞不明白这个问题。我凭什么认为自己能处理这个问题
电动螺丝刀在我需要的时候找不到了	愤怒 50	每次我要修理东西的时候都找不到工具。我的生活需要更有秩序一些
我在做饭的时候找不到锅架了	焦虑 20	我的房子简直就像个老鼠窝。整理房子其实用不了多长时间，可我就是一直在拖延
我检查最近的收支状况，发现自己没有足够的钱来支付账单了	焦虑 85	我需要控制一下外出就餐的支出了，否则我的钱都会花光的。我对自己开销的控制能力太弱了
我告诉布拉德，要是他不帮忙做家务的话，我就不带他去看电影了，但最后我还是带他去了	愤怒 35	我不是一个称职的母亲。要是我妈妈看到我这样，她肯定会很生气，说我太心软了

如果你难以捕捉自己的自动化思维，那么你可以尝试使用可视化想象的方法，来让自己回忆起当时场景的细节。放松你全身的肌肉，想象你想要回忆起的场景。身临其境般地去感受这一场景，感受自己悲伤、焦虑、愤怒或其他的复杂情绪。在精神上调动你的其他感官去闻、听、尝和感受这一场景。然后仔细倾听自己的自动化思维，把它们记录在思维日志中。在你记录了一周思维日志后，你可以使用以下所给出的两种技术——梯式递进和主题分析，来揭示与消极情绪相关的核心信念。

梯式递进

梯式递进的工作原理是，通过逐级深入工作，对你所记录的思维日志中自动化思维的含义一步步地深入挖掘，来找到支撑它们的核心信念，进而识别你的核心信念。从你的思维日志中选出一些自动化思维，写出："要是（自动化思维）会怎样？这意味着什么？"用你的信念来回答这些问题，而不要去描述你的感受。感受不会让你挖掘出自己的核心信念，而自我陈述可以为你提供许多信息。

以下是珍妮特的示例，她在思维日志中挑出了"我对自己开销的控制能力太弱了"这一自动化思维，写出了以下语句：

要是我对自己的开销没有控制能力会怎样？这意味着什么？
这意味着我会身无分文。
要是我身无分文了会怎样？这意味着什么？
这意味着我的生活将会分崩离析。
要是我的生活分崩离析了会怎样？这意味着什么？
这意味着我无法掌控自己的生活。
要是我无法掌控自己的生活会怎样？这意味着什么？
这意味着我很无助。

到这里，珍妮特挖掘出了自己的一个消极的核心信念："我很无助。"接下来，她就可以开始对这一信念进行工作，先来检验一下它的真实性。

现在，你可以从你的思维日志中选出一个自动化思维，使用梯式递进技术在另一张纸上写下自我陈述，以此揭示你在这一自动化思维背后的核心信念。

主题分析

主题分析是挖掘核心信念的另一种方法。回顾一下你在思维日志中列出的那些问题情境，寻找贯穿这些情境的主题或共同线索。为了帮助你了解这种方法的工作原理，我们来看看艺术家巴德所记录的问题情境：

- 申请助学金
- 安排一次画展，展出我的作品
- 被邀请在家长教师协会（Parent-Teacher Association，PTA）会议上发言
- 朋友向我寻求建议
- 在高速公路上开车

当巴德回顾这些问题情境时，他意识到，除了在高速公路上开车这一项外，其他的情境都反映了他对将自己暴露在他人评价之中的焦虑。他识别出了自己的一个基础信念，那就是，他觉得自己无法满足他人的期待，他觉得自己不值得被尊重。

你也可以在自己的自动化思维而不是问题情境中寻找主题。当珍妮特阅览她所记录的思维日志时，她发现，自己一直在用诸如“我的生活需要更有秩序一些”“我的房子简直就像个老鼠窝”“可我就是一直在拖延”这一类的话来批评自己。这一过程帮助她认识到，她的核心信念之一就是她很懒。

现在，分析你的思维日志，识别你的核心信念。寻找贯穿问题情境或者你的自动化思维的主题，然后把它们写下来。

第二步：检验核心信念的负面影响

在你识别出两个或两个以上的核心信念之后，根据它们对你的工作、情绪、人际关系、健康和享受生活的能力的负面影响进行排序。从给你带来最大负面影响的信念开始工作，除非你有令人信服的理由不去这么做。

第三步：根据核心信念制定规则

现在你已经识别出了一个对你的生活有强烈负面影响的核心信念，是时候检验它的真实性了。核心信念非常主观，因此你无法直接检验它

们，但是你可以检验源自核心信念的规则。

这些规则为你在生活中的行为方式做出了规划，旨在帮助你避免痛苦和灾难。例如，如果你有一个核心信念是自己不值得被尊重，那么典型的规则可能是“从不要求别人做任何事”“从不拒绝别人”“从来都不对任何人生气”“总是提供支持、不断奉献”“从不犯错误”“永远不要给别人带来不便”，诸如此类。下面的练习将帮助你发现源自你的这一核心信念的规则。

在一张纸的顶部写下你想探索和质疑的核心信念，然后仔细阅读以下给出的基本规则清单（改编自麦凯和范宁在1991年开发的清单）。对每一条核心信念都问这个问题：“如果这真是我的核心信念，那么在对应的情境下我应该做什么，不应该做什么？”要诚实地回答这一问题，问问自己：“我会做些什么来应对我的核心信念？我该如何保护自己？我应该避免做什么事情？我认为自己该如何表现呢？我的底线在哪里？”当你发现你的生活规则时，把它们记录下来。

基本规则清单

- 应对他人的……
  愤怒
  需要、渴望、要求
  失望、悲伤
  情感收回
  表扬、支持
  批评
- 改正错误
- 应对压力、问题、丧失
- 承担风险、尝试新事物、迎接挑战
- 与人交谈
- 表达你的……
  需要
  感受
  意见
  痛苦
  希望、愿望、梦想
  底线、拒绝
- 寻求支持或帮助
- 正在……
  独自一人
  和陌生人在一起
  和朋友在一起
  和家人在一起
- 信任他人
- 交朋友
  和谁交朋友
  如何交朋友
- 寻觅伴侣
  和谁成为伴侣
  如何行动
- 处于一段持续性的亲密关系中
- 表达自己的性欲
- 工作
- 与孩子打交道
- 应对疾病、保持健康
- 参加娱乐活动
- 旅行
- 保持卫生

珍妮特使用这一基本规则清单来识别核心信念“我很无助”，她发现了自己的这些规则：

- 小心翼翼地让乔治保持好心情。
- 不要买房子。
- 不要在聚会上主动和别人聊天。
- 不要相信自己对刷信用卡有控制力。
- 不要独自做决定。
- 不要重返学校之后投身新的职业。
- 不要试图解决问题。

第四步：做出灾难化预测

接下来，想一想违反每条规则会有什么后果。你可能会发现，自己的每条规则都是基于一个灾难化的假设，即如果你没能满足它的要求，事情将会如何发展。你制定这些规则是为了应对真正的情感威胁或身体威胁，然而，这些规则可能不再是你必需的，不遵守它们的后果可能不再是灾难性的、不愉快的。

针对你列出的每一条规则，写出你认为如果你无视它会发生的后果。你不仅可以写出自己的感受，还可以写出你能够观察和检验的客观结果。例如，珍妮特写出了违背“小心翼翼地让乔治保持好心情”这一规则的后果：

- 他会不理我。
- 他会拿布拉德出气。
- 我会很难过，他会让我伤心。

以下是珍妮特违背“不要试图解决问题”这条规则所预见的后果：

- 我想不出任何解决方案，我会感到沮丧。

- 我的解决方案会很愚蠢，无法发挥作用。
- 乔治会取笑我的解决方案的。

第五步：选择要检验的规则

现在你已经挖掘出了与自己的核心信念相关的一些规则，接下来你可以开始检验它们了。首先你要选出想要检验的规则。以下是做出好的选择的5条指导原则：

- 选择那些容易设置检验情境的规则。比如，珍妮特无法检验“不要买房子”这一规则，因为她很难满足其在时间、精力和金钱上的要求。然而，她可以很容易地检验“在男友面前自信起来”的效果。因此，要选择的规则最好处于非常具体的情境中。例如，巴德无法直接检验“不要与人争论”这一规则，对他来说更好的一个选择是“不要和水管工争论修热水器花了多少钱”。
- 选择那些能够让你直接检验潜在核心信念的规则。比如，如果珍妮特检验“不要在聚会上主动和别人聊天”这一规则，那么她很难挖掘出自己“我很无助”这一核心信念并进行检验。然而，如果她检验了“不要重返学校之后投身新的职业”或者“不要独自做决定”这些规则，就肯定能够识别到“我很无助”这一核心信念，以此展开工作。
- 你所选出的规则应该能够明确预测你或他人的行为反应，而不仅仅是描述个体的主观感受。在巴德的例子中，这意味着，要预测自己在水管工对账单提出异议时将如何做出回应。
- 结果应该尽量有即时性。如果珍妮特决定用买一套房子来检验自己的核心信念，那么等她找好房子、买下并搬进新家时，她早已失去了当初的动力。
- 选择一个引发恐惧程度相对较低的规则，或者一个可以进行从轻微恐惧到非常恐惧的逐级检验的规则。珍妮特可以通过参加一个短期的社区大学课程，来检验“不要重返学校之后投身新的职业”这一规则。顺利的话，她可以提高难度，试着参加美国州立大学的课程。

第六步：检验自己的规则

在选出了要检验的规则之后，你需要找到可以在其中进行检验的现实生活情境。以下 6 个步骤将帮助你厘清，如果你违背自己的规则，你所担心的哪些后果真的会发生，然后与实际发生的后果进行比较。

A. 选择风险相对较低的情境进行初始检验。珍妮特决定在她当地的社区大学参加木工课程，因为这样做不需要投入自己大量的时间和金钱。

B. 记录后果预测日志。根据自己的核心信念，记录下自己关于灾难化后果的具体预测，包括人们的行为反应等。以巴德为例，他预测水管工会嘲笑他，并拒绝为他做更多的工作。你也可以在你的后果预测日志中记录下自己的感受，但只能作为可观测后果的辅助性内容。

C. 和自己做好约定，要打破一些规则。在特定的时间、地点和情境中检验自己的规则。如果可能的话，请一位朋友来支持你，向他讲述你的计划，并将你的检验结果定期汇报给这位朋友。

D. 为你的新行为创建脚本。想象一下你要做什么。你可以和朋友通过角色扮演进行检验，或者为你的检验过程制作一段录音。为了避免发生一些不必要的后果，请检查一下自己的讲话语气和肢体语言是否冷漠、害怕或消极。

E. 检验你的新行为并收集反馈。在你的后果预测日志中，写下你的检验结果。写下在你的预测中，具体哪些部分发生了，哪些没有发生。如果你不确定人们对你的检验会做何反应，你可以直接问问他们。以下是一些问题示例：

- “你对我刚才所说的有什么看法？”
- “当我说__________的时候，我觉得你可能感到__________。是这样吗？”
- “你同意我__________吗？”

在你的后果预测日志中写下这些问题的答案，以及你所收集的其他反馈。在检验过程中，在场的其他人有什么反应？他们说了什么？发生了什么事？

F. 选择更多情境来检验你的规则，重复步骤 B 到步骤 E。选择那些能够渐进式增加风险的情境。当你在打破自己规则的检验中获得更多积极的结果时，你的核心信念就会发生改变。

巴德多次检验了他的“不要与人争论”这一规则。他在后果预测日志中列出了他的预期，紧接着写出了实际发生的情况：人们的反应和他自己的反应。他发现，在 80% 的情况下，人们会带着尊重的态度来倾听他的观点，在 60% 的情况下，人们会因为他的观点而改变自己的行为。令他惊讶的是，只有在 20% 的情况下，人们对他的观点感到不满或者不予理睬。他注意到，尽管当他与一些人争论时，有些人会当面反驳他，但多次的检验帮助他在应对这些反驳时有了更高的心理弹性。

随着时间的推移，巴德的检验情境愈加自然。他开始积极地面对自己以前常常尽力回避的情况。你应该也有过类似的经历。随着时间的推移和检验的成功，你会开始不停寻找打破规则的机会。偶尔会遇到些挫折，这几乎是不可避免的，但你在后果预测日志中所记录的内容会让你客观地看待这些挫折。

第七步：重新构建核心信念和相关规则

在你充分地检验了你的规则并在后果预测日志中记录了相关内容之后，你可以开始重新构建自己的核心信念。你可以概括日志中的内容，也可以加入一些有助于产生新的核心信念的支持性的特定事实。例如，珍妮特重新构建了关于自己是个贫穷的母亲的核心信念："我是一位心灵手巧的母亲。作为一位母亲，我是充满爱心和自律的，尤其是当我工作不累的时候。"而巴德对他新的核心信念这样描述："我足够聪明，可以很好地与人交流。当我坚持自己的观点时，大多数人都很尊重我。"

接下来，用你重新构建的核心信念来制定新的规则。使用"我"和现在时时态，让你的新规则成为对自己的一种肯定，而不是命令或限制。如果可能的话，在这些规则中加入预测，使用将来时的时态。以下是巴德写出的新规则：

- 我能够很好地阐明自己的立场，尤其是当我在发言前有所思考时。
- 我可以接受我所尊敬的人的批评，而不会觉得自己很愚蠢。
- 我可以权衡别人的反对意见，然后自己决定什么是正确的。
- 我能够与支持我的人进行头脑风暴，并感到被人接纳。

当你写下你的新规则时，你似乎觉得它们是属于另一个人的，一个比你所认为的自己更积极的人。持续地对你的核心信念进行工作会让你做出很多改变。出于这个原因，你可能不能确定你的新规则的有效性，你要相信有这种想法很正常。你可以用证据日志来确认你的新规则是否有效，在证据日志中，你记录了自己的人际互动、事件、对话——那些支持你的新规则和核心信念的内容。这将强化你新的核心信念。每当处于支持你的新规则的情境时，你可以记录下发生了什么以及这意味着什么。以下是巴德在他的证据日志中记录的一些内容：

发生了什么：我在一个聚会上玩了一个问答游戏，虽然我没有赢，但我回答的问题与山姆和辛迪一样多。

这意味着什么：我可以在需要思考的游戏中坚持自己的想法。

发生了什么：我向萨尔建议为我的节目做更多的宣传。我准备好了我要向他说的话，我向他说的这些话听起来很有见地，之后萨尔为我的节目批了更多的预算。

这意味着什么：如果我提前把困难的任务写出来，我就可以做得和别人一样好。

如果你常常忘记记录日志，你可以设置一个每三小时响一次的闹铃作为提醒。当闹铃响起时，回顾前三个小时的情况，记录在自己的证据日志中。随身携带你的日志，或者把它放在你工作的地方、你的车里，以及任何你可以随手拿到它的地方。在睡觉之前，回顾一下自己的一天，看看是否要向你的证据日志中添加别的内容。

最好在具体的情境中检验你的规则，积极地验证并强化你的新信念。在开始时要选择一个风险较低的情境，你也可以找一个支持你的朋友，或者在早上这样一个时刻，或者在咖啡店这样一个场所中检验这些规则。之后，当后果变得对你来说不那么可怕、你对自己的新信念感到更加舒适时，你就可以逐渐增加风险，拓展情境。

参考示例

桑德拉是一名紧急调度员，她想在同一领域获得一份薪水更高的工作，但她不敢接受培训并申请另一个职位。她决定尝试改变自己的一些核心信念，让自己不要总是默默无闻。

她开始记录思维日志，并通过梯式递进和主题分析的方法来识别自己的核心信念。她发现自己总是感到不称职、缺乏安全感。她认为缺乏安全感（“我不安全”）这一信念对自己的生活产生了最严重的负面影响，她要首先对这个核心信念进行工作。

这一核心信念产生了几条规则，她决定检验其中的一条：“永远不要质疑你的老板，否则你会丢掉工作的。”在丈夫的帮助下，她为这个规则写出了第一个检验脚本，然后她告诉老板，虽然晚上是最繁忙的工作时间，但她需要适度放松。

让她又惊又喜的是，她的老板答应了她的要求，让她在工作繁忙的时候可以放松一会儿，之后桑德拉开始进行了风险更大一些的检验。最后，她重新构建了自己的核心信念："我在这个岗位上是相对安全的，因为我很有经验，老板也对我足够满意，能够满足我的一些要求。"

后来，桑德拉不断寻找机会来检验她的新核心信念及其规则。最终，她接受了培训，并申请在部门内转岗。未来她还打算去参加护理课程。

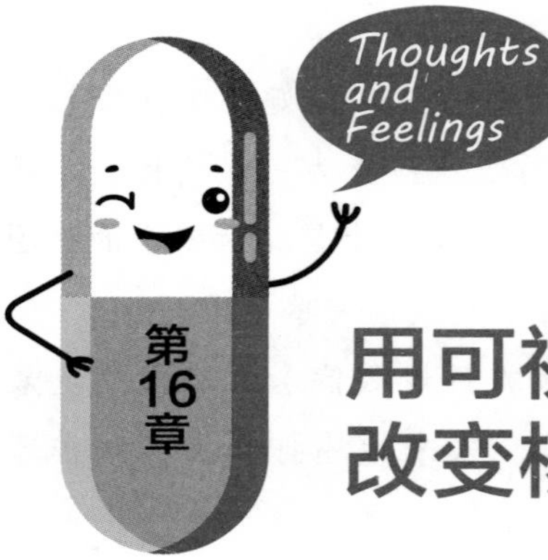

用可视化想象技术改变核心信念

读过第 2 章“发现自己的自动化思维”之后，你可能已经发现了自己的一些自动化思维，它们反映了你根深蒂固的核心信念。同样，如果你阅读了第 15 章“检验自己的核心信念”，你可能会发现一些对你的生活有负面影响的核心信念。核心信念根植于个体的童年经历。你可能记得，自己从 4 岁到 12 岁这个年龄段里，就开始一直持有这些信念了。在本章中，你将学习到一个强大的技术——通过可视化想象你的内在小孩，来改变自己的核心信念。本章大部分内容取材于马修·麦凯和帕特里克·范宁的早期著作《信仰的囚徒》(*Prisoners of Belief*，1991)。

从心理上来说，你确实不能改变过去。虽然你不能改变发生在你身上的事情或者你做过的事情，但你可以通过想象内在小孩来重组你的记忆，这样它们就会给你带来更少的痛苦，减少对你现在生活的干扰。

这一技术之所以有效，是因为你的潜意识不相信时间的影响。

在你的潜意识里，在你六个月大时发生的事情和昨天发生的事情同等重要和即时。在你的内心深处，你的内在小孩的人格被保存得非常完整。这个内在小孩对于任何年轻版本的你并不了解。它一直保持着内在小孩的特性，有着婴儿所有的需求、能力和对世界的理解。

同样地，你的内心深处有一个两岁的小孩，它有着一个两岁小孩该有的自我中心感和与之相反的感受，这里有从你出生到现在无数个版本的你。

内在小孩不仅仅是一个有趣的比喻，它还解释了为什么成年人有时会表现得很幼稚或者不成熟，比如压力事件会让人想起童年的创伤，唤醒年轻版本的自己。然后人们就会做出在那个年龄会做出的举动，不管是 2 岁、5 岁还是 10 岁。

你在童年所体验的痛苦感受会以消极性思维的形式再次困扰你，你在早期未被满足的需求可能一直影响你到现在。

能否改善症状

大量的案例研究表明，可视化想象内在小孩可以改变消极的核心信念，缓解抑郁，提高自尊水平，并减轻羞愧和内疚的感觉。然而，迄今为止还少有研究来证明关于可视化想象内在小孩的有效性。

何时能够见效

本章针对六个不同发展阶段的可视化想象内在小孩做出了说明和指导。如果你每天完成一个发展阶段的练习，那么大约需要一周的时间，针对你的核心信念和记忆录制指导性想象音频。为了得到最佳效果，你最好每天练习两三次，每天 10 ～ 20 分钟。在你听自己的录音、提炼其中的画面，并探索不同的核心信念的过程中，你会从一开始就体验到自己有所觉察，并在几周内感受到显著的效果。

说明与指导

可视化想象内在小孩是一种被称为“重新养育”的方法的一个方面，在这种方法中，你与你的内在小孩共同解决过去的痛苦感受，满足旧有的需求。这项工作也是“12 步康复计划”的一部分，这一康复计划针对的是酗酒者的成年子女以及在童年遭受性虐待或身体虐待的受害者。这些有效的技术也适用于那些长期以来对自己和世界都怀有消极核心信念的人。

不同的核心信念形成于不同的时期。本章使用了由约翰·布雷萧（John Bradshaw，1990）所提出的分为不同发展阶段的可视化想象技术。然而，没有两个人的经历是完全相同的，你的经历也可能与本章所介绍的各种阶段并不同步。如果你发现自己是这种情况，只需调整自己的可视化想象，使其与你遭受早期创伤的年龄段相对应。

当你可视化想象你的内在小孩时，你会想象，你，一个聪明而有阅历的成年人，去拜访身处童年一段特别艰难时光中的自己，你觉得这一特定场景可能让你产生了某种消极的核心信念。你可以向小时候的自己传授你现在已经获得的智慧和技能，以帮助内在小孩度过那段艰难的时光。具体来说，你要用一个更积极和准确的信念来对抗在童年所形成的消极信念，在你的想象中成为你当时需要却没有拥有的一个完美的家长或朋友。

你的潜意识不相信现实的存在，就像它不相信时间的影响一样。也就是说，你的潜意识无法区分实际经验和梦或幻想。你在你的想象中给予内在小孩的优良建议和支持，在事情发生多年之后，可以被你的潜意识处理、储存和使用，就像你在经历创伤时接收了它一样。事实上，你对同一个事件的记忆会有相互对立的两个版本，这并不会困扰到你的潜意识，因为它不会保有你的有意识思维所具备的那种逻辑。

可视化想象你的内在小孩需要你能够放松身体，释放全身紧张的肌肉。如果你在这方面有什么疑问，请参阅第 5 章“放松训练”的内容，学习一些有效的放松技术。

想要将这种方法发挥到最佳效果，你可以对可视化想象的指导语进行录音，并根据需要做出修改，来匹配自己的经历和自动化思维。当你录音时，语速要缓慢且吐字清晰，有适当的停顿。

本章所介绍的可视化想象技术可以说是一种能量很强的情感体验。如果在可视化想象练习中，你开始感到陷入了自我感受的强力旋涡中，请立即睁开双眼，停止想象。在和你信任的朋友或心理健康专家讨论这一问题之后，才可以继续进行练习。如果你有严重的精神类疾病史，尤其要先询问医生意见。如果你在童年时期遭受过身体、性或情感上的虐待，你应该在做可视化想象内在小孩这一练习之前，咨询心理健康专家。

不要试图在一次练习中对以下所有发展阶段都进行可视化想象。一天做一两次，这样你能更有活力。这也将确保你有足够的时间来消化练习的结果，并允许情感上的影响逐渐消退。

可视化想象你的内在婴儿

平躺下来，双腿和双臂不要交叉。闭上双眼，用你最喜欢的放松方法进行放松。

想象在你内心有一个公园，公园里有小路、树木、草地、建筑、溪流和喷泉。在这个公园里，你可以找到你一生中所有的时刻，以及你在所有年龄层和所有地方都经历过的自我。你的内心世界包含了曾经发生在你身上的一切，以及你曾经想过或梦想过的一切。

想象你正在这个公园里的一条小路上散步，这是一条时光之路。只要在这条小路上漫步，你就可以重温过去所有的时光。当你漫步前行时，你注意到远处有一座建筑。你走近它，意识到这是你还是婴儿时生活过的地方。如果你真的记不清你的第一个家了，那就把它想象成某个样子。

进入你的家，走进你还是婴儿时睡过的房间。同样，如果你已经不记得它的样子了，也没关系。你走进房间，发现了一张婴儿床。你走近婴儿床，看到了一个正在熟睡的婴儿。这就是婴儿时期的你。看看这个婴儿的小手指、小嘴和稀疏的头发。留意一下毯子的颜色和材质。这个婴儿正穿着什么样的衣服？你所添加的细节越多，这一刻对你来说就越真实。

想象一下，婴儿突然醒了，开始哭了起来。你看到你的父母，或者其他照顾你的人走进了房间。那个人看不到已是成人的你，你是隐形的。看着照顾你的人没能很好地满足你的需求：他一直很生气、愤怒、粗暴，也不抱你的内在婴儿，当你的内在婴儿需要换尿布时却试图喂他喝奶，当他只是想要陪伴时却给他换尿布，等等。你看到、听到了你的内在婴儿的焦躁不安。

现在你的照顾者离开了房间，你的内在婴儿又开始哭了。这一次，请你把你的内在婴儿抱起来，抱一抱在襁褓中的你自己，用奶瓶给他喂点奶喝。

你可以用以下短语来安抚你的内在婴儿，你也可以重新措辞，还可以添加任何你觉得合适的其他语句。观察他什么时候不再哭了，而是感到平静和满足：

- 欢迎来到这个世界。
- 我很高兴你在这儿。

- 你是特别的、独一无二的。
- 我爱你。
- 我永远不会离开你。
- 为了好好活下去，你已经做出了最大努力。

接下来，改变你的视角，再一次感受房间中的场景。这一次，想象你自己就是你的内在婴儿：想象你正躺在婴儿床上熟睡，你突然醒了，哭起来，你的照顾者走进房间，没能满足你的需求，之后你的成人自我很好地安抚了你，让你感到平静。

在这第二个场景中，投入同样多的时间，添加大量的细节。当你完成了练习，准备好了，就睁开眼睛，休息一下。每当你感到不知所措、无助或缺乏安全感时，这是一个很好的可视化想象练习的方法。

可视化想象你的内在幼儿

在一个安静的地方放松下来，看着自己漫步在通往内在小孩的小路上。这一次，花点时间在你的大脑中想象更多的细节：你内心世界的气味、画面、声音和你的触觉。留意一下场景中有什么样的树，你脚下的土壤是什么样的。

接下来，想象一个你所记得的最早的场景。选择你在 1 ～ 3 岁的时候的一个场景。如果你对那个时候没有记忆，你可以想想家人告诉你的故事或者翻翻老照片，来构建一个场景。想象你不开心的一段时间，那时候发生了什么伤害你的事情。也许是你打碎了什么东西，有人抛弃了你，或者不小心把你弄丢了，有什么东西被拿走了，或者父母打你屁股或责骂了你。

看看在那个情境中的你自己。你正穿着什么样的衣服？你的头发是什么颜色的？它有多长？留意你的内在幼儿的面部表情。

看着痛苦的场景开始出现。留意所有的细节，看着你的内在幼儿开始变得多么不安。

当这一场景结束时，把你的内在幼儿抱到一边，到另一个房间或其他安全的地方，向他介绍你自己，并用下面这些话来安抚你的内在幼儿，你也可以重新措辞，还可以添加其他你觉得合适的话：

- 我就是你。我是来自未来的长大之后的你。
- 我是来帮助你的。在你需要的时候，我会陪着你。
- 我爱你。
- 你是独一无二的。
- 我喜欢你现在的样子。
- 我永远不会离开你。
- 作为你这个年龄的孩子，你表现得很正常。
- 这不是你的错，你只能这样做。
- 去探索各种东西吧，没关系的。
- 在你了解这个世界的时候，我会保护你。
- 你有权说不。
- 生气、害怕或悲伤都是正常的。

抱抱你的内在幼儿，并向他承诺，在他需要的时候你会陪在他身边。现在，跟他说再见，转身离开房间。

现在转换你的视角。自己就是这个两三岁时的自己，重温这一场景。感受所有的行为、画面、声音和气味。听一听更成熟、更睿智的成人自我所说的话，得到他的安抚。

在你准备好的时候，结束这一练习，休息一下。每当你感到困惑、被抛弃、沮丧或羞耻时，这是一个很好的可视化想象练习的方法。

可视化想象你的内在学前儿童

在一个安静的地方放松下来，沉浸到你的内心世界中。沿着这条时光小路回到你四五岁时住过的地方，那时你还没有读小学一年级。选择一个你感到害怕和不开心的时间，也许你和表弟吵架了，你的爸爸喝醉了回到家里，你的妈妈非常生气、歇斯底里，你在集市上迷路了，或者日托所的“孩子王”霸凌你、打了你。

看一看在这个场景中你的内在学前儿童的样子，没人能够看见你。你的内在学前儿童有多高？是瘦的还是胖的？他正穿着什么样的衣服？这里有他最喜欢的玩具吗？他的眼睛是什么颜色的？肤色如何？他是不是刚洗过澡，面色红润，还是因为刚刚在户外玩耍，身上满是泥巴和汗水？

创伤场景逐渐展开，留意你的内在学前儿童感到多么害怕或者困惑。注意他是如何努力理解事情和把事情做好的，即使他目前只有有限的技能和知识。

当痛苦的场景结束后，把你的内在学前儿童带到一个安全的地方，和他一起坐下来。用双臂环抱住他，告诉他你来自未来，是长大之后的他，会在他需要的时候陪在他身边。你可以对你的内在学前儿童说下面这些话，你也可以重新措辞，还可以添加其他你觉得合适的话：

- 我爱你。
- 你在这个世界上是独一无二的。
- 我喜欢你现在的样子。
- 你已经努力做到最好了。
- 你现在只是没有足够的力量去改变正在发生的事情。
- 这不是你的错。
- 我会帮助你学会保护自己的。
- 你可以哭，没关系的。
- 你善于独立思考。
- 你很有想象力。
- 我会帮助你区分哪些是想象，哪些是现实。

- **你可以根据自己的需求提出要求。**
- **你可以问我任何问题。**

试着去感受你的内在学前儿童是如何解读刚刚发生的事情的。他觉得刚刚发生了什么？这对他的价值、被爱的程度、安全感、归属感等意味着什么？他可能会感到困惑，试图弄明白刚刚是怎么回事。向你的内在学前儿童解释刚刚所发生的事情，让他知道自己是无辜的，这不是他的错。用积极的方式来解读他的行为，之后拥抱你的内在学前儿童，跟他说你们很快会再相见，然后离开。

现在转换你的视角，以这个学前儿童的身份来重温那个让你痛苦的场景。去真正地体验那些羞耻、愤怒、困惑或恐惧。如果你没有体验到这种感觉，你就无法充分体会到可视化想象技术的作用。仔细倾听长大后的自己说了什么，了解到你不应该责怪自己，你对于刚刚发生的事情已经尽力了。

下一个步骤是你在以往的可视化想象内在小孩的练习中没有做过的：再次以你的内在小孩的身份重温痛苦的场景。但这一次，以这样一种态度体验它——你已经遇见了未来的自己，理解了未来的自己向你传达的积极信息。这一次，你知道了以前所不知道的一些事情，那就是，一切都会好起来的，你会好好活下来，这不是你的错，诸如此类。

这一次，你会感到自己在这一创伤场景中感觉没那么痛苦了。如果可以，你可以重组这一段记忆，在现实生活中做出改变。例如，如果你在集市上迷路了，那么你可能不再想要坐下来哭泣，而是会找一个成年人寻求帮助。或者，如果你因为独自在房间里听父母吵架而感到很害怕，那么现在你可能会开始想象自己通过唱歌来盖过他们的吵架声。

无论你做什么，都不要因为当时没有做出不同的反应而责备自己。你真的已经尽力了。同样，不要改变这一场景中其他人的行为，即使在想象中，很重要的一点也是，你不能改变他人的行为，你只能改变你自己。

当你准备好了，请结束这一练习，休息一下。你可以对这一场景进行多次的可视化想象练习，重组你在学前期经历的各种痛苦的记忆。每当你感到依赖他人、羞愧或内疚时，这是一个很好的可视化想象练习的方法。

可视化想象你的内在学龄儿童

可视化想象你的内在学龄儿童练习与前一个练习的模式相同。放松下来，想象一下自己 7 ～ 10 岁的场景：也许你在读二年级的时候曾在全班同学面前丢脸，也许你父亲没有来看你的足球比赛，或者发生了什么让你觉得自己很笨、很无能的事情。重温痛苦的记忆，首先以未来的自己的视角来重新看待这一场景。

在快要结束时，把你的内在学龄儿童带到一边，对他说下面这些话，你也可以用你自己的语言来表达，或者添加一些你在本书前几章中发现的特别有用的替代性思维。

- 你在学校表现得很好。
- 我会支持你的。
- 你可以去探索新的想法和行为方式，没关系的。
- 你可以自己做决定。
- 不同意别人的想法和做法也没关系。
- 你可以相信自己的感受。
- 感到害怕是正常的。
- 我们什么都可以聊。
- 你可以自己去选择朋友。
- 你可以自己决定穿什么样的衣服。
- 你的行为举止很符合你的年纪。
- 在这件事情上其实你没有什么选择。你别无他法，你已经尽力了。

就像你在可视化想象你的内在学前儿童练习中所做的那样，试着感受你的内在是如何解读这一问题情境的。了解一下这对他在被爱的程度、控制感、安全感等方面意味着什么。之后，向他解释，他是无辜的，发生这件事不是他的错，用积极的方式来解读他的行为。

针对这个场景，再练习两次，第一次要以你的内在学龄儿童的视角，来感受这些过去的痛苦感受，但这一次，在场景的最后有未来的自己的帮助和支持。在第二次练习中也是以你的内在学龄儿童的视角来重新感受这一场景，但用上长大后的你所掌握的技能和知识。这一次，如果你愿意，你可以改变你的行为方式，但要注意不要改变场景中其他人的行为。

当你准备好了，结束练习，休息一下吧。祝贺自己为你的内在学龄儿童重新赋予了生命，并以这种方式更新了你自己。你可以对每一段你认为催生了自己现在所具有的消极信念和自动化思维的学龄期记忆，都进行这种可视化想象练习。每当你妄自菲薄的时候，这是一个很好的可视化想象练习的方法。

可视化想象你的内在青少年

可视化想象你的内在青少年练习与前一个练习的模式相同。放松下来，进入你的过去，回顾青少年时期一件痛苦的事情，大约在你11～15岁的时候。对大多数人来说，这是一个充满冲突的时期——对父母的叛逆、学校里的各种矛盾、紧张而激烈的同伴关系、新鲜而强烈的性感受，其间你能想到许多痛苦的场景。

首先从成人自我的视角来观察你所选择的一段痛苦记忆，看着创伤场景一步步展开。之后把你的内在青少年带到一个安全的地方，对他说下面的话，你也可以用你自己的语言来表达，或者添加一些在之前的可视化想象练习中发现有所帮助的其他描述：

- 你能够找到那个对的人去付出你的爱。
- 你可以在生活中找到有意义的事情。
- 你可以不赞成父母的意见。
- 你正在成为一个独立的人。
- 你可以安全地感受性爱体验。
- 感到困惑和孤独也没有关系。
- 你对生活有很多新的、令人兴奋的想法。
- 在这个当下，你可以只关注自己。
- 有矛盾是很正常的。
- 感到尴尬是很正常的。
- 自慰是很正常的。
- 无论你要去何处探索，我都会在你的身边。
- 你的行为举止很符合你的年纪。
- 在这件事情上，你往往没有什么选择。
- 你已经尽了最大努力好好生活下去。

之后，把你成熟的、合理的信念与你的内在青少年分享。向他做出解释，让他了解到自己对这件事的发生没有责任，用积极的方式来解读他的行为。

和之前的练习一样，以你的内在青少年的视角重新体验这一场景，进行两次练习：一次是在你未来的自己的在场陪伴与支持下；另一次是你已经拥有未来的自己所掌握的技能和知识，也许你会因此改变自己的行为和反应，对痛苦的场景做出与当时不同的回应。

结束练习，休息一下。你可以多次进行这个练习，来治愈你青少年时期的各种痛苦记忆。这是一个很好的可视化想象练习的方法，你在任何时候都可以进行这一练习，特别是当你对性感到困惑或者与权威发生冲突的时候。

可视化想象你的内在青年

遵循之前的可视化想象练习的步骤，重新体验你在青年期的一个痛苦场景。观察完这一场景后，与你的内在青年展开交流，用你自己的语言对他说类似于下面的这些话，你也可以添加一些在之前的可视化想象练习中发现有所帮助的其他描述：

- 你能够学会如何去爱和被爱。
- 我知道你会为改变这个世界出一份力。
- 你可以通过自己的方式获得成功。
- 你的行为举止很符合你的年纪。
- 你已经尽了最大努力好好生活下去。
- 在这件事情上，你往往没有什么选择。

同样地，对这件痛苦的事情做出解释，用同情的眼光来看待自己的内在青年，用积极的方式来解读他的行为。

然后以你的内在青年的视角来体验这一场景、这些你深有体会的挫折和痛苦，但这次你有着未来的自己的支持和帮助。最后，以你的内在青年的视角，以及已经拥有的未来的你所掌握的技能和知识，再一次体验这一场景。如果你愿意，可以做出和之前不一样的行为和反应。

现在，回到现实生活中，你已经知道你可以用自己的方式来过好成年之后的生活。你可以多次重新回到青年期的生活场景，来重组催生你的自动化思维的各种记忆。每当你对工作、金钱或爱情感到困惑时，这是一个很好的可视化想象练习的方法。

参考示例

帕姆是一家杂货店的店员，由于持续性的抑郁、低自尊和时不时感受到的羞耻感，她正在接受心理治疗师的治疗。她有一些核心的自动化思维："我是个失败者""我是个笨蛋""我很懦弱"，她的内在小孩的形象是一个瘦弱、矮小、没人注意的小女孩。

她断断续续地做了几个星期的可视化想象内在小孩练习。有几个场景对她来说非常痛苦。她回到了内在学龄儿童的一个场景中，那是在 7 月下旬的某一天。当时她 8 岁，正在后院玩耍，妈妈严厉要求她不要离开后院。但她偷偷溜进前厅去取洒水器，没把后院的门关上。这时她妈妈正好把狗放了出来，狗冲出大门，跑到街上。帕姆开始追赶那条狗，差点被一辆过路的车撞到。

帕姆的妈妈把帕姆从街上拖回了家，把她扔进衣柜里，朝她一直大声叫嚷着："我告诉过你要待在后院，不要跑出去。你到底在想什么？你个白痴，你把狗放了出去，差点把你们俩都害死。现在你好好待在衣柜里，一动也不要动。"之后她的妈妈就出门去抓狗了。

已经长大的帕姆走进衣柜里对她说："小帕姆，放松些。一切都会好的。我是未来的你，我以前帮助过你，以后还会一直支持你。我爱你。你已经做得很好了，你只是忘了关门。这对这个年纪的你来说很正常。"

她重新解读了内在学龄儿童的行为："你只是想要去拿洒水器让自己凉快凉快。试着让自己更舒服一些，这是件好事。"她还向内在小孩解释了母亲的焦虑："妈妈不是因为你笨才生你的气。她是真的很害怕，她以为你会被车轧死，这把她吓坏了。"

帕姆再次从内在小孩的视角重新体验了这一场景，她强烈地感受到了自己的恐惧和羞愧，然后从成人自我那里得到了极大的安慰。之后，她又一次体验了那个场景，用成人自我所掌握的知识和技能重温了那段记忆。

帕姆的另一个印象深刻的场景发生在她的青少年时期。那时她 16 岁，一个在学校里很受女生欢迎的男孩让她搭便车回家。半路上，他把车停在一个墓地附近，那是一个常常有人停车亲热的地方。帕姆不敢拒绝他，任他亲吻自己。当他试图更进一步时，帕姆开始哭起来。他不假思索地停下来，发动汽车，把她送回了家。第二天，他表现得好像根本不认识她一样，还在朋友面前叫她“火柴棍”。

在可视化想象练习中，帕姆想象长大后的自己把内在青少年带到了一个安全的地方，对她说：“你不是别人说的‘火柴棍’。你可以拒绝别人和你亲热，你可以感到害怕，慢慢来。我是来告诉你，你会挺过去的。这个男孩并不重要，重要的是你自己。很快你就会感觉更喜欢自己、更自信。”

当帕姆以青少年的视角重新体验这一场景时，她感到一阵强烈的羞耻感和被羞辱感。她一遍又一遍地想着成年后的自己所说的话：没关系的，我可以拒绝别人的亲热，我会有朋友的，与众不同也没关系。然后，她第三次对那个场景进行了可视化想象，还是以内在青少年的视角，但这次她已经有着长大后的自己所具备的知识和技能。她改变了事情的发展方向，她让那个家伙别碰她，然后下车，坐公共汽车回家了。当他在校园里嘲笑她时，她会微笑着对他竖起中指。

在可视化想象中进行对抗

如果你的童年创伤包含被自己的父母或其他照顾者虐待或忽视的情况，你可以在你的可视化想象内在小孩的练习中，和他们对抗。以下内容基于杰弗里·杨（1990）所开发的角色扮演练习。

你可以用两种方式进行对抗。第一种方式是把自己想象成内在小孩，跟虐待你的成年人进行对抗：

- 你对我不好。
- 你没有权利这么做。
- 这是你的问题，不是我的问题。
- 这不是我的错。
- 你对我要求太多了。

第二种进行对抗的方式是，想象长大后的你走进这个痛苦的场景，去对抗那个虐待你或忽视你的内在小孩的人：

- 你在虐待你的孩子。
- 这是错误的。
- 这是你的错，而不是孩子的错。
- 你快走吧。

你也可以构建一个替代性场景，在这一场景中，长大后的你将你的内在小孩拯救出来，叫停别人的虐待，赶走或对抗施虐者，或者以其他方式直接对当时的情况进行干预。

特别注意事项

如果你很难较好地进行可视化想象，那么你可以尝试以下这一简单的练习：闭上双眼，回忆一些你非常熟悉的事情，一些不会让你产生强烈情感反应的或让你开心的事物，比如你卧室的装潢，你今天早餐吃了什么，最近的或是你童年的一个愉快的体验，等等。在回忆的时候，尽可能想起各种细节。除了视觉刺激，比如物体的形状、颜色和光线，还要注意气味、味道、质地、温度、声音和身体感觉，等等。如果你无法在脑海中感受到这些感觉和印象，就将它们口头描述出来。当你不断练习在脑海中描述你非常熟悉的事物时，你的可视化想象能力就会逐渐提高。

如果你在构建生动的视觉图像方面感到十分吃力，那么看看自己是不是在其他感官，如嗅觉、触觉或听觉方面更为敏感。如果是这样的话，你可以回忆对你来说最容易引发感受的一段经历。不断利用你更为敏感的感官进行练习，这样其他的感官记忆也会慢慢浮现。如果你想要了解更多关于可视化想象的内容，请阅读第 5 章中的“可视化想象”一节。

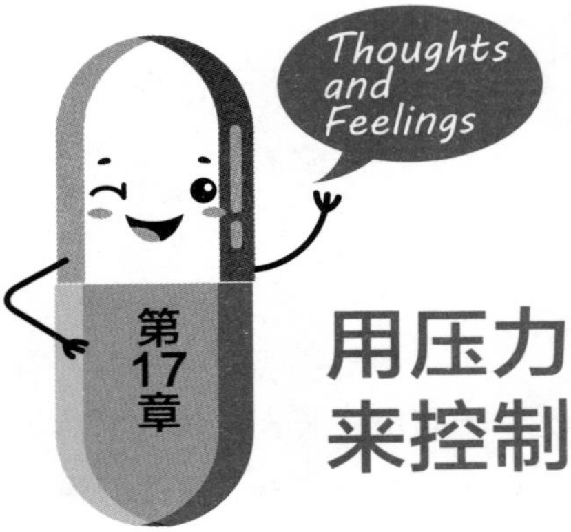

第17章 用压力免疫来控制愤怒

愤怒是最具破坏性和对身体最有害的情绪之一。1975 年，雷蒙德·诺瓦科（Raymond Novaco）将压力免疫训练扩展到对愤怒的治疗上。在他的著作《控制愤怒：实验性治疗的发展和评估》（*Anger Control: The Development and Evaluation of an Experimental Treatment*）中，他提出了一个强有力的论点，即所有的愤怒都源自个体对相关情境的看法。

挑衅不会引起你的愤怒，伤人的攻击性言论不会引起你的愤怒，让你倍感压力的情境也不会引起你的愤怒，触发性思维才是会把痛苦和压力情境转化为愤怒的因素。触发性思维一般会认为是他人故意和不必要地给自己带来了痛苦，并认为他人做出了违反规则、不合理的行为。如果你认为人们在故意伤害你、攻击你，你是他们不合理行为的受害者，那么这时你的触发性思维就会表现得像是要点燃汽油的火柴。

当你遇到别人的挑衅时，你有很多方法来做出应对。愤怒并不是一种自动化反应。压力免疫将会教你如何放松自己紧张的身体，同时构建有效的应对性思维，来取代旧有的引发愤怒的触发性思维。

近年来，认知行为流派的实践者和研究人员发现，在进行暴露练习期间最好避免使用应对性思维。然而，为了控制愤怒而练习的压力免疫是这项规则的一个例外。在一个可能引发个体愤怒的情境中，进行暴露练习的目的不是接纳和容忍愤怒，而是积极发展应对性技能，帮助个体消除其触发性思维。

能否改善症状

大量的研究已经证明了，压力免疫对控制愤怒具有有效性（例如诺瓦科在 1987 年的研究）。还有其他研究表明，放松训练和应对性思维的结合为愤怒管理提供了一种有效的治疗方案（Hazaleus & Deffenbacher, 1986）。

何时能够见效

学习针对压力免疫的放松技术需要 2 ～ 4 周的时间。在你掌握了相关技术之后，你可以在一周或更短的时间内成功完成可视化想象愤怒场景层级的练习。

将你新的应对性技巧应用到现实生活中可能引发愤怒的情境，这通常需要更长的时间。你需要利用随机出现的情况，来实验性地使用不同的放松技术和应对性思维。在现实生活情境中的愤怒管理可能需要你 2 ～ 6 个月的努力，才能让你的新技能成为一种自动化思维，在你被激怒的时候发挥可靠的作用。

说明与指导

用压力免疫来控制愤怒包含5个步骤：

1. 学习放松技术。

2. 构建愤怒场景层级。

3. 为愤怒场景开发应对性思维。

4. 通过可视化想象来练习应对性技巧。

5. 在现实生活情境中练习应对性技巧。

第一步：学习放松技术

你需要先去学习并掌握第5章“放松训练”中所描述的4种放松技术：渐进式肌肉放松法、无压力放松法、线索词提示放松法和想象一个令人平静的场景。在你掌握所有这些技术之前，不要进行第三步之后的练习。

第二步：构建愤怒场景层级

找一张白纸，开始写下你所能想到的所有能够激怒你的场景。充分想象各种情境，从轻微的刺激到能够让你大发雷霆的事情。至少列出25个场景。如果你实在想不出这么多，就试着把你的愤怒拆分成几个阶段，每个阶段都对应一个你和某人之间矛盾升级的情境。

着手构建你的场景层级

在你列出了上述场景清单之后，在另一张白纸的顶部写下最不容易激怒你的场景，在这张白纸的底部写下让你感到最愤怒的场景。

填充中间的场景

现在来选择6～18个令你愤怒程度逐步递增的场景，将它们填充在最不容易激怒你的场景和让你最愤怒的场景之间，你也可以对你在第一张白纸上所列出的情境进行排序，之后按顺序依次誊写它们。

重新阅览这一场景层级，确保场景之间引发人愤怒程度的增量大致相等。如果一些增量比其他的大得多，你就需要用其他场景来填入其中。如果一些增量太小，你可以删除或修改相关的场景，来将愤怒程度均匀铺开。持续进行这一操作，直到场景之间引发人愤怒程度的增量大致均匀。下面我们来看看塞莱斯特所构建的愤怒场景层级，塞莱斯特是一名已经退休的法律秘书，她深受愤怒的困扰，特别是她老是生她丈夫的气。

塞莱斯特的愤怒场景层级

层级	场景
1	保洁阿姨用吸尘器大力地撞到实木踢脚线
2	阅读有关国债的文章
3	一个朋友在和我一起吃饭的时候非常专横，她不停地催我，就因为她已经吃完了
4	看着人们驾车急速行驶，感到很不安，怕自己被车撞到
5	打电话给客服，却被不断转接电话，最后电话被切断了
6	我丈夫把旧车停在车库里，堵住了我要打开的柜子
7	一个朋友会在别人迟到时生气、噘嘴、突然变得冷漠
8	我丈夫总在我重复很多遍问题后才做出回应，他似乎是故意不理睬我
9	我妹妹总是想八卦一下别人的私事，然后像一个大嘴巴一样说出去
10	读了报纸上的一篇文章，说政府赠予其他国家很多钱，还把钱花在猪肉桶的立法上，而税收却一直在上升
11	我为参加聚会好好打扮了一番，而我丈夫却穿着一件旧衬衫出席这种场合
12	我正忙着筹备一个晚宴，这时我公婆要我帮忙照顾一位上了年纪的亲戚几天
13	我丈夫每天都把东西乱丢在客厅，我总是要在他背后帮他收拾
14	我姐姐违背医嘱，还是不停地吃东西，体重也在不断地增加，这让我很担心她，而且对她感到生气
15	我丈夫花钱给孩子们买牛排，却不带我去高档餐厅就餐
16	兼职雇主可真冷漠呀，丝毫不承诺未来还会不会有工作机会
17	我们的房子各处都需要花钱修缮，而我丈夫却在高档酒和相机上挥霍无度
18	我丈夫总是熬夜看电视，然后第二天什么都不想做
19	我丈夫总是要我在经历了疲惫的一天之后，还去做一桌丰盛的饭菜。如果我无法满足他的期待，就会被冷漠对待
20	我丈夫放假的时候总是待在他父母家，不会花时间和我在一起

确定你的场景层级

将你最终确定的场景层级按顺序写在下面的愤怒场景层级表格中，把这一表格多复印几份，你也可以扫描目录下方二维码下载这一表格。现在，你只需要填写“场景”一栏，并将在第四步中填入相应的应对性思维。如果还需要更多行，你可以用复印的另一张表格来继续填写，对层级序号做出修改就好。

愤怒场景层级

层级	场景

第三步：为愤怒场景开发应对性思维

当你做好准备，对场景层级中的每个新场景进行可视化想象时，你应该为其开发出至少两个应对性思维。你可以简单地对场景进行可视化想象，使它尽可能真实。留意你在场景中看到了什么，听到了什么，以及自己有什么样的生理感觉。接下来，关注一下你的触发性思维。你会认为别人在故意伤害你吗？你是否认为他们的行为是错误的、糟糕的，违反了基本的行为准则？

如果你的自动化思维中包括责备他人，你可以参考以下一些应对性思维，来控制你的愤怒：

- 我可能的确不开心，但他们已经尽力了。
- 我并非感到无助，在这种情况下我能照顾好自己。
- 责备他人只会让我心烦。没有必要生气。不要总是做最坏的打算，也不要妄下结论。
- 我不喜欢他们的做法，但我能应对自如。

如果你的触发性因素是违反规则，有人似乎违反了合理行为的标准，那么以下一些应对性思维可能会对你有所帮助：

- 抛弃“应该”思维，它们只会让我心烦。
- 人们会做他们想做的事，而不是我认为他们应该做的事。
- 没有对错之分，我们只是有不同的需求。
- 人们只有在他们想要改变的时候才会做出改变。
- 没有人是坏人，大家都在努力将事情做好。

这些很好的应对性思维其实只是在提醒你不要生气，它们能确保你在面对愤怒时能够保持冷静和放松。以下是应对愤怒情绪的一些方法：

- 深呼吸，放松。
- 生气是没有用的。
- 只要我保持冷静，一切尽在掌握。
- 慢慢来，生气是没有好处的。我不会让他们影响我的。

- 即使生气我也无法改变别人，只会让自己难过。
- 我能找到一种不带怒气地表达自己想法的方法。
- 保持冷静，不要讽刺或攻击别人。
- 我可以保持冷静，放松下来。
- 保持冷静，不要妄下判断。
- 不管别人怎么说，我知道我是个好人。
- 我会保持理性。愤怒解决不了任何问题。
- 别人的意见并不重要，我不会被逼得失去冷静。
- 这么生气并不值得。
- 如果我换种视角，会发现这件事很有趣。
- 愤怒意味着是时候放松一下并做出应对了。
- 也许他们就是想让我生气。我要让他们失望。
- 我不能期望人们都按照我喜欢的方式行事。
- 保持冷静，不要着急。
- 我能行，一切尽在掌握之中。
- 我没必要把这件事看得那么严重。
- 我知道要怎样放松和做出应对。

如果你觉得以上所列出的想法都不适合你，那么你也可以开发属于自己的应对性思维，或者把不同应对性思维中的元素加以整合，让它们更加有效。好的应对性思维一般会包括处理某一情境的具体计划：清楚地说出你想要的、拒绝他人、找到替代性方式来满足你的需求，诸如此类。在问题情境下，有效的计划可以让你感觉不那么无助。当你体验到自己有更多的控制力时，你可能会不再感到那么愤怒。

现在，为你的场景层级中的第一个场景开发两三个有效的应对性思维吧。把它们写在场景层级表中。对场景层级中的每一个场景都做出这种操作。以下是来自塞莱斯特场景层级中的一些应对性思维示例。

塞莱斯特的愤怒场景层级及应对性思维

排序	场景	应对性思维
3	一个朋友在和我一起吃饭的时候非常专横，她不停地催我，就因为她已经吃完了	不要太把她当回事 她这样做很不礼貌；即使她不能放松下来，我也可以放松 慢慢来。没有必要生气
8	我丈夫总在我重复很多遍问题后才做出回应，他似乎是故意不理睬我	没有人是坏人，大家都在努力将事情做好 我不知道他为什么会这样，但我不会让这件事困扰我 生气不利于身体健康
13	我丈夫每天都把东西乱丢在客厅，我总是要在他背后收拾	我不是无助的。我能坚持自己的主张 在我们坐下来看电视之前，我会叫他把东西收拾好 保持冷静，没什么大不了的
17	我丈夫总是熬夜看电视，然后第二天什么都不想做	我可以和朋友出去玩，就让他待在家里休息吧 没有对错之分，我们只是有着不同的需求 就这样吧，他就是这样

第四步：通过可视化想象来练习应对性技巧

通过可视化想象来练习应对性技巧包括 6 个步骤：

A. 放松训练 10 ～ 15 分钟。

B. 可视化想象愤怒场景。

C. 使用应对性技巧。

D. 评估你的愤怒程度。

E. 在场景之间进行放松训练。

F. 重复 B 到 E 的步骤直到愤怒消退，继续下一个场景。

A. 放松训练 10 ～ 15 分钟

你可以使用渐进式肌肉放松法、线索词提示放松法（包括深呼吸），可视化想象出一个特定的地方，一个让你感到平静和安全的地方。简要回顾一下你为将要工作的场景所准备的应对性陈述。

B. 可视化想象愤怒场景

从场景层级中的第一个场景开始进行想象，尽可能留意细节，让场景更加生动。观察这一场景，听听发生了什么，感受不断增加的肌肉紧张。想想你的触发性思维都有哪些，提醒他人对自己的冒犯是不公平的、错误的、没礼貌的。当你感受到自己被激怒时，继续步骤C。

C. 使用应对性技巧

一旦想象的场景在你脑海中逐渐清晰，你开始感到愤怒，就立即开始放松训练，并使用你的应对性思维。我们建议你使用线索词提示放松法，因为这是起效最快的减压策略。你所要做的就是进行几次深呼吸，并结合使用提示词或短语。

在你使用线索词提示放松法来缓解身体上的压力时，也试着使用你的应对性思维。对自己不断复述这些应对性思维，同时继续想象场景，持续60秒。

D. 评估你的愤怒程度

使用0～10分的等级，0代表不生气，10代表最愤怒的程度，在你进行工作、消退愤怒之前，评估你的愤怒。这也是评估你的应对性思维的好时机，抛弃那些无效的应对性思维。如果你发现自己的应对性思维都不起作用，就回到你最初列出的所有的应对性思维的表格中，再挑出一两个其他的应对性思维尝试使用。如果它们没有奏效，就试着再列出一些新的应对性思维，你自己所开发的应对性思维会更加适合你。

E. 在场景之间进行放松训练

当你对场景层级进行工作时，在两个场景之间可以进行放松训练。如果某一场景只激发了你轻微的愤怒，那么你可以使用线索词提示放松法，想象自己身处某个特定的地方，来让自己平静下来。如果某个场景让你非常生气，或者你发现自己的愤怒在其中很难得到缓解，就尝试在重新对这一场景进行工作前，使用渐进式肌肉放松法或者无压力放松法进行放松。

F. 重复 B 到 E 的步骤直到愤怒消退，继续下一个场景

如果你的评分在 2 或以上，就要继续对这一场景进行工作。当你的愤怒评分为 0 或 1 时，你就可以进入场景层级中的下一个场景了。尽可能每天都进行练习。第一次练习可以持续 15 ～ 20 分钟，之后最好将练习时间延长至 30 分钟，其中主要的限制因素是疲劳。如果你累了，就很难可视化想象出场景，这时最好推迟练习，等你清醒一些后再继续。

在每个练习阶段，最好完成场景层级中的 1 ～ 3 个场景。在开始一个新的练习阶段时，先要回到你在上一个阶段中成功完成的最后一个场景。这有助于在面对让你更加愤怒的下一个场景之前，巩固你的收获。继续对场景进行可视化想象练习和使用应对性思维，直到你完成场景层级中排序最高的场景。

第五步：在现实生活情境中练习应对性技巧

引发愤怒的情境往往会意外出现，因此你很难在现实生活情境中练习使用应对性技巧。如果你的场景层级中包含一些频繁出现或者能够预测的场景，你就会找到许多练习的机会。在现实生活情境中练习放松技术和应对性思维的关键是：识别愤怒的苗头。越早使用线索词提示放松法和有效的应对性思维进行干预，你就越有可能控制好自己的愤怒。

如果你马上要进入可能产生愤怒反应的情境中，最好提前准备好应对性思维，并在感受到愤怒的苗头时就使用线索词提示放松法进行放松。现在你已经进行了很多基于可视化想象的场景层级练习，已经逐渐熟练掌握了线索词提示放松法，它也变得越来越自动化了，越来越容易操作。

如果你在某些场景中很难想起使用放松技术和应对性思维，那么请额外抽出一部分时间，按照第四步中的操作，来对这一场景进行可视化想象，并使用应对性思维。针对可视化想象的场景进行额外的练习可以让你准备得更加充分，也能让你下一次在现实生活中碰到类似情况时，

想起来使用你已经掌握的技能。

参考示例

山姆是一位中年大学教授，常常喜欢发脾气，这不仅影响了他的工作，也影响了他与妻子吉尔之间的关系。他感到最愤怒的情境常常是在他觉得自己不受尊重的时候。

在学习放松技术的同时，山姆也开始构建自己的场景层级。首先，他列出了尽可能多的引发自己愤怒的场景，从让他感到稍稍有些生气的场景到他无法控制地大发雷霆的场景，一一列出。然后，他选出了愤怒程度最低的场景："吉尔没有去接电话。我必须放下手头的工作去接电话。"他还选出了最近让他感到非常愤怒的一件事："一个学生告诉我，我在课上老是发表一些华而不实的言论。"

山姆先把这两个极端场景分别写在场景层级表的首尾，然后在两者之间填充了8个场景。山姆有时很难分辨哪一个场景让他更生气，因此他不得不对这些场景调整了好几次排序。事实上，构建场景层级这一行动也让山姆很生气，他一度把表格扔进了垃圾桶。以下是山姆的愤怒场景层级，其中包括他最终为每个场景所开发的所有应对性思维。

山姆的愤怒场景层级及应对性思维

排序	场景	应对性思维
1	吉尔没有去接电话。我必须放下手头的工作去接电话	抛弃"应该"思维，它们只会让我心烦 慢慢来。深呼吸 如果我不想去接电话，就让电话转入留言模式
2	吉尔抱怨我们很少聊天	没有对错之分，我们只是有不同的需求 生气是解决不了问题的 我已经尽力了
3	吉尔告诉我开快点，因为我们要迟到了	保持冷静，不要吵架 慢慢来，深呼吸 她迟到时会很尴尬，仅此而已
4	系主任给我分配的教室是一间临时的简易平房	我能挺住 房间实际还不错 人们会做他们想做的事，而不是我认为他们应该做的事

（续）

排序	场景	应对性思维
5	吉尔完全不考虑我的日程安排，在最后一分钟告诉我要参加一个聚会	保持冷静，不要吵架 明确说明我的立场：如果我在最后一分钟听到这个消息，我是不会去的 我不喜欢这样，但她已经尽力了
6	系主任收到了投诉，他向我施压，要求我提高一名学生的成绩	深呼吸，保持冷静 抛弃“应该”思维。我们只是有不同的需求 他有来自上级的压力。他进退两难
7	他们让我教两个几乎不会说英语的学生——这是什么事儿	深呼吸，保持冷静 我能应付这个问题。我可以送他们去补习英语 抛弃那些“应该”思维
8	吉尔不喜欢我说的一些话，所以她转身躲进工作室里	深呼吸，保持冷静 她已经尽力了 这件事会像平常一样淡去的，别把它看得那么严重
9	吉尔用手指着我说“你搞砸了”	深呼吸，保持冷静 生气是没有用的，只会让事情更糟 我可以告诉她等我们都冷静下来了再谈
10	一个学生告诉我，我在课上老是发表一些华而不实的言论	不要说出任何让我会事后后悔的话 愤怒是解决不了问题的 深呼吸，放松，理性地做出回应

我们可以注意到，山姆主要使用了推荐列表中的应对性思维，但也写出了自己应对特定场景的一些想法。他在身体上的紧张感似乎是愤怒的主要诱因，因此山姆经常用一些提示语来放松身体。当他发现自己的一些应对性思维无效时，他就从清单上选出一些新的应对性思维来替换掉它们，或者自己开发一些应对性思维。

山姆认真地遵循压力免疫程序，在每个练习阶段开始时都进行渐进式肌肉放松练习、线索词提示放松练习和可视化想象练习。在两个场景之间，他使用线索词提示放松法来快速释放自己的肌肉紧张。

山姆对场景层级中的每一个场景都认真进行了可视化想象，直到他感受到了确确实实的愤怒，然后开始使用应对性思维。在山姆的场景层级中，让他感到最愤怒的是第 9 个场景“吉尔用手指着我说‘你搞砸了’”他不得不对这一场景重复工作 5 次，才将自己的愤怒降低到了 1

（最高为 10）。当他第二天开始练习时，山姆发现他又回到了场景层级中的第 5 个场景，他对这一场景工作了 3 次，才最终实现“零愤怒”。

在现实生活中的愤怒管理方面，山姆使用线索词提示放松法和一些应对性思维，来应对让他感到最愤怒的一些场景。如果练习效果一般，他再次陷入愤怒之中，他就会通过可视化想象技术和更有针对性的应对性思维来对这一场景重新进行工作。

特别注意事项

如果你在进行压力免疫练习时遇到困难，那么你很可能碰到了这三个常见的问题：没有能够完全放松、难以进行可视化想象、被根深蒂固的行为模式限制。

没有能够完全放松

如果你在练习开始时难以放松，那么试着想象在一个平静的夏日，你躺在柔软的草坪上，看着云彩缓缓飘过。或者想象一下，你看着树叶在一条宽阔而平缓的河流上漂过。每一片云或树叶都会带走你的肌肉紧张。你也可以为你的放松练习录制指导语音频，并在每个练习或场景开始时播放它。

难以进行可视化想象

如果你发现你所想象的场景看起来非常平淡、不真实、无法唤起你在现实生活中所感受到的痛苦，那么你可能在清晰地构建想象情境这一方面存在困难。为了激发你的想象力，你可以向自己所有的感官发问，使你所想象的场景更加生动。

- **视觉**：在你所想象的场景中，有什么颜色？墙壁、风景、汽车、家具或人们的衣服是什么颜色的？光线是明亮的还是昏暗的？桌子上的电子书、宠物、椅子、地毯上都有哪些细节？墙上挂着什么画？标牌上写着什么？
- **听觉**：你所听到的声音有着怎么样的音调？是否有背景噪声，如飞机、交通、狗叫声或音乐声？树间有风声吗？你能听到自己的声音吗？
- **触觉**：想象自己正伸手去触摸和感受物体。它们是粗糙的还是光滑的，硬的还是软的，圆的还是平的？天气怎么样？你觉得热还是冷？你会发痒、出汗或打喷嚏吗？你穿着哪件衣服？它让你的皮肤有什么感觉？
- **味觉**：你在吃东西或者喝东西吗？它的味道是甜的、酸的、咸的还是苦的？

你也可以去想象场景背后真实存在的场景中收集图像、多多感受，并练习记住这些细节。观察这一场景，然后闭上双眼，试着在脑海中“看到”这一场景。睁开双眼，留意自己错过了什么。闭上双眼再试一次。对自己大声描述出这一场景，要是有其他人在场，就低声描述。睁开双眼，看看这次你错过了什么，你的想法是否有所改变。闭上双眼，再次描述这一场景，添加声音、纹理、气味、温度，等等。继续工作，直到你对这一场景形成一个更生动的画面。

被根深蒂固的行为模式限制

如果你反复挣扎于某一个愤怒场景中，这一场景包含一系列相似的行为反应（例如，与你的配偶为钱而争吵，或者与你的孩子为家庭作业而争吵），那么你可以阅读第 19 章“内隐示范”的相关内容，这是发展和演练新的行为模式的一种很好的技术。

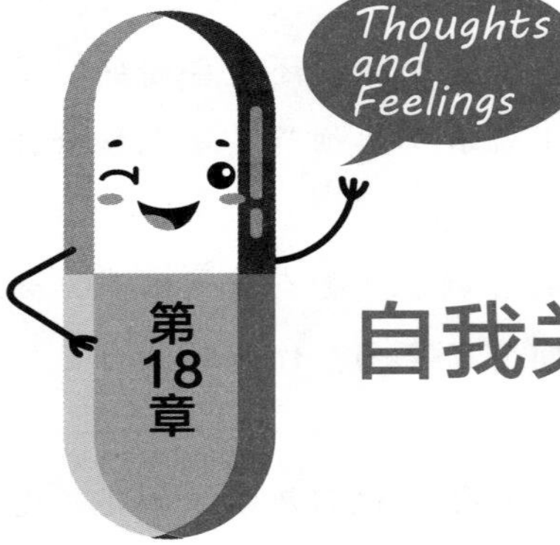

第18章 自我关怀

自我关怀是一种强大的技能，可以帮助你克服因羞耻而产生的抑郁，以及对自我价值陷入反复的消极思考。自我关怀是一些有效的治疗方法的核心要素，包括保罗·吉尔伯特（Paul Gilbert）的慈悲聚焦疗法（compassion focused therapy，CFT）（Gilbert，2009）和克里斯汀·内夫（Kristen Neff）的关怀冥想（compassion meditations）(Neff，2011）。

自我关怀包括3个关键要素：

1. 接纳你的痛苦，不做抵抗（不去避免和抑制痛苦），不做评判（不去责备或攻击你的痛苦）。

2. 知道你的痛苦是人类处境的一部分，你和所有其他的人类共享这一痛苦。痛苦不是一种过错或缺陷，而是将我们联结在一起的东西。我们常常都要面对难过的情绪、未实现的愿望和欲望，以及无数种生理疼痛。我们要理解，在面对这些困难时，我们每个人都并不孤单，我们一直在一起。

3. 希望所有受苦的人（包括我们自己）都能获得安宁和幸福。这并不意味着我们会免于经历各种痛苦，而是意味着我们可以在面对无尽的挑战时实现自我接纳和幸福。

自我关怀是个体保持心理健康的重要和基础因素，原因如下：

- 自我关怀能中和和软化那些引发抑郁的自我评判、自我憎恶的思维。
- 自我关怀让我们在痛苦时不再感到孤独，它让我们感到自己是人类社会的一部分。
- 自我关怀能让错误和糟糕的感觉失去力量，我们能够更加自由地按照自己的价值观行事，做对我们来说重要的事情。我们能够学会接纳自己的各种感受和不完美，而不是把它们作为我们崩溃的证据。

能否改善症状

研究人员发现，每天进行自我关怀练习可以显著有效地减少抑郁、羞耻和反复闯入的消极思维（Gilbert，2009；McKay，Greenberg，& Fanning，2019；Neff，2011）。

何时能够见效

最好每天进行 2 次自我关怀冥想，并在全天使用自我关怀表述，来应对消极的、自我评判的思维。定期进行自我关怀练习可以在 4 ～ 6 周内显著地影响羞愧所引发的抑郁和反复闯入的消极性思维。

说明与指导

你可以通过以下4个步骤来进行自我关怀：

1. 接纳自己的痛苦。
2. 留意并接受别人的关怀。
3. 进行自我关怀冥想练习。
4. 使用自我关怀表述。

第一步：接纳自己的痛苦

自我关怀的最大阻力是个体不愿意承认或感受其身体和情感上的痛苦，而这些痛苦是我们在人生中无法避免的。为了原谅自己有痛苦，并与所有人类建立共同的联系，你需要体验真实的、属于你的痛苦，需要不带评判地去接纳你和别人生活中的不可避免的痛苦。

接纳（acceptance）是指去简单地观察所有的感觉和感受，而不是试图控制或理解自己的这些体验。接纳能减少痛苦，因为你不再试图与自己的感受做斗争。与之相关的接纳冥想练习开始于专注呼吸，然后转移到觉察当下整个身体的感知，对一些想法进行觉察并学会放下，接纳因此产生的所有情绪。这样做的目的是软化你对每一种体验的态度，不管它可能让你多么不舒服。给这些体验留出空间，而不是试图控制它或推开它；友善地抱持这种感受或情绪，而不是评判它或拒绝它。最后，你会放下它，不管它改变还是不改变，接纳它在你身体和生活中的存在。

接纳冥想的练习时长不超过5分钟，最好每天在同一时间进行一次练习。找到一个舒适的地方，放松，坐下来或躺下来，然后闭上双眼。你可以用手机对下面的指导语进行录音，在每次练习时播放。

将注意力放在你的呼吸上，注意你胸部和腹部的运动。当你呼吸时，让你的腹部像气球一样膨胀和收缩。注意你的呼吸，吸气时对自己说“吸气”，呼气时对自己说“呼气”。当有想法出现时，仅仅是让自己注意到这个想法，然后让注意力回到呼吸上，回到你的内在世界。

将注意力集中在呼吸上，持续 2 ～ 3 分钟，或者 10 ～ 15 次呼吸。(停顿几秒)

当你准备好了，留意一下，是否有压力或困难情绪表现在自己的身体上。你可能会感受到身体上的紧张、疼痛、瘙痒，或者只是有一种奇怪的感觉。只是去注意到它，而不去评判它，然后让你的注意力停留在那里 1 分钟。(停顿几秒)

接下来，软化你身体里的压力或困难情绪。让相关的肌肉得到放松。只是注意到这些感觉或情绪，而不是试图控制它或推开它。困难情绪可以从边缘开始一点点得到软化，你的身体可以为它腾出空间。放下……放下……放下不舒适所带来的紧张感。(停顿几秒)

当你在进行观察的时候，如果你因为某种情绪而体验到了很多不适感，那么你只需尽你最大的努力去写下这些体验，然后回到自己呼吸的起伏中，用你的呼吸作为本源的精神力量。尽量不去评判你的情绪，也不要被它分心。(停顿几秒)

同样地，如果一个困难想法出现了，尽你最大的努力去注意到它，然后放下它。回到自己呼吸的起伏中，用你的呼吸作为本源的精神力量。尽量不去评判自己或自己的想法。(停顿几秒)

现在，温柔地抱持这种感受或情绪。让你的手盖住并停留在那个产生奇怪感觉的地方，对那种感受做深呼吸，以一种对压力或困难情绪的友好态度进行呼吸。这个地方是你的一部分，你要好好照顾它、呵护它，它很珍贵，需要你的爱。(停顿几秒)

同样地，如果一个困难想法出现了，或者你走神了，注意到它并

接纳它。之后放下它。（停顿几秒）

最后，放下这种感受或情绪。让它没有压力地待在那里。任凭它离开或是停留，改变或是不改变，待在原处或是转移到别的地方。顺其自然，为它腾出空间，抱持它，接纳它在你身体中和生活中的存在。（停顿几秒）

软化……抱持……放下。软化……抱持……放下。软化……抱持……放下。对自己不断重复这些话，怀着善意抱持所有痛苦。允许它们留下、离开或改变。（停顿几秒）

现在继续，允许困难想法的出现——只是注意到它们，然后放下它们。（停顿几秒）

你可能会发现有一些情绪在你的身体里游走，或者转变成另外一些情绪。试着和你的体验相处，继续使用“软化 – 抱持 – 放下”的技巧。（停顿几秒）

最后，让注意力回到自己的呼吸上，只是去注意呼吸的起伏：吸气，呼气。

当你准备好了，慢慢睁开双眼。

［这一接纳冥想练习的灵感来自克里斯托弗·杰默（Christopher Germer）和克里斯汀·内夫的“软化 – 安抚 – 允许”冥想。］

第二步：留意并接受别人的关怀

培养自我关怀的一个关键策略是留意当关怀和善良出现在你身边的时刻。你所发现的每一个善意的举动都会为你营造一种自我价值感。留意你感受到的所有善良和慷慨，会让你对那些互相关心的人充满感激，并产生一种归属感。如果你值得别人以善意相待，那么你可以逐渐感受到自我关怀的好处。

每天早上都和自己约好，要在接下来的一整天里留意身边的善意举动。这些关怀时刻可能包括得到别人的赞美、收到别人的问候、别人为你付出时间和精力、有人注意到你很悲伤或感觉不好，甚至是有人为你扶门或者让路。还要和自己约好，每天为自己做一件好事，比如停下来欣赏一些美好的事物，累了就休息一下，给自己准备一个小礼物或是制造一点欢乐，花点时间来感恩万事万物，诸如此类。

到了晚上，把白天所体验的每一个善意的举动都记录在关怀觉察日志中。你可以使用以下所给出的表格，也可以扫描目录下方二维码下载这一表格。要记得在这一日志中记录下你对自己做出的善意举动。回想一下一整天里的每一个对话或人际互动。当你列出在每一刻所获得的善意或关怀时，写下你所体验到的情绪，比如感激、宽慰、欣赏、爱、满足、归属感、自己是一个好人的感觉，等等。

记录你的关怀觉察日志至少 4 周的时间。如果你想要在自我关怀方面得到最佳的体验以及永久性的改变，建议坚持记录 6 个月。

关怀觉察日志

第________周

时间	事件	感受

参考示例

约瑟芬一直在与羞耻引发的抑郁和自我攻击思维做斗争，以下是他的关怀觉察日志。

约瑟芬的关怀觉察杂志

第 6/13 周

时间	事件	感受
周一	在上班的路上穿过公园	平静
周一	我假期结束后回到公司，简对我说："真开心你回来啦。"	被接纳
周一	比尔帮我买了咖啡，放在了我的桌子上	被关怀
周一	我和吉姆在晚餐后散步，他用手在后面环抱住我	满足
周二	穿上了我红色的新鞋子	感觉自己很有魅力
周二	吉姆带我去了一个喜剧俱乐部	兴奋
周二	妹妹给我打电话聊天，说她爱我	感激
周三	忘记了	
周四	比尔称赞我的设计图	感觉自己很棒
周四	午饭后，我做了一次呼吸专注冥想	平静
周四	有人冲我微笑，并帮我扶门	感激
周四	妈妈打电话来问候我的近况	充满爱意
周五	吉姆给我做了早餐	感激
周五	我掉了东西，简帮我捡了起来	被人留意
周五	午餐后，我悠闲地看着书	满足
周五	一个朋友说我看起来"闪闪发光"	感觉自己很有魅力
周六	在雪松小道上徒步	开心 / 平静
周六	吉姆带我去吃泰式晚餐	开心 / 充满爱意
周六	卡罗尔发短信问候我	充满爱意
周日	感到不舒服，吉姆帮我按摩了一下头部	被关怀
周日	吉姆为我煲了鸡汤	被关怀
周日	妹妹带来了特效感冒药	感激

第三步：进行自我关怀冥想练习

学习自我关怀冥想，每天练习 2 次，这样可以帮助你与其他有痛苦感受的人建立一种联结。

以下是内夫和杰默（2018）开发的自我关怀冥想练习。这一练习建立在呼吸觉察的基础之上，是一种创造开放性的方式。自我关怀冥想包含以下 4 个主题：

1. 感到平静——接纳自己的体验，而不是挣扎着抗拒自己的体验。

2. 感到安全——在当下时刻的安全感中放松；安住于当下，关注自己当下的感受，期盼下一刻不会有痛苦的感受。

3. 保持健康——拥抱你身体所感受到的所有良好的感受。

4. 保持快乐，远离痛苦——进入生活，不要在自我评判的精神世界中苦苦挣扎。

自我关怀冥想开始于专注呼吸，创造一种开放的状态，并相信你对自我的幸福感充满关怀。自我关怀冥想的练习时间每次不到 4 分钟，最好每天在早上和晚上固定的时间进行 2 次练习。找到一个舒适的地方，放松下来，你可以坐着或躺着。

你可以用手机对以下指导语进行录音，在每次练习时播放。

将注意力放在你的呼吸上，注意你胸部和腹部的运动。当你呼吸时，让你的腹部像气球一样膨胀和收缩。注意你的呼吸，吸气时对自己说“吸气”，呼气时对自己说“呼气”。当有想法出现时，仅仅是让自己注意到这个想法，然后让注意力回到呼吸上，回到你的内在世界。

将注意力集中在呼吸上，持续 2 ～ 3 分钟，或者 10 ～ 15 次呼吸。(停顿几秒)

现在，深入觉察你的身体，注意此时此刻身体内部的感受。(停顿几秒）你依靠你的身体存在。把你的手放在心脏的位置，感受手的温暖和轻轻的压力。(停顿几秒）在你抱持着这种觉察的同时，在心里反复默念以下内容，停顿几秒，想想每句话的意思：

愿我感到平静。

愿我感到安全。

愿我保持健康。

愿我保持快乐，远离痛苦。

最后，进行几次缓慢的深呼吸，安静地休息一会儿，体会你刚刚所专注的美好愿望和自我关怀。

第四步：使用自我关怀表述

当你反复陷入消极思维（自我攻击和自我评判）时，你的反应往往是更猛烈地攻击自己。一个负面的评判会引发另一个负面评判，直到你感到挫败和沮丧。自我关怀能让你对在过去对自我做出的攻击做出新的回应。

使用自我关怀表述，是一种重新构建你的思维、用积极意图取代旧有消极评判的方式。每当你产生自我攻击的想法时，你可以在心里反复默念积极的话。它并没有反驳你的想法，而是提醒你进行自我关怀，令自己感到平静和幸福。克里斯汀·内夫（2011）写下了她的自我关怀表述："这是一个痛苦的时刻。经历痛苦是生活的一部分。愿这一刻我能够善待自己。愿我给予自己所需的关怀。"我们可以注意到，她的自我关怀表述包含以下三个要素：

- 我在经历痛苦。
- 痛苦不可避免，是每个人生活的一部分。
- 我可以进行自我关怀。

你可以用这三个要素来构建你自己的自我关怀表述，当你在与各种各样的痛苦做斗争时，尤其是与反复闯入的消极思维，你都可以想起并使用这个表述。以下是一些参考示例：

- 约翰在与痛苦的自我评判思维做斗争，他写下了这句表述："我的一些想法让我很痛苦。现在我可以善待自己，获得我所需要的平静。”约翰写下他的自我关怀表述，在每次自我评判的思维闯入时，他就慢慢地、带着意念反复默念这一表述。

- 丽贝卡发现自己在为过去犯下的错误感到痛苦，她写下了这句表述：“我为过去的错误而感到痛苦。现在我要做一个深呼吸，善待自己。我应该得到关怀，而不是责备。”最后，她把这一表述缩短为：“我应该得到关怀，而不是责备。”她把这句话贴在自己公寓里的每个角落，在心中对自己默念了一整天。
- 劳里很担心自己的婚姻状况，在与孤独感做斗争。她的自我关怀表述是：“我正因忧虑和悲伤而感到痛苦。愿我能够自我关怀，愿我感到平静。”劳里也把她的表述缩短为“愿我能够自我关怀，愿我感到平静”。然后她专注于自己的呼吸。劳里把手机设置成每小时响一次，这样她就能每个小时都对自己说一些安抚的话。

约翰、丽贝卡和劳里都从他们的自我关怀表述中体验到了幸福感的提升。正如丽贝卡所说的，最棒的是“这打断了我内心无休止的对话”。

特别注意事项

正如我们在前文所提到的，当你没有觉察到自己的痛苦时，你就无法对自己感同身受或心怀善意。如果你发现很难真正感受到自我关怀，那么你可以先专注于进行接纳冥想。在你能够更多地觉察到痛苦的感受和想法时，进行自我关怀可能会变得更容易一些。

你脑海中自我憎恶的声音会淹没自我关怀的声音，让你觉得自己不配得到善待。因此，当你注意到自我憎恶的想法时，就用自我关怀表述来打断它们，这非常重要。不要让这些自我评判的想法继续恶化。每次旧有的攻击性思维开始闯入的时候，就用强烈的意愿去打破消极思维的循环。

如果你难以进行自我关怀，那可能是因为你认为自己的痛苦并不重要。如果你真的这样想，那就多花点时间和精力记录自我关怀日志吧。当你留意到别人对你的善意时，它会帮助你培养更多的自我价值感，一种所有那些正在经历痛苦的人都应该得到的支持和关怀的感觉。此外，善待自己，把一些对自己的善意举动记录在日志中。每一个自我关怀的行为都在直接向受伤的、认为不配得到善待的自己传达一个信息，这个信息就是：你值得被爱。

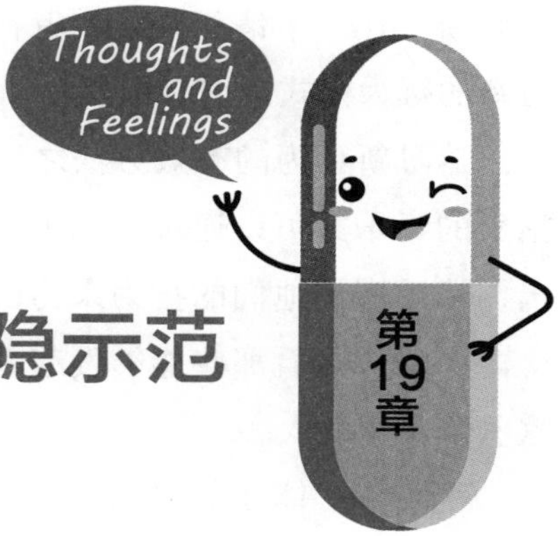

内隐示范

内隐示范是一种通过学习一种新的模式来改变现有的消极思维和行为的有效方法。你可能会想起自己一些你觉得不满意、想要改变的行为模式。你可能想要提高你的工作表现、人际关系或学业表现。你可能陷入了一些你没那么喜欢的惯常活动中，比如不去陪孩子玩耍，而是坐在电视机前喝啤酒。也许你发现自己在结束了漫长的一天工作后疲惫地回到家，总是会与爱人发生争吵。又或者，你每次去拜访你的岳父岳母或公婆时，都觉得很无聊，不知道和他们说些什么。有些情况可能会引发你的焦虑，以至于你会完全回避它们：考试、看医生、身处封闭或拥挤的房间里、独自一人、应对新情况、在众人面前讲话，等等。

同样地，你可能希望将一些新的行为模式添加到你的日常活动中，而不需要对现有行为做出任何改变。你可能想学习能让自己变得更加自信的技巧，来找到新工作、申请加薪，或者在离婚后能够再次约会。内隐示范对于学习新的行为模式也很有用。

学习新行为的有效方法之一是观察和模仿他人的成功行为。一位有抱负的音乐家可以通过在电视上或音乐会上观看他最喜欢的艺术家的演出，然后模仿他们的行为来为己所用。在社交技能训练中，常常要给社交内向的人观看那些能够发起并维持一段对话的人的录像，让他们模仿这些录像中的人。

然而，个体在需要的时候并不是总能找到可以模仿的人。1971 年，心理学家约瑟夫·考特拉（Joseph Cautela）发现，个体可以通过想象人们（包括自己）成功地做出了期望的行为，来掌握新的行为模式。考特拉称这一技术为内隐示范。内隐示范让你能够识别、改进，并在内心练习成功地做出期望行为的必要步骤。一旦你有信心能够想象出自己成功做了某个特定的动作，你就更有可能在现实生活中成功做到它。

在经典的内隐示范练习中，你要首先想象一个与自己非常不同的人正在做出你所期望的行为，然后想象一个和你相像的人做出这一行为，最后，想象自己做出这一行为。在实际操作中，大多数人都会跳过前两步，直接去想象自己做出了新的行为。

约瑟夫·考特拉强调看到你的模仿对象与困难斗争并最终克服困难这一过程的重要性，而不是他在第一次尝试中就完美地成功做出你所期望的行为。这一提议经受住了时间的考验。最近，认知治疗师通过添加与旧的、不成功的行为相关的消极自动化思维的分析，同时用新的、更积极的思维来配合新的行为，改进了这项技术。

能否改善症状

内隐示范可以用来改进个体已经成型的行为模式，或者帮助个体学习新的行为模式。它有助于减少与恐惧、表现焦虑（performance anxiety）相关的回避行为，并增加自信行为的产生。内隐示范可以用来减少不良习惯、人际冲突以及愤怒的发生。

如果你难以构建清晰而详细的心理图像，那么内隐示范可能对你帮助不大。然而，生动的视觉形象对你来说并非绝对必要，如果你能够构建比较明晰的身体感觉或听觉印象，你也可以成功地使用这一技术。

一项研究发现，在减少回避行为方面，有指导的行为演练（实际上是体验恐惧场景）比内隐示范效果更好（Thase & Moss，1976）。然而，在现实生活中并不是总能演练回避行为，这使得内隐示范成为一种实用的替代方法。

何时能够见效

你应该能在进行了 4 次、每次 15 分钟的练习后感受到一些效果。个人偏好决定了你在现实生活中多早开始掌握新的行为模式。

说明与指导

内隐示范包含以下 8 个步骤：

1. 学习可视化想象技术。
2. 写出自己的问题行为。
3. 写出自己的期望行为。
4. 想象行为所发生的场景。
5. 想象自己做出期望行为。
6. 通过角色扮演做出期望行为。
7. 准备应对性语句。

8. 在现实生活中做出期望行为。

在本章中，我们使用了基拉的故事来帮助你理解这一过程。基拉是一位离婚母亲，她对她的前夫杰里满怀愤怒和怨恨，但她意识到自己需要找到更好的方法来处理他们之间的冲突，这样他们才能更好地一起抚养 7 岁的儿子丹尼。

第一步：学习可视化想象技术

找到一个舒适、安静的地方，坐下来，确保 15 分钟之内不会被人打扰。闭上双眼，扫描你身体的紧张部位，然后用第 5 章中你最喜欢的放松技术进行放松。当你释放了身体的紧张感后，做几次深呼吸，把注意力集中在呼吸上，让自己变得越来越放松。

闭上双眼，回忆你所处的房间是什么样子的。房间里有什么样的家具？他们是朝什么方向摆放的？它们有着什么样的颜色、纹理和形状？房间的墙壁、天花板和地板是什么样子的？房间里有哪些装饰品？桌子上放着什么东西？

想象了整个房间之后，睁开双眼，看看你捕捉到了多少细节之处。重复这一练习，直到你对自己对房间的想象感到满意。之后你可能会想要在不同的场景中尝试这一练习，来进一步发展你的可视化想象能力。

接下来，在你的脑海中想象大自然中的一个地方。你能听到树叶在和煦的微风中沙沙作响。你留意到粗糙斑驳的树皮和闪闪发光的绿叶。感受一下你脚下的土地，看看它有着什么样的颜色和质地。听一听附近流水的声音，听一听鸟儿在树枝间飞来飞去的声音。闻一闻这个自然之处的各种气味。感受温暖的阳光透过树林洒下的感觉。让自己自由地想象，你的眼睛、耳朵、鼻子和皮肤会尽可能多地为你提供这个地方的细节。然后想象一位老朋友穿过树林向你走来，他在向你打招呼。他长什么样？他向你说了什么？他的声音听起来是什么样的？你向他说了什么？

在你掌握了利用自己的视觉、听觉、嗅觉和感受来对场景进行可视化想象这一技巧之后，你就可以进入第二步了。你所想象出的图像不一定要像电影一样清晰，但最好能通过不断练习，让你的想象尽可能生动起来。

第二步：写出自己的问题行为

把你的问题行为和问题想法一步步拆分，分别写下来。如果你正在学习一种全新的行为，跳过这一步，直接进入第三步。以下是基拉的例子，她决定先从自己的这一行为开始——当前夫杰里与儿子共度了周末，在周日晚上把儿子送回来时，她总是会说出一些批评性、防御性的言语。基拉将自己旧有的行为拆分成了以下内容：

A. 下午6点左右，我开始朝窗外看，又看向时钟，心想："他肯定不会准时送儿子回来的，他不会去顾及别人的感受。"

B. 7点半，他们开车回来了，晚了半个小时。我怒火中烧，心想："丹尼兴奋了两天，肯定很累了，他肯定不会按时洗澡和上床睡觉的。"

C. 我打开家门，在他们进门之前我说："你迟到了。"

D. 杰里用一大堆借口解释了他为什么迟到。

E. 我把丹尼赶进他自己的房间，站在房子门口和杰里争论探视孩子时间的问题。我在想，他真是个不负责任、对别人漠不关心的浑蛋。

F. 我得向杰里要钱，因为他总是迟交孩子的抚养费。我想他可能会生气的。

G. 他不情愿地把钱给了我，然后生气地跺着脚走了。我走进门，心想："我现在的感觉太糟糕了。我恨他。"我看起来很生气。

H. 丹尼在房间里，看起来又害怕又悲伤。

我为在他面前和前夫争吵而感到内疚。我想："我不是个称职的母亲。我没能过好自己的生活。"

第三步：写出自己的期望行为

接下来，写出在这一情况下你所期望做出的新行为。你不需要去一一对应那些内容，也不需要将期望行为在相似的节点进行拆分。随着练习的推进，行为步骤很有可能越来越发散。以下是基拉写出的期望行为。我们能够看到，虽然她做出的行为各不相同，但她所需要应对的事件和之前基本一样。例如，杰里仍然每次都迟到，基拉仍然每次都要向杰里索要儿子的抚养费。

A. 我会洗衣服、除草或者整理文件，来让自己忙起来，这样我就不会一直盯着时间了。我想："他们该来的时候就来了。重要的是我要保持冷静。"

B. 下午 7 点半，他们开车回来了，我想："我真的很想念丹尼，希望他和爸爸玩得开心。"

C. 我继续做手头的事，等他们来敲门。我去开门，给了丹尼一个大大的拥抱。然后我说："嗨，你们周末过得怎么样？"

D. 他们进来了，我微笑着听他们和我聊他们周末做了什么。杰里迟到了，我还是有点生气，但我想："保持微笑，别让丹尼觉得生活发生了不愉快的转变。"

E. 我告诉丹尼卸下背包，去洗澡吧。

F. 我等丹尼离开我们所在的房间后，向杰里索要丹尼的抚养费。我告诉自己要保持冷静，语速平稳地把事情讲清楚就好。

G. 如果我感受到我们之间要爆发激烈的冲突，我就告诉杰里明天在电话上再聊，然后跟他说再见。

H. 杰里走后，我去帮丹尼收拾他的东西。我忍住不问他吃了什么、周六晚上熬夜到几点这些问题。我试着去了解他在周末做的真正享受的事情。

第四步：想象行为所发生的场景

练习想象问题行为所发生的场景。让意识停留在这个清晰的图像上，练习 2 次，每次停留 15 秒。以下是基拉想象出的，在周日晚上等待杰里和丹尼到来的场景：

我想象着墙上的钟和窗外的景色，窗外暮色渐浓，我感到天气越来越凉爽，我听到邻居的狗在叫，音响里传来舒缓的音乐声。

第五步：想象自己做出期望行为

想象自己正在按照预期的行为和思维的步骤，一步步做出自己所期望的行为。一开始你发现做到这一点很困难，后来你就成功了。至少进行 2 次可视化想象练习，一种方式是录制期望行为的音频，在每一步之后停顿几秒，这样你就可以想象自己正在做出这一新的行为。之后你可以闭上双眼，听这一指导音频，想象你所期望的行为，直到你感到有信心真正地去做出这一行为。以下是基拉录制的指导音频：

我看到自己穿着短裤和 T 恤，正坐在餐桌旁整理文件。（停顿几秒）我听到杰里和丹尼走到了家门口。（停顿几秒）他们敲门，我跑过去打开门让他们进来。（停顿几秒）我微笑着迎接他们，拥抱了丹尼，他们兴奋地告诉我周末做了些什么。（停顿几秒）在丹尼进房间之后，我向杰里索要他拖欠的儿子的抚养费。（停顿几秒）他说了一些拖欠的借口，我开始难以冷静。（停顿几秒）我告诉自己："这个问题最终会得到解决的。会没事的。"（停顿几秒）我冷静下来，告诉他我今晚没有时间讨论这件事，等丹尼明天上学之后，我再给他打电话。

第六步：通过角色扮演做出期望行为

接下来的两个步骤不是必需的。如果你已经准备好了在现实生活中做出你所期望的行为，你可以直接进行第八步。但是如果你觉得自己还没有准备好，以下的两个步骤将给你更多的信心，增加你成功的机会。

通过角色扮演做出期望行为有以下几种方法：一种方法是你可以在镜子前演练：先坐在一把椅子上，说出你想说的话，然后坐到另一把椅子上，说出另外一个人会说的话，之后回到你的椅子上做出回应，以此类推；另一种方法是与扮演重要角色的朋友演练这一场景，你扮演自己，使场景尽可能逼真。其间，你可以录下自己在练习中大声所说出的你想说的话，然后不断回放，直到习惯听到自己说出这些积极的话。

基拉仍然对自己控制愤怒的能力感到不确定，因此她决定进行角色扮演，在镜子前练习说一些关键性语句。以下是她所想出的关键性语句：

- 嗨，你们周末过得怎么样？
- 你们俩道别吧，我去泡茶。
- 亲爱的，把背包卸下来，准备去洗澡吧。
- 杰里，周五你就应该把儿子10月份的抚养费给我了。
- 我必须跟你说清楚，你得在下午7点前把丹尼带回来。他需要规律的日常作息，这样他才能适应好，回家洗澡，上床睡觉，来开始新的一周。
- 现在不是我们聊这个问题的好时机。我明天中午给你打电话吧。

第七步：准备应对性语句

即使在练习做出你所期望的行为之后，你也可能会产生一些消极思维，这可能会阻止你在现实生活情境中做出你的期望行为。如果你发现自己出现了这种情况，你可以写出几句万能的应对性语句来提醒自己放松并遵循自己的计划。提醒自己放松的语句可以是“保持冷静”“慢慢呼吸”“冷静下来”“我可以放松下来，集中注意力”，等等。帮助你遵循自己计划的语句可以是“一步一步来”“我已经做好准备了”“就按照计划来”“我能够做到的”，等等。

第八步：在现实生活中做出期望行为

你付出的所有努力都能得到回报：现在你已经准备好在现实生活中做出你所期望的新行为了。你已经有了详细的计划，知道自己接下来要怎么做。如果事情并没有像你所期望的那样发展，或者你又陷入了旧习惯中，那么告诉自己，改变旧习惯需要时间，你可以慢慢来。祝贺自己一直在坚持计划，继续练习，并且相信，无论是在想象中还是在现实生活中，不断练习都会让你做得越来越好。

基拉在一周的时间里完成了所有的步骤，因此她可以在下周日做出她所期望的新行为。她很高兴事情进展得如此顺利。尽管杰里晚了45分钟才把丹尼带回家，还让丹尼吃了很多垃圾食品，而且丹尼整个人筋疲力尽的，但基拉并没有失去冷静。她一直专注于让丹尼的生活顺利过渡。直到丹尼走远了，她才开始对杰里发表批评意见，而且冷静地表达了自己的观点，没有像往常一样的痛苦和愤怒。本来这会是一场激烈的争吵，但结果变成了一场相对安静的谈判，而且她在这次谈判结束后感到没那么难过。她和儿子度过了一个愉快的夜晚，儿子也按时上床睡觉了。

参考示例

内隐示范有着各种各样的形式。为了帮助你更好地理解它的作用原理，我们提供了另外两个示例，来供你参考。

弗兰克和莎伦

弗兰克和他12岁的女儿莎伦感情一直很好，但最近他们开始为她的数学作业而争吵起来。弗兰克决定进行内隐示范练习，来改变这个问题行为。

第一步： 弗兰克进行可视化想象练习。他想象大自然中令他平静的场景，它们能让弗兰克放松下来。

第二步： 弗兰克按顺序写出了他的问题行为和思维，其中也包含了对他女儿行为的描述，如下。

A. 我在看电视，莎伦在她房间里玩。

B. 晚上 9 点半的时候，她来请我帮她解答一道数学题。

C. 我说“好啊”，然后我们一起坐在她的学习桌前。

D. 为了看懂这道数学题，我不得不看了数学书的一整个章节。

E. 10 点多（她的就寝时间）我们才算出第 1 道数学题，接下来还有 4 道同等难度的数学题要解答。

F. 我想：“这不公平。”

G. 我开始感到不耐烦，问她为什么不早点开始解题，她说我就是不想帮她。

H. 我想：“她完全不负责任，把一切都推给了我。”

I. 我说话的声音变大起来，她就开始哭。

J. 她哭得更厉害了，我告诉她我要自己解答另外 4 道数学题。

K. 当我试着解答这些数学题的时候，她已经熬夜半个小时了，最后我坚持要她去睡觉。

第三步： 弗兰克写出了他所期望的新行为，如下。

A. 我定了个规矩，莎伦晚上 9 点以后不能请我辅导作业。

B. 我还告诉她 10 点以后我就不帮她了，如果她的作业在 10 点之前没有完成，她就得带着没做完的家庭作业去上学。

C. 整个晚上，我会每隔一段时间就去看看她的家庭作业做得怎么样了。

D. 当我认为不公平、她不负责任的时候，我提醒自己，她只有 12 岁，我能做的是定好规矩，帮助她好好规划晚上的时间。

E. 我会和她一起学习到 9 点 45 分，然后告诉她我累了，只能再帮她解答一道题。我还开玩笑说不想再和她开夜车了。

F. 如果我注意到自己声音变大了，就进行深呼吸，然后降低音量。为了冷静下来，我可以去喝一些果汁，在厨房里平静一会儿。

G. 如果莎伦哭了，我会给她一个拥抱，哄她上床睡觉，并提醒她，在就寝时间之后就不能再做作业了。

第四步：弗兰克想象莎伦房间里的学习桌，将其作为行为场景。他清晰地想象了 2 次这一场景，每次持续 15 秒。

第五步：弗兰克选择在莎伦上床睡觉后坐在客厅的沙发上想象自己所期望的行为。在开始想象之前，他进行放松训练。他进行了 3 次深呼吸，告诉自己要放松，注意到身体上紧张的感觉正在逐渐消退。他在脑海中不断想象着期望行为的步骤，在解决了旧有问题之后，他逐渐看到和听到自己成功地做出了期望行为。

第六步：在每天练习第五步中的内容 15 分钟，持续了 4 天之后，弗兰克决定通过角色扮演做出期望行为。他请妻子和他一起练习，让妻子扮演莎伦的角色。

第七步：弗兰克决定在和莎伦谈话时使用 3 种应对性语句。想要让自己放松时，他会使用“呼吸，放松”；为了帮助自己遵循计划，他会使用“保持简单和理性”和“声音温和一些”。

第八步：在可视化想象练习、角色扮演练习和使用应对性语句的同时作用下，弗兰克在现实生活中做出了他所期望的行为。莎伦有几次哭着上床睡觉，但随着时间的推移，莎伦学会了早点完成作业，弗兰克也学会了保持冷静。

桑德拉和她的老板

桑德拉从未想过申请加薪，直到她的朋友简（在另一个部门担任同样级别的文书工作），在简提出了申请之后，薪水得到了大幅度提升。申请加薪对桑德拉来说是一个全新的行为，因此她跳过了第二步。在写出她所期望的行为时，她发现内容很多，因为至少会涉及和老板之间的 2 次对抗，老板可能会做出几种不同的反应。经过几次修改，以下是她所写出的内容：

A. 在员工休息室，我向老板走过去。

B. 我很难引起他的注意，但最终还是做到了。

C. 我请他在接下来的几天里抽出 15 分钟的时间，来和我讨论加薪申请的问题。

D. 他试图含糊过去，让我和他的秘书联系。我不得不再三要求，最终和他约定了一个讨论时间。

E. 我告诉自己："要坚持住。"

F. 在约定的时间，我走进他的办公室和他打招呼。

G. 我坐在他为客人准备的蓝色椅子上。

H. 我们聊了聊天气，以及平时的工作有多忙。

I. 我开始说，我是来请求加薪 10% 的。

J. 我提到我的工作表现一直很好，以及我的薪水已经有多久没涨了。

K. 他看起来很不高兴，回答说部门业绩不佳，大家都得控制成本。

L. 我想："这是我应得的。不要放弃。"

M. 我指出，给我加薪比培训一个新员工来接替我的工作要划算得多。

N. 他继续持否定态度。

O. 我做了一个深呼吸，提醒自己要坚强、冷静，加薪是我应得的。

P. 我说如果我无法得到应得的加薪，就会开始物色一份新工作。

Q. 他提出加薪 5%。

R. 我坚持我的请求，并提醒自己和老板，我的能力和经验都很不错。

S. 在感觉到我不会妥协之后，他最终同意了。

T. 我向他表达了感谢，明确地问他加薪什么时候开始生效，然后兴高采烈地走出他的办公室。

桑德拉进行可视化想象练习，她想象了员工休息室和老板的办公室，直到能清晰地想象出这两个地方的景象和声音。然后她想象自己经历了要求加薪的所有步骤，并最终得到了 10% 的加薪。在她进行 4 次想象练习之后，她觉得自己已经把这些行为顺序牢牢地记在心里了。

桑德拉针对这一场景进行了角色扮演，她请丈夫来扮演她的老板。她的丈夫强调自己是一个特别难打交道的老板。桑德拉对申请加薪仍然感到很紧张，因此她想出了一些应对性语句。她把这些语句写在索引卡上，并把它放在办公桌中间的抽屉里。在接下来的几天，她经常去看那些语句，来消退自己对申请加薪的消极想法。

在做好了所有这些准备，以及有应对性语句的支持之后，桑德拉觉得自己已经准备好去找她的老板了。一次她在休息室见到老板时，她要求和他约定一个讨论时间。然后她向老板讲了自己的情况。虽然她的老板是一个很难与之谈判的人，但最终还是决定给她加薪 8%。

第20章 内隐致敏化

具有破坏性的习惯是痛苦情绪的最主要来源之一。它们是你的恶习，你会在当下感觉良好，但随后会为之付出沉重的代价。事实上，破坏性习惯的特征就是：短期来看有所收益，而长期来看有所损失。比如，3个小时的马提尼午餐[1]能给你带来愉悦，这是一种放松的好方法，可以缓解紧张，而且你可以在这段时间里进行社交活动。然而，这种午餐习惯非常浪费时间，而且可能会让你整个下午都提不起精神。之后当你试图补上落下的工作时，你会承受更大的压力，同时还要与酒精所引起的疲劳做斗争。同样地，如果你每晚都狼吞虎咽巧克力慕斯等甜点，几个月下来，你会很难过地发现自己已经慢慢地胖成了一艘飞艇；如果你经常沉迷于购物，你就不得不面对不断增加的信用卡支出和财务费用。

---

[1] 马提尼午餐通常用来形容一顿悠闲放纵的午餐。——译者注

内隐致敏化（covert sensitization）是由心理学家约瑟夫·考特拉（1967）开发并推广的一种治疗破坏性习惯的方法。之所以称之为内隐，是因为其最根本的治疗是在个体的大脑中进行的。内隐致敏化的工作原理是，个体的某一行为之所以成为其惯常的习惯，是因为它们一直以来被大量的快乐所强化。因此，消退这种习惯的一种方法是将其与一个令人不悦的想象刺激联系起来。这样你的旧有习惯就将不再唤起快乐的印象，而是与一些不良的、令人厌恶的东西联系在一起。这种联系是通过将与你的习惯相关的愉悦意象与包含不愉快刺激的意象进行匹配而形成的，如恶心、身体伤害、社会排斥或其他痛苦经历。内隐致敏化可以极大地降低旧有习惯对你的吸引力。

一旦曾令你愉悦的习惯现在给你带来了痛苦，你就可以通过可视化想象进行一些与愉快的感觉相关的更适当的活动，来逃避这种不愉快的感受。例如，一旦你把每晚狼吞虎咽和恶心的感受联系在一起，你就可以想象自己喜欢更清淡和健康的食物，来代替高热量的甜品，并把这一想象与力量、幸福和放松的感觉进行匹配。

能否改善症状

内隐致敏化在治疗不良习惯方面效果显著。它对治疗虐待性幻想、恋童癖和裸露癖等问题非常有效。它还被用来减少偷窃、咬指甲、强迫性赌博、强迫性说谎和强迫性购物等行为。

对酒精、肥胖和吸烟问题采用内隐致敏化治疗，结果好坏参半。它对治疗酗酒行为本身并没有效果，但它已经被用于改善个体在特定场合和特定环境中酗酒的习惯。前文所提到的在最喜欢的酒吧吃马提尼午餐可能会因为内隐致敏化而失去吸引力。虽然这一疗法无法最终解决肥胖问题，但内隐致敏化疗法可以用来治疗由特定食物或特定的饮食环境所加剧的肥胖问题。最后，研究证据表明，在吸烟问题上，内隐致敏化疗法并不是特别有效。

简而言之，对于特定的物质、处于特定的场景或环境中的某些习惯来说，内隐致敏化是有效的。对于如吸烟、强迫性进食或饮酒等一类习惯，它并不是很有效。原因似乎在于“致敏化”这个词。当你对不愉快的事情变得敏感时，你会把它与你在特定环境和情况下的习惯联系起来。对某种特定的食物、饮料或环境的敏感似乎不能泛化到其他情况中。个体几乎不可能对所有的食物、饮料或所有与强迫性进食、饮酒、吸烟有关的情况都变得敏感，这就解释了为什么这种方法对这些人们普遍具有的习惯效果较差。

何时能够见效

内隐致敏化的第一步是学习第5章中的渐进式肌肉放松法，之后练习快速的肌肉放松法。你可以在不到1周的时间里掌握渐进式肌肉放松法。在此之后，你将在2周内开始感受到内隐致敏化程序的效果。

对不良习惯进行内隐致敏化包括以下7个步骤：

1. 学习渐进式肌肉放松法。
2. 分析自己的破坏性习惯。
3. 构建一个自己享受于习惯之中的场景层级。
4. 构建一个厌恶场景。
5. 把令自己愉快的和厌恶的场景匹配起来。

6. 改变令自己厌恶的场景。

7. 在现实生活中练习内隐致敏化。

第一步：学习渐进式肌肉放松法

内隐致敏化的第一步是进行放松训练。第 5 章“放松训练”中所提到的渐进式肌肉放松法，是释放肌肉紧张的最快、最有效的方法。每天练习 2 次渐进式肌肉放松，直到你能在 15 分钟内完成这一放松练习，之后你可以练习同样在第 5 章介绍过的快速的肌肉放松法。一旦你掌握了快速的肌肉放松法，你就能在不到 2 分钟的时间里让全身的肌肉得到深度的放松。

第二步：分析自己的破坏性习惯

接下来，花点时间仔细回忆一下你的破坏性习惯所涉及的细节。当你享受于这一习惯之中时，周围的环境通常是怎样的？你正和谁待在一起？这一情境通常是怎样开始的？当你快要陷入自己的旧习惯中时，你做的第一件事是什么？

马科斯是一名室内油漆工，他最近变得越来越胖了，有时很难爬上脚手架，他分析了自己在什么情况下会开始狼吞虎咽。他每周购物一次，通常会在那个晚上看电视，没完没了地从冰箱里拿出东西吃。他不停地吃东西，直到把肉桂面包、冰激凌和水果派这些他最喜欢的零食吃个精光。他还会在离家一个街区的一家意大利餐厅和附近的一家麦当劳大吃特吃。当他分析自己这一暴食习惯时，他意识到他总是一个人出现在这些地方，因为如果被朋友们看到自己狼吞虎咽的，他会感到非常尴尬。他还注意到自己经常不吃午饭，在大吃大喝之前感到非常饿。在狼吞虎咽之前，他做的第一件事就是想想冰箱里的所有美味，或者满怀兴奋地仔细浏览菜单，找到一家最能填饱肚子的餐厅。

第三步：构建一个自己享受于习惯之中的场景层级

列出一个简短的清单，其中包括 5 ～ 10 个你享受于自己的破坏性习惯之中的场景。将这些场景从最不愉快的到最愉快的进行排序，并使用1～10的等级来给它们打分。如果你的不良习惯是暴饮暴食，那么你可以根据你最喜欢的几种食物来构建场景层级，注意一定要涵盖你的进食环境。

以下给出了一个空白表格，你可以把这一表格复印几份，用在你的愉悦场景层级中。但首先，你可以参考以下示例，来了解构建场景层级的不同方法。以下是马科斯所构建的愉悦场景层级，能看出来，他的快乐非常直接。

愉悦等级 1～10	场景
1	放下工作，想着要去吃一顿丰盛的晚餐
3	去买我最喜欢吃的零食
5	在家看电视的时候吃点水果派
6	在家看电视的时候吃点冰激凌
8	在家看电视的时候吃点肉桂面包
10	饿的时候去我最喜欢的意大利餐厅吃一顿辣得过瘾的大餐

就像这个强迫性购物者所构建的场景层级一样，你所构建的场景层级中也可能包含对破坏性习惯有所期待或进行准备的场景。

愉悦等级 1～10	场景
1	把我的薪水存起来，想着我最喜欢的一家百货商店，想象着那里的衣架和商品陈列柜
2	浏览订阅的商品推荐内容，看看要买什么
4	一边做饭一边想着自己要买的新衣服
5	逛一家大型的百货商店
6	挑选要试穿的衣服
7	为了一件礼物而冲动消费
9	买一些令人激动的东西，比如新音响或新电视
10	把我买的东西带回家试一试

另一种构建愉悦场景层级的方法是关注场景中的各种元素。例如，一位老师发现自己在教完课回家后的一个小时里吸了很多根烟。以下是他所构建的场景层级，包含了他在准备抽烟和实际抽烟时会经历的步骤。

愉悦等级 1 ～ 10	场景
1	从书柜里取出储藏盒、文件和火柴
3	躺在我的躺椅上，摊开报纸来浏览新闻和逸事
5	戴上耳机听音乐，开始卷烟
7	点了一根烟，吸了第一口
8	吸了烟，昏昏沉沉的，重新点燃手上的烟
9	感觉飘飘然的
10	昏昏沉沉的，把一切抛在脑后

现在轮到你建立自己的愉悦场景层级了，把所有的场景都写下来。以上示例中的场景是经过简化的，你可以将自己的场景描述得更详细一些，可以写出你在哪里，和谁在一起，你在做什么，你在想什么，你有什么样的身体感受。以下是一个赌博上瘾的人所描述的一个详细的场景：

牌发好了，我一张一张地摸起这些牌。我感到非常兴奋和紧张。我正待在杰克家，坐在铺着绿色毛毡桌布的餐桌旁。这里有一些我不认识的朋友，但感觉我们都是同一类人。在轮流摸了 5 张牌之后，我们都准备好下注了。我在发牌人的左边，我下注了一块钱。

你所掌握的细节越多，就越容易对场景进行可视化想象。如果你很难在脑海中勾勒出场景中物品的形象，你可以多多运用自己的各种感官印象：除了去想象你所看到的东西，你还可以想象它的气味、你听到了什么声音、你感到温暖还是寒冷，诸如此类。

在构建你的场景层级时，确保第一个场景的愉悦等级不超过 2。换句话说，你最好从选择一些令你一点儿也不愉快的事情开始，然后逐步到达第10个场景——你感到最享受于旧有习惯之中的场景。尽量不要让相邻两个场景之间的愉悦等级增量高于2。（你也可以扫描目录下方二维码下载这一表格。）

愉悦等级 1～10	场景

第四步：构建一个厌恶场景

为了构建一个厌恶场景，你需要想出一些你觉得非常讨厌或者害怕想起的事情。你可以从下面我们所给出的列表中选取一些。你可能会发现，先根据你对场景或事物的排斥或恐惧程度来对它们进行评分，会对你想象出这些场景或事物很有帮助。

- 裂开的伤口
- 爬行的昆虫
- 死去的人
- 熊熊大火
- 钻牙
- 恶心或呕吐
- 打雷

- 在公共场合呕吐
- 从高处向下看
- 心脏病发作
- 跌倒
- 遭受人身伤害
- 打针或抽血
- 晕倒
- 广阔的空间
- 看起来很笨
- 狭窄而封闭的空间
- 蛇
- 死去的动物
- 蜘蛛
- 被朋友拒绝或排斥
- 血
- 被陌生人拒绝或排斥
- 遭受严厉批评

恶心是内隐致敏化最常见的厌恶场景，社交排斥和拒绝也常常被选用。你所选用的场景应该令你感到厌恶，以至于你一想到它，身体就会产生异样的强烈感受。真正感受到你的排斥或身体上的恐惧是关键因素。例如，一个让你感到恶心的想法应该伴随着一段让你感到恶心的特定记忆，之后你开始真的感到恶心。

第五步：把令自己愉快的和厌恶的场景匹配起来

在你能够清晰地想象和体验自己所厌恶的事物以及与之相关的记忆或场景之后，你就可以开始将它与你的愉悦场景层级中的场景进行匹配了。以下是室内油漆工马科斯的例子，他是如何处理他的场景层级中的第五个场景——吃肉桂面包的呢？他先是坐在他最喜欢的椅子上，用快速的肌肉放松法来放松全身的肌肉。当他感到放松下来之后，他开始想象他的组合场景：

我现在感到很放松。电视开着，有一道蓝色的光。我瘫坐在椅子上，想着找点东西吃。我走进厨房，给五片肉桂面包涂上黄油，它们看起来很好吃。当我把第一片面包送进嘴里时，我开始感到很恶心。就像上次我吃了坏螃蟹那样，我突然觉得胃很不舒服。然后我开始咬第一口，但我之前吃的东西全都从胃里涌了上来，我吐得到处都是。我把面包扔进垃圾桶，打开窗户。我立刻感到如释重负。当我呼吸到新鲜空气时，那种恶心感就消失了。

以下是一些建议，来帮助你将愉悦场景层级中的每一个场景与令你感到厌恶的场景一一匹配起来：

1. 详细描述你的愉悦场景层级中的某一个场景，包括它给你带来的愉悦感受。

2. 添加生动的细节，描述令你厌恶的事物，来抵消你刚刚所感受到的愉悦。

3. 想象一下，当你停止做出旧有习惯行为时，你立刻感觉好多了。

为你的场景层级中的每个场景写出这种三步式方案。你可以写在另一张空白的愉悦场景层级表格上，或者如果你需要更多的空间，你可以另外找一张白纸。你的厌恶场景应该尽可能地令你感到厌恶，并充满细节，这样就可以尽可能地消除你所有的愉悦体验。在你消除了旧有的令你愉悦的不良习惯之后，一定要及时消退令你感到厌恶的事物或场景，让自己立即感到放松和舒适。

当你用厌恶场景重写了场景层级中的所有场景之后，你就可以开始练习内隐致敏化了。仔细阅读场景层级中的第一个场景，直到把它清晰地印在脑中。闭上双眼，用渐进式肌肉放松法或快速的肌肉放松法进行放松。这些放松训练可以帮助你构建更加清晰的想象。当你感到肌肉紧张全都得以释放时，可视化想象你的第一个场景，从它给你带来的愉悦感受开始。注意你所看到的、闻到的和听到的，注意你正在做的每一件事。然后马上进入厌恶体验，直到你开始感到不舒服和厌恶。注意，在你停止做出旧有习惯行为之后，马上去想象好的感受，来让自己舒适一些。

用这一方法对你的场景层级中的每一个场景都进行可视化想象，每天练习 3 ～ 5 次，工作一两个场景。在大约一周的时间内，你就可以完成整个场景层级的练习。

第六步：改变令自己厌恶的场景

现在你要改变场景，远离那些之前为了消除自己的不良习惯而选取的呕吐、被排斥等厌恶反应。当你第一次感到恶心的时候，就把食物放下，站起来离开酒吧、退出纸牌游戏等，然后想象自己开始感觉好些了。下面是马科斯对他的场景层级中的第五个场景做出的改写，体现了这种改变：

我现在感到很放松。电视开着，有一道蓝色的光。我瘫坐在椅子上，想着找点东西吃。我走进厨房，给五片肉桂面包涂上黄油，但我有一种反胃的感觉，于是我马上把面包放下，我立刻感到放松了。

再次浏览你的场景层级，修改这些场景，这样你就可以不用去经历厌恶场景了。之后像往常一样，对每一个场景练习 3 ～ 5 次，然后进入下一个场景，每天只练习一两个场景。

第七步：在现实生活中练习内隐致敏化

在你掌握了用可视化想象练习进行内隐致敏化的技术之后，当你做出旧有不良习惯行为的欲望很低时，你可以添加更有诱惑力的事物或情境，继续练习。当你对抑制不良习惯更有信心时，当诱惑更强烈时，你可以开始进行内隐致敏化练习。例如，如果你一直在努力控制自己对美食的渴望，你可以先在自己不太饿的时候路过一家面包店的橱窗，在你往里看的时候练习内隐致敏化。之后，当你对自己更有信心的时候，你可以在早餐前经过面包店，重复这一练习。

特别注意事项

如果你很难想象或感受到一种厌恶刺激所带来的身体反应，那么你可以通过闻腐肉、臭鸡蛋或氨气，来让自己感受一下恶心的感觉。你也可以试着屏住呼吸，做俯卧撑，或者制造一些刺耳的声音。

当你进行内隐致敏化练习时，一定要把握好恶心或其他厌恶刺激的生效时间，使之与你开始做出旧有不良习惯行为的时间段恰好吻合。在你停止做出旧有习惯行为的时候，就立即切断厌恶刺激。

内隐致敏化的效果可以通过强化练习得以加强。如果你又开始感到自己想要重拾破坏性习惯，或者这一冲动变得愈加强烈或频繁，你可以重新对你的场景层级进行工作，重新建立你对厌恶场景的敏感。

第21章 问题解决

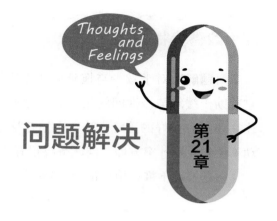

难以解决的问题会引发长期的情感痛苦。当你一贯的应对策略失效时，一股不断增长的无助感会让你更难找到新的解决方案。能够松一口气的可能性似乎在减弱，问题开始显得难以解决，焦虑或绝望的心情可能会空前地增加。

1971 年，心理学家托马斯·德祖里拉和马文·戈德弗里德将“问题”描述为未能找到有效的应对措施。例如，一个人早上找不到自己的一只鞋子，这本身并不是问题，只有当他不去看床底时，这才会成为一个问题，因为最后很有可能会在床底下找到鞋子。如果他去水槽、药柜或是垃圾处理器里找这只鞋子，他就是在制造一个问题——他的这些行为并不能有效地帮助自己找到鞋子。在本章中，我们将概述一个问题解决策略，它将帮助你为各种类型的问题找到有效的解决方案。

能否改善症状

问题解决对于减少与拖延症和无法做出决策有关的焦虑是有效的。它有助于缓解与慢性问题相关的无力感或愤怒感，而这些慢性问题目前往往还没有很好的治疗方法。在治疗忧虑、抑郁、不良习惯、拖延、行动不便和人际冲突方面，问题解决很有帮助。

问题解决不推荐用于治疗惊恐障碍或全球性的普遍焦虑状况。

何时能够见效

你可以将问题解决的技巧在学习的当天就付诸实施。经过几周的练习，这些步骤的使用会很快变成一种自动反应。

说明与指导

我们在本章中所介绍的问题解决策略包含以下 7 个步骤：

1. 描述自己的问题。
2. 概述自己的目标。
3. 列出备选策略。
4. 评估期望策略的可能结果。
5. 确定实施策略的步骤。
6. 尝试运用解决策略。
7. 评估最终结果。

第一步：描述自己的问题

问题解决的第一步是确定你生活中的问题发展到了什么程度。人们通常会在经济状况、工作情况、人际关系和家庭生活等方面遇到一些问题。以下所给出的问题清单将帮助你找出你最难以应对和出现问题最多的生活领域。在你培养自己问题解决能力的过程中，这些就是你需要重点关注的领域。

在列出所有场景之后，在最能描述它对你生活的影响程度的方框中打钩：

- 没有影响：不会对你造成困扰
- 轻微影响：轻微地影响了你的生活、消耗了你的精力
- 中度影响：对你的生活有比较明显的影响
- 重度影响：严重地扰乱了你的日常生活，对你的幸福感有着强烈的负面影响

如果你难以确定某一特定场景对你造成了多大的影响，你可以进行可视化想象，想象自己正身处那一场景之中，其中有许多景象、声音和人的动作，看起来非常真实。在这一场景中，你会感到愤怒、沮丧、焦虑或困惑吗？这些都是预警情绪，表明你可能处在一个问题场景中，你应对这一场景的方式不起作用。

问题清单

	影响程度			
	没有影响	轻微影响	中度影响	重度影响
健康问题				
失眠问题				
体重问题				
感觉身体疲惫和虚弱				
有胃病				
慢性疾病				

（续）

	影响程度			
	没有影响	轻微影响	中度影响	重度影响
健康问题				
早上起床困难				
饮食欠佳、营养不良				
经济状况				
入不敷出				
购买基本生活必需品的资金不足				
债务增加				
意外花销				
用于爱好和娱乐的钱太少了				
没有稳定的收入来源				
好多家人需要我提供经济支持				
生活环境				
糟糕的社区				
离公司或学校太远				
房子太小了				
环境令人不悦				
很多东西急需修理				
与房东关系不佳				
工作情况				
工作单调而乏味				
与老板或主管关系不佳				
匆匆忙忙，倍感压力				
需要更多的教育经历或工作经验				
害怕丢掉工作				
和同事相处不好				
失业				
环境令人不悦				
在工作中需要更多的自由				
心理状况				
特定的不良习惯				
宗教问题				
与权威人士之间关系不佳				
竞争目标或要求				
执着于遥远的或无法实现的目标				

（续）

	影响程度			
	没有影响	轻微影响	中度影响	重度影响
心理状况				
缺乏动力				
有时会感到非常沮丧				
在某些时候感到很紧张				
感觉无法实现目标				
感到很生气				
感到忧虑				
娱乐活动				
不能玩得尽兴				
不擅长体育运动或游戏				
空闲时间太少				
很少有机会欣赏艺术或进行自我表达				
很少有机会欣赏自然				
想要去旅行				
需要一个假期				
想不出能做什么好玩的事情				
社交关系				
胆怯和害羞				
没有很多朋友				
很少与人亲密接触				
感到孤单				
与一些人相处得不好				
失败的或即将失败的爱情				
感觉被冷落				
爱和情感的缺失				
对他人的批评很敏感				
想要与人更亲近				
不被他人理解				
不知道如何与人交谈				
没有找到合适的伴侣				
家庭生活				
感觉被家人排斥				
与伴侣不和				
不能与孩子（们）和睦相处				

（续）

	影响程度			
	没有影响	轻微影响	中度影响	重度影响
家庭生活				
感觉被困在痛苦的家庭环境中				
对于失去伴侣的不安全感和恐惧感				
无法对家人坦诚相待				
渴望与伴侣以外的人发生性关系				
与父母发生冲突				
与伴侣有着不同的兴趣				
被亲戚干涉				
婚姻关系破裂				
孩子在学校闯祸了				
有家人生病了				
家里老是争吵声不断				
对伴侣感到愤怒或怨恨				
对家人的一些习惯感到不满				
对家人感到担心				

其他

如果还有一些给你的生活带来中度或重度影响的情况没有列出，你可以把它们写在下面的空白处。

____

____

____

现在回顾一下这一清单，找出对你的生活影响最大的一类生活领域。在这一生活领域中，选出一个你认为会对你产生中度或重度影响的场景。

把以下给出的问题分析工作表复印几份，你也可以扫描目录下方二维码下载这一表格。你可以使用这一工作表来分析你所选出的场景。试着在每个栏目里写出尽可能多的内容，如果空间不够，你可以再用一张纸。

你可以根据场景中有哪些人、发生了什么、发生在哪里、是什么时候发生的、是怎么发生的以及为什么会发生，来描述这一场景，这样将有助于你更好地分析自己的问题，还能帮助你发现许多之前没有发现的细节。慢慢来，仔细描述你的行为、感受，以及你所想要的，这些都非常重要，这些信息会为之后形成解决方案提供线索。紧跟着的是简所记录的问题分析工作表，她有一个正处于叛逆期的 12 岁的儿子。

问题分析工作表

场景（从问题清单中选取或用自己的话简单描述）：______

场景中有哪些人？______

发生了什么？（已经发生的什么事或是没能做的什么事让你感到困扰？）______

发生在哪里？______

是什么时候发生的？（在一天中的什么时间？发生频率如何？持续多长时间？）______

是怎么发生的？（有没有遵循什么规律？人们都有哪些情绪？）______

为什么会发生？（对于当下的情况，你和其他人都是怎么解释的？）______

你会怎么做？（你对问题场景的实际反应是什么？）______

你有怎样的感受？（愤怒？沮丧？焦虑？困惑？）______

你想要什么？（你想改变什么事情？）______

简的问题分析工作表

场景（从问题清单中选取或用自己的话简单描述）：和儿子相处得不好

场景中有哪些人？12 岁的儿子，吉姆

发生了什么？（已经发生的什么事或是没能做的什么事让你感到困扰？）他不做家务，不去扔垃圾、给花园浇水、收拾桌子

发生在哪里？在家里，他尤其喜欢待在家庭娱乐室的电视机前

（续）

是什么时候发生的？（在一天中的什么时间？发生频率如何？持续多长时间？）在下午和晚上，大约两个小时，几乎每天都这样

是怎么发生的？（有没有遵循什么规律？人们都有哪些情绪？）我越提醒他做家务，他就越不高兴。我生气的时候，他就坐在那儿不动，只有在我威胁不让他看电视之后，他才会满腹牢骚地开始做家务

为什么会发生？（对于当下的情况，你和其他人都是怎么解释的？）他正在经历这个特殊的年龄段。我对他期望太高了。他根本不在乎我的感受

你会怎么做？（你对问题场景的实际反应是什么？）我默默忍受，先是提醒他，之后转变成持续唠叨，最后只好斥责和威胁他

你有怎样的感受？（愤怒？沮丧？焦虑？困惑？）生吉姆的气；觉得他一点儿也不关心我；倍感压力和不安

你想要什么？（你想改变什么事情？）我想要吉姆听我的话

第二步：概述自己的目标

在完成了问题分析工作表之后，是时候设定一个或多个目标来做出改变了。看一看自己对这一问题有什么反应：你做了什么，你感觉如何，你想要什么。记录下这些情况对制定具体的目标特别有帮助。你可以在下面的空白处记录3个目标，来解决你刚刚分析的问题：

目标A：________________

目标B：________________

目标C：________________

简感到非常震惊，为了让吉姆服从自己的管教，她用了那么多无效的方法，即使它们并不起作用，她也一直在使用这些方法。但简的问题其实并不仅仅是因为吉姆的叛逆，她很担心自己在与儿子互动时倍感压力和愤怒。她需要冷静下来。她意识到，自己的不安很大程度上源于一种越来越强烈的感受，即吉姆并不在意她。这种感受也需要得到改变。

简决定设定以下 3 个目标来解决自己的担忧：

目标 A：想出有效的策略来让吉姆愿意听我的话

目标 B：冷静下来

目标 C：感受到吉姆对自己更多的关心

第三步：列出备选策略

在问题解决的这一个阶段，你要进行头脑风暴，想出一些策略来帮助自己实现新设立的目标。亚历克斯·奥斯本曾出版过一些关于创造性思维的书，在 1963 年，他概述了一种经受住了时间考验的头脑风暴技术及其所包含的 4 项基本原则：

- **不去评判**。你可以写下自己所有新的想法和解决策略，不去评判它是好是坏，可以在稍后的决策阶段再来进行评估。
- **放飞思维**。你的想法越疯狂越好。遵循这一原则可以帮助你摆脱常规思维，突破对问题旧有的、有限的看法，从一个完全不同的角度来看待问题。
- **想法越多越好**。你所产生的想法越多，就越有可能涌现出一些绝妙的想法。把这些想法一个接一个地写下来，不要过多考虑每个想法，列出一个长长的清单。
- **合并和改进想法**。回顾一下你的清单，看一看能不能合并或改进一些想法。有时候两个很好的想法可以被合并成一个更好的想法。

对于实现目标的一般策略可以使用头脑风暴，而在确定具体行动的各种细节之前，你需要制订一个良好的总体策略。在第五步中，你能够了解如何从细节处来实施这些策略。

你可以使用以下表格来列出实现每个目标的 10 个备选策略。重要的是不要太快放弃寻找备选策略，你想出的第 10 个策略可能是最好的，也不要被限制在这10个策略里。如果你想出了更多的策略，把它们单独列在一张纸上。(在以下空白表格之后是简的例子，供你参考。)

备选策略列表

目标A：______

1. ______
2. ______
3. ______
4. ______
5. ______
6. ______
7. ______
8. ______
9. ______
10. ______

目标B：______

1. ______
2. ______
3. ______
4. ______
5. ______
6. ______
7. ______
8. ______
9. ______
10. ______

目标C：______

1. ______
2. ______
3. ______
4. ______
5. ______
6. ______
7. ______
8. ______
9. ______
10. ______

简的备选策略列表

目标 A：想出有效的策略来让吉姆愿意听我的话
1. 让吉姆做完家务后才能看电视
2. 多给吉姆一些零用钱，和做家务挂钩
3. 把吉姆的电脑砸了
4. 让吉姆随意处置他自己的房间吧，只需要在公共区域做家务
5. 在吉姆早上上学之前，和他说明他要做家务
6. 制作一个家务表
7. 每周为完成家务提供奖励（像是电子游戏积分一类的东西）
8. 如果吉姆没有在规定的时间内完成家务，就没收吉姆的手机
9. 如果吉姆没做家务，就让他自己做午饭
10. 吉姆做完家务才能解锁使用电脑的特权
目标 B：冷静下来
1. 无论发生了什么都不要冲吉姆大喊大叫
2. 我开始感到不安或生气的时候，就停下来休息一下
3. 把电视机砸了——各种声音快把我逼疯了
4. 让老公来管教孩子
5. 休假一周，去爬山
6. 去做按摩
7. 去参加放松训练课程
8. 在孩子们睡着后，和老公互相做按摩
9. 吃些安定片
10. 重拾游泳这项运动
目标 C：感受到吉姆对自己更多的关心
1. 不管吉姆做了什么或没做什么，都不要冲他大喊大叫
2. 多和吉姆聊天，而不是一味责备他
3. 让老公来管教孩子
4. 每天自然地拥抱吉姆两三次
5. 当吉姆做家务的时候，给他一个拥抱
6. 多多表扬吉姆
7. 每天至少向吉姆问一次，他在学校里发生了什么
8. 如果吉姆不听自己的话，就和他在一起待一会儿，看看出现了什么问题
9. 不断提醒自己，与吉姆共享快乐的感受比让他每天做家务更重要。在镜子上贴上提示语来提醒自己
10. 与吉姆聊聊我遇到的问题并问问他的看法

最后，简决定把其中一些想法合并起来。例如，她在目标 A 中合并了 3 项：在吉姆做完家务之前，不让他玩电脑、看电视或玩手机。在目

标C中她合并了2项：每天至少向吉姆问一次，在他的一天中发生了什么，也和吉姆聊聊我遇到的问题并问问他的看法。

第四步：评估期望策略的可能结果

现在你已经列出了自己的几个目标，每个目标至少有10个实现它的备选策略。下一步就是选出最可能有效的策略，并评估将其付诸行动的可能结果。对于一些人来说，一旦他们想到了一个可行的策略，这种评估结果的过程就会自动发生；而另外一些人则会考虑得更晚一些。无论你是哪一种情况，认真完成这一步都会对你很有帮助。

使用以下给出的“结果评估”工作表来帮助自己更慎重地衡量可能结果。将以下表格复印几份，你也可以扫描目录下方二维码下载这一表格。首先，选出一个你最想实现的目标。例如，简选择了目标C“感受到吉姆对自己更多的关心”，因为她开始意识到这可能是她所有问题的根源。回顾一下你为实现自己的目标而想出的备选策略列表，划掉所有明显不良的策略，可能的话，将几个策略合并成一个策略。试着将你的清单精简为最能代表你的绝妙想法的3个策略。

在工作表中列出这3个策略。在每个策略下，列出你能想到的所有消极和积极的结果。将这些策略付诸行动会如何影响你的感受、需要或愿望？会对你生活中的其他人产生什么影响？会如何改变人们对你的反应？会如何影响你当下、下个月或者明年的生活？花些时间来为每个备选策略评估其积极结果和消极结果。

当你列出了一些最可能发生的结果之后，看看每一个结果，问问自己它们发生的可能性有多高。如果某一结果不大可能发生，就把它划掉，因为你可能是在自己吓自己，或者过于乐观。之后对没有划掉的可能结果进行如下的评分：

- 如果这一结果主要是针对个人的，计2分。

- 如果这一结果会对他人造成很大影响，计 1 分。
- 如果这一结果的影响是长期的，计 2 分。
- 如果这一结果的影响是短期的，计 1 分。

这一结果可以既针对个人，也造成了长期的影响（共计 4 分），或者既针对个人，也对他人造成很大影响（共计 3 分），诸如此类。

将每个策略的评分相加，看看积极结果的得分是否高于消极结果。然后选出积极结果得分最高于消极结果得分的策略。（在空白工作表之后是简的例子，供你参考。）

结果评估

策略：			
积极结果	评分	消极结果	评分
共计：		共计：	
策略：			
积极结果	评分	消极结果	评分
共计：		共计：	
策略：			
积极结果	评分	消极结果	评分
共计：		共计：	

简对目标 C 的结果评估

策略：让老公来管教孩子

积极结果	评分	消极结果	评分
我会更放松一些	3	老公可能不太情愿	2
我会有更多自己的时间	2		
我和儿子的关系会更好	3		
共计：	8	共计：	2

策略：每天至少向吉姆问一次，在他的一天中发生了什么，也和吉姆聊聊我遇到的问题并问问他的看法

积极结果	评分	消极结果	评分
我们更能理解彼此，关系更加亲密	4	吉姆还是一直不做家务	3
吉姆不会再倍感压力了	2	和吉姆交流我的问题会让他产生负担或感到内疚	3
我会有更多自己的时间	2		
共计：	8	共计：	6

策略：不管吉姆做了什么或没做什么，都不要冲他大喊大叫

积极结果	评分	消极结果	评分
家里会安静一些	3	吉姆还是一直不做家务	2
我对吉姆感情的伤害会变小	2	我的受挫感会增加	4
共计：	5	共计：	6

第五步：确定实施策略的步骤

现在你需要确定将你的策略付诸行动的各个步骤。简在对结果进行评估之后发现，让老公艾萨克来管教孩子似乎是最好的选择，因此她确定了以下 4 个步骤，来将她的策略付诸实践：

1. 星期二在吉姆睡觉后，和艾萨克讨论这个话题。
2. 每天下班后花 5 分钟和艾萨克交流一下吉姆做家务的情况。
3. 让艾萨克每天晚上多和吉姆待在一起，关注吉姆做家务做得怎么样。

4. 将我之前用在管教吉姆的时间拿来犒劳一下艾萨克，比如为他烤个特别的甜点或者给他按摩一下后背。

如果你很难想出具体的行动步骤，你可以试着进行头脑风暴，来制订一份备选策略列表。之后，利用你在选择总体策略时所学到的技巧，来评估这些步骤可能产生的结果。

第六步：尝试运用解决策略

实际上，尝试运用解决策略是最困难的一步，因为你现在必须采取行动，但这样也有可能获得很高的回报。你已经对一些旧有情境制订了新的策略，现在是时候把这些策略付诸实践了。

第七步：评估最终结果

在你尝试运用新的解决策略之后，观察事情的结果如何。结果是否如你所料？你对这些结果是否感到满意，新的策略能否帮助你实现目标？如果不能，回到你的备选策略列表。你从中选取别的策略，也可以再设法想出新的策略。之后继续第四步到第七步的过程。

参考示例

43 岁的阿尔是一家塑料公司的产品经理，他对自己的工作越来越不满意。他厌倦了一遍又一遍地监督相同包装部件的生产。6 个月前，公司业务转向了计算机辅助设计新软件，阿尔对此非常着迷。他想要重返学校学习计算机辅助设计课程，萌生了减少工作时间的想法。

阿尔的老板并不看好他的这一规划，他们就这个问题发生了几次冲突。阿尔感到愤愤不平，开始忽视自己在生产线上的工作职责，这引发了他与老板之间更多的冲突。以下是阿尔如何将在本章学到的问题解决策略应用到自己问题上的策略。

第一步：描述自己的问题。阿尔是这样描述他的问题的。我的工作很无聊。我想重返校园，之后转行。我和老板的关系不好。我想请假去上学，但老板不让。之后，阿尔完成了一份问题分析工作表，列出了场景中有哪些人、发生了什么、发生在哪里、是什么时候发生的、是怎么发生的以及为什么会发生。他还仔细考虑了自己对这一场景的反应：

- **做法**：向老板请假，被拒绝，抱怨，脾气暴躁地把气撒在制造商身上，怪罪他忽视细节。
- **感受**：我感到愤怒、沮丧，还被老板“鄙视”了。
- **目标**：对自己的工作不那么厌烦。

第二步：概述自己的目标。在仔细阅读了自己的问题分析工作表之后，阿尔制定了3个目标：与老板的关系更好一些，更喜欢自己的工作，学习更多计算机辅助设计知识。

第三步：列出备选策略。以下是阿尔为了实现上述目标而制订的一些备选策略。

- **与老板的关系更好一些**

A. 参与创建超薄DVD系列的新生产线。

B. 停止抱怨和挑起争端。

C. 直接辞职，重返校园，做一些线上工作来养活自己。

- **更喜欢自己的工作**

A. 与同事之间有更多的人际互动。

B. 参加公司的退休人员宴会和生日宴会。

- **学习更多计算机辅助设计知识**

A. 在工作中尝试并学习与软件有关的一切知识。

B. 参加夜校课程。

C. 与老板协商，每周请一个上午的假去上课。

第四步： 评估期望策略的可能结果。阿尔划掉了几个明显不佳的策略，比如直接辞职。对于剩下的策略，他考虑了长期与短期的结果，以及对自己与他人的影响。他逐渐了解到，自己最好的选择是参与新的产品线，停止抱怨，多多经营与同事之间的关系。他的目标是改善自己和老板的关系，这样他就可以和老板重新协商休假的问题了。

第五步： 确定实施策略的步骤。由于所有这些策略都涉及改变习惯性的行为方式，阿尔发现将这些策略付诸实践确实有点困难。因此，他多次进行了头脑风暴，制定了一些需要每天遵循的具体步骤。

第六步： 尝试运用解决策略。阿尔将他的计划付诸实践，并承诺坚持这一新方法 5 周的时间。

第七步： 评估最终结果。阿尔很高兴地发现，自己和老板的关系确实得到了改善。他开始忙碌起来，也很少再与老板起冲突，因此他更喜欢自己的工作了。最终，他和老板商量着用 2 周的时间来试验一下，允许他在周二上午请几个小时的假，去上继续教育的课程。当老板看到阿尔仍然可以很好地服务顾客，并完成其他工作职责时，他同意让阿尔定期请假，去当地的一所学校参加计算机辅助设计课程。

特别注意事项

有些人对问题解决技术的复杂步骤感到有点不知所措，他们的反应是："我真的有必要这样做吗？"答案是肯定的，特别是当你已经深受某个问题情境困扰的时候，你旧有的、习惯性的解决策略无法再起作用。你需要遵循问题解决技术，一步步地确定并实现你的目标。之后，你可以精简这一过程来找到适合自己的风格，之后大部分过程都将变成你的自动化反应。

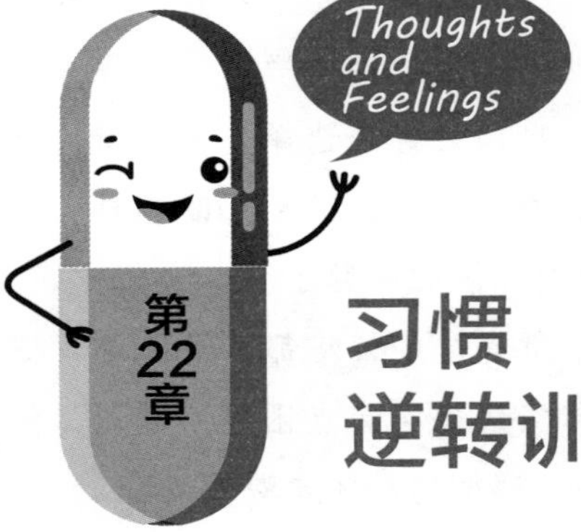

第22章 习惯逆转训练

抽动障碍（tic disorder）——如不断抓皮肤、拔头发、眨眼睛、清喉咙和喋喋不休——的发病人群通常是年轻人，一般在六七岁时开始出现相关症状，在青少年早期达到高峰，在成年早期症状减轻但不一定消失。这些令人痛苦的行为远远超出了人们通常认为的“不良习惯”。

抽动障碍有遗传性及神经学的基础，患者会感到自发地、不自主地、无意识地做出这些行为，常常会说“我受不了了”“事情就这么发生了”，或者“大多数时候，我甚至都没有意识到我在做什么”。基于抽动障碍的生理基础，抽动障碍患者通常需要接受药物治疗，然而效果好坏参半。药物通常不能完全消除个体不想要的行为，还可能产生副作用，以至于患者很难持续服用药物，有人会放弃药物治疗。

幸运的是，患者能够在一定程度上对抽动障碍进行自主控制，其频率和严重程度随环境和情况而异。习惯逆转训练（habit reversal training）利用抽动障碍的这些特征，通过增强个体对抽动感觉和行为的意识，帮助个体发展替代性行为，并鼓励其在各种现实生活场景中练习做出这些替代性行为，来治疗抽动障碍（Woods，2007）。

能否改善症状

自 20 世纪 90 年代末以来，越来越多的研究表明，习惯逆转训练可以有效地降低与抽动秽语综合征（Tourette syndrome）、拔毛障碍（拔头发）和抓痕障碍（皮肤搔抓）等令人痛苦的习惯行为的出现频率和强度。习惯逆转训练通常与针对抽动障碍的潜在神经系统诱因的精神活性药物一起使用。

何时能够见效

单一的抽动行为可以通过一两个小时的练习，来降低其严重程度和发生频率。涉及多种行为的更复杂的抽动障碍通常需要 3 ～ 10 次练习，每次练习大约 1 小时。随着时间的推移，一些压力情境可能会让你重返这一章来进行练习。

习惯逆转训练包含以下 5 个步骤：

1. 描述问题性习惯。

2. 进行放松训练。
3. 发展竞争性反应。
4. 激发动机。
5. 发展新的技能。

第一步：描述问题性习惯

你首先需要完全地觉察到，自己想要改变的习惯性抽动行为有哪些，它们发生的频率如何，发生之前自己有哪些感觉或冲动，以及在什么情况下自己的抽动行为更有可能被触发。个体通常很难觉察自己的抽动行为，从微妙的预感到紧迫的感觉到抽动行为本身，到之后的紧张感的降低。

然后，站在一面全身镜前，花10分钟来观察自己。（你也可以制作一个可以反复观看的视频。）把朋友或家人对你的观察加进来，有时也会有帮助。有些人发现使用计数器来记录抽动次数会很有帮助。

丹尼丝是机动车辆管理局的一名20岁的记录员。8岁时，她患上了抽动秽语综合征，症状包括清喉咙、眨眼睛、吐舌头、扭头等。

丹尼丝站在一面全身镜前，手里拿着一个小计数器。每次自己清喉咙时，她都按一下计数器，在10分钟时间里，她按了30次计数器，平均每分钟清喉咙3次。丹尼丝还让她姐姐在她们一起去买菜的时候观察她。在公共场合，丹尼丝知道自己会被注意到，她会更频繁地清嗓子：每分钟10次。在工作中，丹尼丝请一位值得信赖的同事在两周的时间里间歇性观察她，这样丹尼丝就能够捕捉到自己在做出抽动行为时的感觉。

无论你选择哪种方法，你都要观察自己的抽动行为，填写下面给出的习惯描述工作表。你可以把这一表格多复印几份，也可以扫描目录下方二维码下载这一表格。在空白工作表之后是丹尼丝的例子，供你参考。

习惯描述工作表

抽动行为	发生频率	冲动	触发情境

丹尼丝的习惯描述工作表

抽动行为	发生频率	冲动	触发情境
清喉咙	根据紧张程度的不同，每分钟发生 3 ～ 10 次	喉咙发痒，感觉我可能会打嗝，或者被从胃里涌上来的东西噎到	当上司在工作中问我一个问题，或者我不得不给一个陌生人打电话时，情况会更糟糕
用力而快速地眨眼睛，双颊向上，眉毛向下，努力往一处挤来扮鬼脸	每分钟最多发生 8 次	感觉有什么不对劲，比如光线太亮了，或者空气雾蒙蒙的	当我集中注意力或者试图弄清楚某件事情的时候
伸出舌头，张大嘴巴，绷紧颈部的肌肉	感到紧张时，每分钟发生一两次	有一种需要释放的紧张感，否则就会爆发	当我身处老师、医生、权威人士之中时
头迅速向右转，然后慢慢地回到正中位置	每分钟发生 2 ～ 4 次	感觉像是要打喷嚏，但是在脖子那里	当我在努力解释工作上的事情时；当我感到沮丧时

这种增强你对抽动行为的觉察的练习是正念技术的一种特殊应用。更多关于正念的知识和指导，请参阅第 9 章“正念”。

第二步：进行放松训练

在个体感到紧张的场景中，比如当肌肉因“逃跑或战斗”的反应而收紧时，抽动行为会更加频繁地发生。因此学习有意识地自我放松非常有意义。请参阅第 5 章“放松训练”，来了解更多关于放松技术的知识与指导。你可以练习腹式呼吸法和渐进式肌肉放松法，直到你可以明显地减少肌肉紧张。

第三步：发展竞争性反应

竞争性反应是一种替代性行为，用来对抗个体的抽动行为或冲动。最常见的竞争性反应包括等距紧绷肌肉，这与抽动行为中的肌肉运动相反。“等距紧绷”是指不去大幅度地收缩肌肉。例如，不要将手肘向外挥动拍打，而是让手肘向身体两侧压紧，力度要轻，但要足够坚定，以防抽动行为的发生。

在理想情况下，竞争性反应可以让个体：

- **维持1分钟，直到抽动冲动消退**
- **在社交场合不引起人们的注意**
- **在日常活动中同时进行**

以下是对一些个体有效的竞争性反应：

旧有抽动行为	竞争性反应
拔头发	将手放在身体两侧，握紧拳头
抓皮肤	将你的手平放在你想要抓挠的地方，向下按压
眨眼睛，眯眼睛，抽鼻子	非常缓慢地闭上眼睛、睁开眼睛（3～5秒） 每10秒眼睛向下看一次
伸舌头	轻抿双唇
噘嘴巴	轻抿双唇
手或手指抽动	双手交叉放在胃部并向下按压，或者双手平放在大腿上向下按压
突然转头	下巴微微向后收，收紧颈部肌肉，双眼平视前方
耸肩	双肩向下拉紧
摇头	收紧颈部肌肉，双眼平视前方
扬眉毛	眉毛微微下垂，保持不动
突然向前扭动肩膀	双肩向下拉紧，手臂和手肘向身体两侧压紧，双手交叉放在胃部
拍打手肘	手肘紧贴在身体两侧

发声型抽动行为略有不同，常见的有：重复自己或他人说的话、清

喉咙、咒骂、咳嗽、呼噜、抽鼻子，或发出动物的声音。对于这类突然的行为，其竞争性反应是用鼻子慢慢吸气，双唇微微张开，然后用嘴巴慢慢呼气。吸气的时间应该比呼气的时间稍短一些，大约吸气 5 秒，呼气 7 秒。这种缓慢的、有节奏的呼吸对于对抗发声型抽动所引起的肌肉紧张效果最好。

即使是在你和别人说话的时候，你也可以使用这种缓慢的呼吸技巧。用大约 5 秒钟的时间慢慢吸气，大约 7 秒钟的时间说话。然后停下来慢慢吸气，再多说几句。这听起来很别扭，也很不自然，但效果却出奇地好。长时间吸气能够给你时间来整理思路，让你更易进入沉思状态。缓慢呼气能够让你更加平静、慎重地说出你要说的话。

当你选好了适合自己的竞争性反应之后，你可以对着镜子练习每一个反应，直到你能够流畅而轻松地做出这些反应，看起来自然而不会引人注目。

第四步：激发动机

在这一练习中，你将使用以下工作表，通过代价、好处分析来帮助自己激发动机。对于你的每一种强迫行为，列出它所产生的“代价”，比如令人尴尬、形象不佳、产生误解、遭受社会排斥、错过机会等。之后在最后一栏中，列出做出竞争性反应所能带来的好处。

抽动行为及其代价、竞争性反应及其好处

抽动行为	代价	竞争性反应	好处

简在 11 岁时被诊断患有拔毛障碍（拔头发）。她的抽动行为是手指不停地捻弄自己的头发，然后挑出两三根头发，紧紧抓住它们，把它们拔出来。在上课或参加集体会议时，她总是要坐在最后一排，这样就没有人会看到她的这一强迫行为。然而实际上，她的同学和老师都知道她拔头发的事，还有同学取笑她，因此她的父母和老师都很担心，尝试了很多方法来让她不再拔头发。以下是简所记录的内容：

简的抽动行为及其代价、竞争性反应及其好处

抽动行为	代价	竞争性反应	好处
拔头发	当有同学取笑我的时候，我感到很尴尬 家长和老师都觉得我的举动很不正常 我的发际线和脖子那里有一些小的结痂和斑点	两只手握拳，贴紧身体两侧，或者放在膝盖上 做 3 次深长而缓慢的呼吸运动	动作看起来不那么明显 举止会得体很多 如果我愿意，我可以坐在前排了 同学们不会再取笑我

另一种激发动机的方法是寻求社会支持。让你的朋友和家人注意到你的努力，并赞美你所取得的点滴进步。在简的例子中，她从她的父母、她最好的朋友卡拉、她的老师、学校护士、她的哥哥、她的祖母那里都得到了很多支持。

第五步：发展新的技能

在你对自己的抽动行为进行工作的过程中，当你处于触发情境时，你可以使用竞争性反应进行对抗。马丁是一个 13 岁的孩子，曾经深受自己不断抓皮肤的困扰，他最近开始减少在学校上课时和课间抓皮肤的次数。当他感到自己想要掐小臂时，他就抱起双臂，张开双手紧紧地贴着小臂，直到想掐小臂的念头消退为止。

丹尼丝开始在工作场景中应对自己的抽动秽语综合征，尤其是当她不得不与上司对话的时候。在敲上司的门之前，她会先慢慢地闭上眼睛，然后进行深长而缓慢的呼吸，之后睁开眼睛。这一过程能帮助她尽可能

少地眨眼睛和清嗓子。

简在她所在的五年级教室里进行习惯逆转训练，每当她想要拔头发时，她就把双手攥成拳头。

当你能够在触发情境中成功地减少习惯性抽动行为时，你就可以尝试在其他情境中使用你的竞争性反应了，你的这一新技能将“泛化”到不同的情境中。马丁最终能够在游泳池中游泳，并穿着短袖参加夏令营。丹尼丝和她的一些同事一起参加了周五的“保龄球之夜”。简成功地度过了家庭聚会，没有引起爱指手画脚的汉娜阿姨的注意。

特别注意事项

有一些抽动障碍患者同时患有强迫症（obsessive-compulsive disorder，OCD）或注意缺陷与多动障碍（attention deficit hyperactivity disorder，ADHD）。这些是完全不同的问题，有着不同的症状和不同的治疗方法。如果你怀疑你的抽动行为与强迫症或注意缺陷多动障碍有关，请咨询专业人士，他们可以帮助你选择适合的治疗方案。

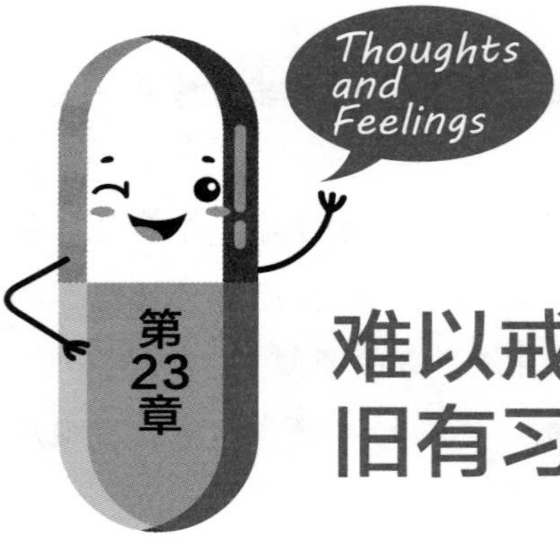

第23章 难以戒除旧有习惯

本书所介绍的每一项技术都旨在改变你对事物所做出的习惯性反应。然而，你的旧有反应方式已经伴随你很长时间了，它们对你来说非常熟悉，很难轻易得到改变。本章就来探讨，为何即使旧有习惯明显让你非常痛苦，你依旧难以戒除它们。

认知行为疗法不同于传统精神分析中的“谈话疗法”。在认知行为疗法的视角中，改变不会通过分析、对话、反思，或是仅仅去分析一些你的问题而产生。只有你自己切实地做出努力，才能收获改变。你必须踏踏实实地填写本书所给出的各种工作表，并勤奋地进行各种练习。

如果你发现自己想要略过一些练习或者只是想要敷衍了事，请你问一问自己以下问题：

- 我为什么要做这些练习？
- 这些练习对我来说真的很重要吗？

- 如果现在我没有在做这些练习，我会做些什么或者我想做些什么？
- 相比做练习来说，一些替代性活动对我来说更重要吗？
- 我能做好安排，从而能够同时做这两件事吗？
- 如果我现在不做这些练习，下一次我会具体在什么时候、什么地方练习？
- 如果我的练习取得了进展，我将不得不放弃什么？
- 如果我的练习取得了进展，我将面临什么？

常见的困难

使用认知行为技术的一个常见障碍是想象力的缺乏。以下是一些增强可视化想象能力的策略：

- 当你在进行可视化想象时，你要专注于自己的感觉而不是视觉，多多构建听觉、触觉、味觉和嗅觉的感官印象。例如，如果你试图想象自己的厨房，你可能会觉得你对它的视觉印象非常模糊。但是你可以把想象集中在烹饪食物的气味、冰镇苏打水的味道、房间的温度、木质桌面的触感、光脚踩在瓷砖上的感觉，等等。
- 详细描述你想要练习可视化想象技术的场景。
- 将你想要进行可视化想象练习的场景画出来，作为一种帮助自己觉察视觉细节的方法。留意哪些物体和细节让这一场景变得独特。

另一个主要障碍就是，不相信某种技术或练习会起作用。“不相信”是一个认知问题。你可能会不断对自己说一些沮丧的话，比如“我永远不会好起来的”“这样没用的”“这些事情对我没有帮助”“我太笨了”，或者“得有人教我怎么做”。而本书的一个基本原则就是，你要相信自己反复学习和练习的东西。如果你经常说一些消极的话，你就真的会以这种消极的方式去做出行动。如果你总是觉得本书帮不了你，那它就不会为你带来什么价值。如果你想要解决这个问题，你可以集中精力尝试练习一段时间，比如两周、一周，甚至一天。看看你的问题在这段时间之后是否发生了一些变化。如果你取得了一点进步，如果你的症状让你不再那么痛苦，或者发生得不那么频繁了，就请你再坚持练习一段时间。

倦怠常常是认知行为工作的一个阻碍。本书所介绍的许多技术都很无聊，但是它们的确有效。练习这些技术变成了一种交易：用几周偶尔感到的无聊来换取摆脱自己不想要的症状的自由。这可能是你在每天进行这些练习时都要做出的抉择。

此外，对新事物的恐惧是练习生效的一大障碍。当你意识到你有能力改变自己的思维和感受时，你的世界观就会发生改变。你不再把自己看作坏运气的无助受害者，而会成为自我阅历的积极构建者。当你戒除了一个不良习惯时，你的生活就会发生改变。有很多人宁愿坚持一个虽然带来很多痛苦但令自己感到熟悉的习惯，也不愿去适应没有它的新生活。

仅仅是遵循一些新的建议和指导也可能引发焦虑。这些指导可能不完全贴合你的需要，它们可能过于详细、烦琐或僵化，也可能不够详细。无论是哪种情况，请记住，这些指导只是提供了一个概括化的大纲，你可以对它们进行调整，来适应你的个人需要。

时间管理不善也是一个主要障碍。那些半途而废的人通常会找借口，说他们的日程安排太紧，没有时间练习这些技术。然而，产生这种情况的真正问题是优先级排序，其他事情的优先级更高，下班后喝酒、出差、煲电话粥、看电视、上网，这些活动统统排在了练习之前。你需要像安排一天中其他重要的事情一样安排本书的阅读和练习。写下具体的时间和地点，遵守承诺，就像是已经和一个朋友约好了一样。

另一个经常被我们忽视的困难是，成功来得太快了。在这种情况下，你可能会想："克服这些问题很容易嘛，也许它根本就不是什么问题，我再也不用担心它了。"以这种方式来轻视一些不良习惯可能会让你在未来经历挫折。也许你没有立即觉察到，但这些不良习惯可能会在未来的行为模式中逐渐重现。为了避免这种情况发生，在你摆脱了特定的不良习惯之后，再继续使用本书所介绍的技巧一段时间。如果不良习惯确实再次出现，请立即重新阅读相关章节，再次进行练习。

典型的借口

当你错过一次练习时，你通常如何为自己辩解？典型的借口包括“我今天太累了”“我太忙了”“错过一次练习没关系的”“它太无聊了”“我今天感觉还好，不需要练习了”“家人需要我去帮忙”，以及“不管怎样，都不会有效的”。

在这些借口中，有一些确实有道理：你确实感觉很忙或很累，有人确实需要你的帮助，或是错过一次也没什么关系。而有问题的地方是，这些借口都在暗示，你的匆忙、疲惫、责任感阻碍了你阅读本书的内容并照此练习。而理想的情况应该是：“我累了。我可以做一下这个练习，但我今天选择去关注家人的需要。”

重要的是，你要为你所做出的选择负责，而不是把自己当成环境的被动受害者。你需要诚实地评估你的优先级。如果你的心理健康问题并没有排在优先级前列，那么你可能的确不会拿出足够的时间来掌握本书所介绍的技术。

大多数人的借口最终都会落到同一个主题上，他们通常会说：“我太忙了，没有我，一切都运转不了了。”例如，保险公司高管凯特琳很难将任务下发给别人，她认为只有她才能做好工作，即使是最轻微的错误也会给她带来很严重的后果。结果，她的办公桌上堆满了未完成的任务和项目。她被困在其中，她觉得哪怕是花了一丁点时间用来做书中的练习，都会让她的工作落后。她优先考虑的是成为一名成功的商人，其次才是一个健康的人。这种信念使她筋疲力尽，无法解决自己的问题。

你用来证明自己没有时间去掌握一种技术的借口，很可能和你的旧有习惯多年来得以延续的借口是一样的。这些借口都基于错误的前提之上。

签订合同

通常，仅仅与自己达成协议来掌握一项特定的技术是不够的。过一段时间你就会懈怠，重现旧有的行为模式。如果你经常出现这种情况，那么你对自己的承诺就不会像对别人的承诺那样有效。当你没有对自己履行诺言时，其他人并不会感到失望或担心，甚至没有人知道这件事。

如果你做事总是会半途而废，就与一个了解和关心你的朋友签订合同，让他监督你成功掌握本书所介绍的技术。确保你选择的人是你看重的人，你不想让他失望。你可以使用下面给出的合同表格，也可以扫描目录下方二维码下载这一表格。你们两人都要签字并保留一份复印件。

如果你担心练习失败会让朋友失望这一点还不足以激励你，就在合同中列出一条惩罚条款。例如，如果你不能信守承诺，你就得捐赠50美元给一个需要帮助的人，或者一个你特别不喜欢的人；如果你不能信守承诺，你就得去清理后院的杂草，或者将购买新电视的计划延迟。如果你将捐款作为惩罚条款，就让你的朋友把你的罚金装在一个已经贴好邮票、写好地址的信封里，一旦你没有履行合同，就把它寄出去。

改变合同

我已经决定使用本书所介绍的技术，特别是第____________章中所提到的技术，来应对我的____________问题。

我向____________（朋友的名字）承诺做到以下事情：

练习____________技术，每天（或每周）练习________次，持续________天（或周）。

在结束这段练习之后，我会对自己是否取得进步进行评估。

如有任何不遵守此承诺的情况，我将立即向上述人士报告。

______________________________　　　　______________________

（签名）　　　　　　　　　　　　　　　（日期）

我承诺，我会认真对待这件事情，并定期监督________（你的名字）的练习情况，其进步对我来说非常重要。

______________________________　　　　______________________

（朋友签名）　　　　　　　　　　　　　（日期）

无法摆脱习惯

有时即使是认真使用本书所介绍的技术并定期进行练习，你也无法摆脱一些自己不想要的习惯。出现这种情况有几个常见的原因：误诊、选错取向、尝到甜头。

误诊

有时候当你正在对自己的愤怒进行工作时，你实际上遇到的真正的问题是恐惧；当你的主要目标是戒酒或者戒除其他药物时，你实际上要首先处理的是你的抑郁问题；也许实际上是一个潜在的生理状况引发了你的问题。

为了帮助自己确定所工作的问题是否正确，请重新阅读第 1 章，并仔细阅读每个问题的描述。或者，你可能希望与精神健康专业人员合作，来确定第 1 章中所概述的哪种治疗方案最适合你。你还可以考虑做一次全面的体检。

选错取向

认知行为疗法中有 3 种取向：生理疗法、认知疗法和行为疗法。生理疗法的核心是放松技术（详见第 5 章），比如渐进式肌肉放松法、腹式呼吸法等。认知疗法包括发现和重构自动化思维、正念、解离、可视化想象等。行为疗法包括问题解决、暴露疗法等。

如果你大部分时间都在使用某一种取向，就尝试着把重点转向另一种取向，看看能否更好地控制习惯。例如，如果你大部分时间都在使用认知疗法，就多学习一些生理疗法或行为疗法中的技术。

尝到甜头

奇怪的是，很多人与自己的习惯产生了某种联结，这些习惯在他们的生活中可能起着重要的作用，他们从中尝到了甜头。例如，你的恐惧可能会帮你逃避一些不愿意承担的社会责任，这样你就不会让别人失望了。

确定你是否从自己的习惯中一直尝到甜头的一个简单方法是，记录其出现的时间和与其相关的活动。例如，你可能会发现，你本以为自己在所有社交场合都很紧张，但实际上，只有当有人来与你搭讪时，你才会感到紧张。你的紧张就像是在说："我现在没空。"

通常，这种甜头可以追溯到特定的事件或场景。问问自己，这一习惯是什么时候养成的，它们可能是你对压力场景合理的适应性反应。例如，一名年轻的教师每次坐车时都感到很焦虑。她从小就这样，因为当时她醉酒的父亲经常开车载她。如果她表现得非常害怕和吵闹，父亲就会很快把她送回家。在这一童年情境中，让自己表现出焦虑帮助她逃离了客观上的危险处境。

另一种可能性是，你与某个重要他人共享某个习惯，你俩对其产生了某种共识。例如，你可能会和你的父亲共享一个信念，即人是环境的受害者，伴随着一种沮丧和无助的感觉。在这种信念的影响下，你在遇到任何新挑战时都会先去预期失败，并不断找寻机会来强化这种信念。问问自己，常常和哪个家人共享一些信念和习惯，之后检验那个人的信念体系，并与你自己的进行比较。别人眼中的小斑点可能会帮助你开始注意到自己眼中的光束。

寻求帮助

如果你难以摆脱一些不良习惯，你可以咨询心理健康专家。养成这些习惯的旧有行为模式和信念很难被自己识别出来，专业人士可以帮助你挖掘其心理根源。即使你知道某些行为模式和信念已经开始让自己适应不良，你也很难一下子摆脱它们，因为它们对你来讲太过熟悉了。专业人士可以帮助你制订和实施治疗方案，并在你遇到困难时为你提供支持。

持久性回报

坚持到底，不要放弃。通过重构和修正自己的思维和感受来治愈自己，这种能力有着巨大的力量。你可以改变你的思维，从而改变你的感受。你可以通过改变你的思维结构来改变你的生活结构。你可以驱散自己的痛苦。“这本该是个职业秘密，”阿尔伯特·施韦泽（Albert Schweitzer）曾说，“但我还是要告诉你——我们医生其实什么也没做，我们只不过在一直支持和鼓励你内在的医生发挥效力。”

参考文献

Astin, J. A. 1997. "Stress Reduction through Mindfulness Meditation: Effects of Psychological Symptomatology, Sense of Control, and Spiritual Experiences." *Psychotherapy and Psychosomatics* 66(2): 97-106.

Barlow, D. H., and M. G. Craske. 1989. *Mastery of Your Anxiety and Panic*. Albany, NY: Graywind.

Beck, A. T. 1976. *Cognitive Therapy and the Emotional Disorders*. New York: International Universities Press.

Beck, A. T., G. Emery, and R. Greenberg. 1985. *Anxiety Disorders and Phobias*. New York: Basic Books.

Beck, A. T., and A. Freeman. 1990. *Cognitive Therapy of Personality Disorders*. New York: Guilford Press.

Beck, A. T., A. J. Rush, B. F. Shaw, and G. Emery. 1979. *Cognitive Therapy of Depression*. New York: Guilford Press.

Benson, H. 1975. *The Relaxation Response*. New York: Morrow.

Bourne, E. J. 1995. *The Anxiety and Phobia Workbook*. 2nd ed. Oakland, CA: New Harbinger.

Bradshaw, J. 1990. *Homecoming*. New York: Bantam.

Brown, T. A, R. M. Hertz, and D. H. Barlow. 1992. "New Developments in Cognitive-Behavioral Treatment of Anxiety Disorders." In vol. 2 of *American Psychiatric Press Review of Psychiatry*, edited by A Tasman. Washington, DC: American Psychiatric Press.

Cautela, J. 1967. "Covert Sensitization." *Psychological Reports* 20(2): 459-468.

Cautela, J. 1971. "Covert Modeling." Paper presented at the fifth annual meeting of the Association for the Advancement of Behavior Therapy, Washington, DC.

Clark, D. 1989. "Anxiety States." *In Cognitive Behavior Therapy for Psychiatric*

Problems, edited by K. Hawton, P. M. Salkovskis, J. Kirk, and D. Clark. Oxford: Oxford University Press.

Craske, M. G., and D. H. Barlow. 2008. " Panic Disorder and Agoraphobia. " In Clinical Handbook of Psychological Disorders: *A Step-by-Step Treatment Manual*, edited by D. H. Barlow. New York: Guilford Press.

Cuijpers, P., A. van Straten, and L. Warmerdam. 2007. " Behavioral Activation Treatments of Depression: A Meta-analysis. " *Clinical Psychology Review* 27(3): 318-326.

Davis, M., E. R. Eschelman, and M. McKay 1995. *The Relaxation and Stress Reduction Workbook*. 4th ed. Oakland, CA: New Harbinger.

Deffenbacher, J. L., D. A. Story, R. S. Stark, J. A. Hogg, and A. D. Brandon. 1987. " Cognitive-Relaxation and Social Skills Interventions in the Treatment of General Anger. " *Journal of Counseling Psychology* 34(2): 171-176.

D'Zurilla, T. J., and M. R. Goldfried. 1971. " Problem Solving and Behavior Modification. " *Journal of Abnormal Psychology* 78(1): 107-126.

Eifert, G. H., and J. P. Forsyth. 2005. *Acceptance and Commitment Therapy for Anxiety Disorders: A Practitioner's Treatment Guide to Using Mindfulness, Acceptance, and Values-Based Behavior Change Strategies*. Oakland, CA: New Harbinger.

Eifert, G. H., M. McKay, and J. P. Forsyth. 2006. *ACT on Life Not on Anger: The New Acceptance and Commitment Therapy Guide to Problem Anger*. Oakland, CA: New Harbinger.

Ellis, A., and R. Harper. 1961. *A Guide to Rational Living*. North Hollywood, CA: Wilshire Books.

Emmelkamp, P. M. G. 1982. *Phobic and Obsessive-Compulsive Disorders: Theory, Research, and Practice*.New York: Plenum.

Foa, E., E. Hembree, and B. Olaslov Rothbaum. 2007. *Prolonged Exposure Therapy for PTSD: Emotional Processing of Traumatic Experience, Therapist Guide (Treatments That Work)*. Oxford: Oxford University Press.

Freeman, A., J. Pretzer, B. Fleming, and K. Simon. 2004. *Clinical Applications of Cognitive Therapy*. New York: Plenum.

Greenberger, D., and C. Padesky. 1995. *Mind Over Mood: Change How You Feel by Changing the Way You Think*. New York: Guilford Press.

Gilbert, P. 2009. *The Compassionate Mind*. London: Constable.

Hackmann, A., D. Clark, P. M. Salkovskis, A. Well, and M. Gelder. 1992. " Making Cognitive Therapy for Panic More Efficient: Preliminary Results with a Four-Session Version of the Treatment. " Paper presented at World Congress of Cognitive Therapy, Toronto.

Hayes, S. C., and Smith, S. 2007. *Get Out of Your Mind and Into Your Life: The New Acceptance and Commitment Therapy*. Oakland, CA: New Harbinger.

Hayes, S. C., K. D. Strosahl, and K. G. Wilson. 1999. *Acceptance and Commitment Therapy: An Experiential Approach to Behavior Change*. New York: Guilford Press.

Hazaleus, S., and J. L. Deffenbacher. 1986. " Relaxation and Cognitive Treatments of Anger. " *Journal of Consulting and Clinical Psychology* 54(2): 222-226.

Horney, K. 1939. *New Ways of Psychoanalysis*. New York: Norton.

Jacobson, E. 1929. *Progressive Relaxation*. Chicago: University of Chicago Press.

Kabat-Zinn, J. *Full Catastrophe Living*. New York: Delta, 1990.

Kabat-Zinn, J., L. Lipworth, R. Burney, and W. Sellers. 1986. " Four-Year Follow-Up of a Meditation-Based Program for the Self-Regulation of Chronic Pain: Treatment Outcomes and Compliance. " *Clinical Journal of Pain* 2(3): 159-173.

Kabat-Zinn, J., A. O. Massion, J. Kristeller, L. G. Peterson, K. Fletcher, L. Pbert, W. Linderking, and S.F. Santorelli. 1992. " Effectiveness of Meditation-Based Stress Reduction Program in the Treatment of Anxiety Disorders. " *American Journal of Psychiatry* 149(7): 936-943.

Kabat-Zinn, J., E. Wheeler, T. Light, A. Skillings, M. Scharf, T. G. Cropley, D. Hosmer, and J. Bernhard. 1998. " Influence of a Mindfulness-Based Stress Reduction Intervention on Rates of Skin Clearing in Patients with Moderate to Severe Psoriasis Undergoing Phototherapy (UVB) and Photochemotherapy (PUVA). " *Psychosomatic Medicine* 60(5): 625-632.

Kaplan, K. H., D. L. Goldenberg, and M. Galvin-Nadeau. 1993. " The Impact of a Meditation-Based Stress Reduction Program on Fibromyalgia. " *General Hospital Psychiatry* 15(5): 284-289.

Kristeller, J. L., and C. B. Hallett. 1999. " An Exploratory Study of a Meditation-Based Intervention for Binge Eating Disorder. " *Journal of Health Psychology* 4(3): 357-363.

Linehan, Marsha. 1993. *Cognitive-Behavioral Treatment of Borderline Personality Disorder*. New York: Guilford Press.

Maletzky, B. 1973. " Assisted Covert Sensitization: A Preliminary Report." *Behavior Therapy* 4(1): 117-119.

McKay, M., M. Greenberg, M., and P. Fanning. 2019. *The ACT for Defectiveness-Based Depression Workbook*. Oakland, CA: New Harbinger Publications.

McKay, M., and P. Fanning. 1991. Prisoners of Belief. Oakland, CA: New Harbinger.

———. 1992. *Self-Esteem*. 2nd ed. Oakland, CA: New Harbinger.

McMullin, R. E. 1986. *Handbook of Cognitive Therapy Techniques*. New York: W. W. Norton.

Meichenbaum, D. 1977. *Cognitive Behavior Modification*. New York: Plenum.

———. 1988. " Cognitive Behavior Modification with Adults. " Workshop for the First Annual Conference on Advances in the Cognitive Therapies: Helping People Change, San Francisco.

Miltenberger, R. G. 1995. " Habit Reversal: A Review of Applications and Variations." In *Journal of Behavior Therapy and Experimental Psychiatry* 26: 123-131.

Neff, K. 2011. *Self-Compassion: The Proven Power of Being Kind to Yourself*. New York: Harper Collins.

Neff, K., and C. Germer. 2018. *The Mindful Self-Compassion Workbook: A Proven Way to Accept Yourself, Build Inner Strength, and Thrive*. New York: Guilford Press.

Novaco, R. 1975. *Anger Control: The Development and Evaluation of an Experimental Treatment*. Lexington, MA: D. C. Health.

O'Leary, T. A., T. A. Brown, and D. H. Barlow. 1992. " The Efficacy of Worry Control Treatment in Generalized Anxiety Disorder: A Multiple Baseline Analysis. " Paper presented at the Meeting of the Association for Advancement of Behavior Therapy, Boston.

Osborn, A. F. 1963. *Applied Imagination: Principles and Procedures of Creative Problem Solving*. 3rd ed. New York: Scribner.

Ovchinikov, M. 2010. " The Relationship of Coping Profiles and Anxiety Symptoms after Self-Help ACT Treatment." Dissertation, the Wright Institute.

Rackman, S. J., M. Craske, K. Tallman, and C. Solyom. 1986. Does Escape Behavior Strengthen Agoraphobic Avoidance? A Replication. *Behavior Therapy* 17(4): 366-384.

Saavedra, K. 2007. " A New Mindfulness-Based Therapy for Problematic Anger."

Dissertation, the Wright Institute.

Salkovskis, P. M., and J. Kirk. 1989. " Obsessional Disorders. " In *Cognitive Behavior Therapy for Psychiatric Problems*, edited by K. Hawton, P. M. Salkovskis, J. Kirk, and D. Clark. Oxford: Oxford University Press.

Speca, M., L. Carlson, E. Goodey, and M. Angen. 2000. " A Randomized, Wait-List Controlled Clinical Trial: The Effect of a Mindfulness Meditation-Based Stress Reduction Program on Mood and Symptoms of Stress in Cancer Outpatients. " *Psychosomatic Medicine* 62(5): 613-622.

Stampfl, T. G., and D. G. Levis. 1967. " Essentials of Implosion Therapy: A Learning-Theory-Based Psychodynamic Behavior Therapy. " *Journal of Abnormal Psychology* 72(6): 496-503.

Thase, M. E., and M. K. Moss. 1976. " The Relative Efficacy of Covert Modeling Procedures and Guided *Participant Modeling* on the Reduction of Avoidance Behavior. " *Journal of Behavior Therapy and Experimental Psychiatry* 7(1): 7-12.

Titchener, E. B. 1916. *A Text-Book of Psychology*. New York: Macmillan.

Wanderer, Z. 1991. *Acquiring Courage*. Oakland, CA: New Harbinger. Audio recording.

Weekes, C. 1997. *Peace from Nervous Suffering*. New York: Bantam.

Wolpe, J. 1958. *Psychotherapy by Reciprocal Inhibition*. Stanford, CA: Stanford University Press.

———. 1969. *The Practice of Behavior Therapy*. Oxford: Pergamon Press.

Woods, D. W., J. D. Piacentini, and J. T. Walkup, eds. 2007. *Treating Tourette Syndrome and Tic Disorders: A Guide for Practitioners*. New York: Guilford Press.

Young, J. 1990. *Cognitive Therapy for Personality Disorders: A Schema-Focused Approach*. Sarasota, FL: Professional Resource Exchange.

Zettle, R. D. 2007. *ACT for Depression: A Clinician's Guide to Using Acceptance and Commitment Therapy in Treating Depression*. Oakland, CA: New Harbinger.

读者来信

几乎是在震撼中读完的一本书

小红书博主彭以曼

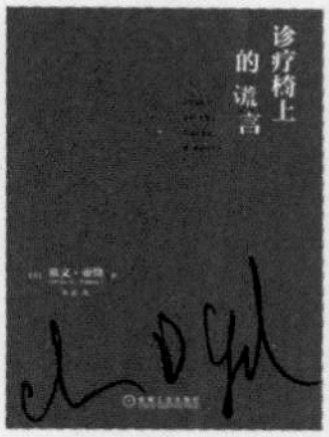

“欧文·亚隆的小说达到了艺术性与专业性完美结合的境界。大胆构思，细节扎实，带给人巨大的冲击力、心灵上的震撼。”

谁懂啊！我实在太认同这句话了！我只读了欧文·亚隆的《诊疗椅上的谎言》这本书几页，就再也没办法从书上移开眼，因为它情节奇、反转多，读起来格外震撼，刷新三观。

若你对心理学感兴趣，又认为专业书籍过于枯燥乏味，千万不要错过这本书！那些临床心理学生都头痛的移情和反移情、抗拒与防御等知识点，都在书里与反转连连的精彩故事巧妙结合，读时酣畅淋漓。

书中故事里的人物，都是欧文·亚隆根据多位心理医生真实翻车案例改编，书中，他们明明想要治愈人性的阴暗面，却被病人蒙骗，倒在了欲望的沟壑中，无法自拔，而他们的每个选择，都在直接挑战人性底线。最有趣的是，欧文·亚隆吐槽多位著名的心理医生：奥拓·兰克、荣格、琼斯、费伦奇……说他们心术不正。

阅读过程中，你会发现认知逐渐被重建，这会让你在之后的人生里，比别人更容易看清世事的本质。我合上书的那刻，对人性的认知就被彻底颠覆，只要想起书中内容，内心根本无法平静！这些故事，让我深感人性幽深复杂，也让我顿悟，人性在欲望面前，往往不堪一击。像我这样的普通人必须谨记，无论是面对别人或自己，永远不要试探人性。

书中触动我的句子，分享给你们：

“如果你想要对自己感到自豪，就去做能让你骄傲的事情。”

“不要夺走其他人的个人责任，不要想成为所有人的依靠。如果你要帮助病人成长，就要让他们成为自己的父母。”

“越高大的树，根就沉得越深，深入黑暗，深入邪恶。”

“我们所经验的苦楚的大小及本质不是由创痛的种类，而是由创痛的意义来决定的。而意义正是肉体与精神上的差异。”

读者来信

这本书将我一次次拉出深渊

小红书博主彭以曼

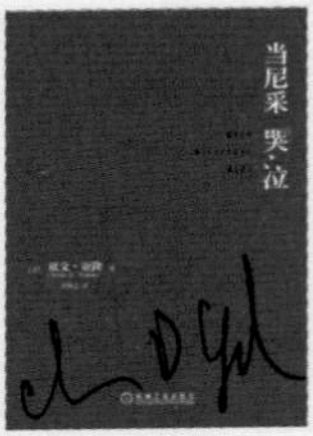

《当尼采哭泣》这本书，它能触及你深藏已久的伤痛，如果你易动情落泪，读到最后，你可能会像书中主角最后释怀般，放声痛哭。所以，我建议你找个安静的地方，全身心投入书中，来一次深度自我探索，在一次次与书中内容产生共鸣的过程中，你会了解自我，也会静下心来，重新审视人生。

这是本心理学小说，并不难读。读时，你会沉浸其中，深刻了解关于人生的四大终极关怀：死亡、自由（包括意志的选择和因自由而有的责任）、孤独、人生的意义（或无意义），跟着人物的对话，潜入人类思想所能到达的至深海底。

我想，对于每个人内心深处的伤，书中都有解药。譬如我，用了好几个晚睡的夜读完，初读时，心脏像是被钝器拉扯，读完后，竟发觉自己总不觉间泪流满面，对有些人与事悄然释怀。

或许你我都一样，一路走来，学会了伪装，也学会了逞强。有时候，我们会觉得生活，没了盼头，有时候，我们却又对生活，充满憧憬。那些苦闷的日子，似乎从来没有发生过，却也真实地存在过。愿我们大哭过后，都拥抱最真实的自己，以后的日子里，想哭就哭，想笑就笑，活好每一个当下。

书中触动我的句子，分享给你们：

“我们必须以仿佛我们是自由的方式来生活。即使我们无法逃离命运，我们依然必须迎头抵住它，我们必须运用意志力来让我们的宿命发生，我们必须爱我们的命运。”

“在追寻真理的路上是孤独的，我们老是偷懒想着别人给答案给建议，但只有自己经历选择的才是属于自己的道路。”

“事物的表象往往具有欺骗性，因为我们把自己内心深处的欲求层层包裹其中，谁才是真正的敌人？弄清楚这一点很重要。”

“没有绝对的自由，我们只能在生命过程中看似自由地去生活，热爱命运，最大限度地成为自己的存在。”

“这些年我一直与错误的敌人在战斗。真正的敌人是宿命，是衰老、死亡以及我本身对自由的恐惧。”

科学教养

硅谷超级家长课

教出硅谷三女杰的 TRICK 教养法

[美] 埃丝特·沃西基 著
姜帆 译

- 教出硅谷三女杰，马斯克母亲、乔布斯妻子都推荐的 TRICK 教养法
- “硅谷教母”沃西基首次写给大众读者的育儿书

孩子的语言

语言优势成就孩子的毕生发展

苏静 叶壮 著

- 《父母的语言》实操篇
- 包含实用的语言学习方法、阅读方法、互动游戏，教你如何一步步在日常生活中培养孩子的语言优势

游戏天性

为什么爱玩的孩子更聪明

凯西·赫什－帕塞克
[美] 罗伯塔·米尼克·格林科夫 著
迪亚娜·埃耶
鲁佳珺 周玲琪 译

- 儿童学习与发展奠基之作
- 指出“在玩耍中学习是孩子成长的天性”
- 43 个亲子互动游戏轻松培养孩子的 6 大核心能力

正念亲子游戏

让孩子更专注、更聪明、更友善的 60 个游戏

[美] 苏珊·凯瑟·葛凌兰 著
周玥 朱莉 译

- 源于美国经典正念教育项目
- 60 个简单、有趣的亲子游戏帮助孩子们提高 6 种核心能力
- 建议书和卡片配套使用

延伸阅读

儿童发展心理学
费尔德曼带你开启孩子的成长之旅
（原书第 8 版）

成功养育
为孩子搭建良好的成长生态

高质量陪伴
如何培养孩子的安全型依恋

爱的脚手架
培养情绪健康、勇敢独立的孩子

欢迎来到青春期
9~18 岁孩子正向教养指南

聪明却孤单的孩子
利用“执行功能训练”提升孩子的社交能力

心理自助

女孩，你已足够好

如何帮助被“好”标准困住的女孩

[美] 蕾切尔·西蒙斯 著
汪幼枫 陈舒 译

- 过度的自我苛责正在伤害女孩，她们内心既焦虑又不知所措，永远觉得自己不够好。任何女孩和女孩父母必读书。让女孩自由活出自己，不被定义

你的感觉我能懂

用共情的力量理解他人，疗愈自己

[美] 海伦·里斯
莉斯·内伯伦特 著
何伟 译

- 一本运用共情改变关系的革命性指南，共情是每个人都需要培养的高级人际关系技能。
- 开创性的 E.M.P.A.T.H.Y. 七要素共情法，助你获得平和与爱的力量，理解他人，疗愈自己。
- 浙江大学营销学系主任周欣悦、北师大心理学教授韩卓、管理心理学教授钱婧、心理咨询师史秀雄倾情推荐。

焦虑是因为我想太多吗

元认知疗法自助手册

[丹] 皮亚·卡列森 著
王倩倩 译

- 英国国民健康服务体系推荐的治疗方法
  高达 90% 的焦虑症治愈率

为什么家庭会生病

陈发展 著

- 知名家庭治疗师陈发展博士作品
- 厘清家庭成员间的关系，让家成为温暖的港湾，成为每个人的能量补充站

延伸阅读

完整人格的塑造
心理治疗师谈自我实现

丘吉尔的黑狗
抑郁症以及人类深层心理现象的分析

童年逆境如何影响一生健康

学会沟通，学会爱
如何消除误解，让亲密关系更稳固

拥抱你的内在小孩
（珍藏版）

性格的陷阱
如何修补童年形成的性格缺陷

高效学习 & 逻辑思维

超级学习者

[加] 斯科特・H. 扬　著

姚育红　译

- 加拿大超级学霸斯科特・H. 扬，带你纵览认知科学的新研究，解锁“超级学习”9 大法则，快速、高效掌握一个知识领域的硬核技能

写作脑科学
如何写出打动人心的故事

[美] 莉萨・克龙　著

钟达锋　译

- 理解人们的故事天性，写出能满足读者预期的故事，才能让你的作品打动人心。认知神经科学之父迈克尔・加扎尼加审读推荐

如何达成目标

[美] 海蒂・格兰特・霍尔沃森　著

王正林　译

- 社会心理学家海蒂・霍尔沃森力作
- 精选数百个国际心理学研究案例，手把手教你克服拖延，提升自制力，高效达成目标

驯服你的脑中野兽
提高专注力的 45 个超实用技巧

[日] 铃木祐　著

孙颖　译

- 你正被缺乏专注力、学习工作低效率所困扰吗？根源在于我们脑中藏着一头好动的“野兽”。45 个实用方法，唤醒你沉睡的专注力，激发 400% 工作效能

延伸阅读

故事板演讲术
4 步打造看得见的影响力

学会如何学习

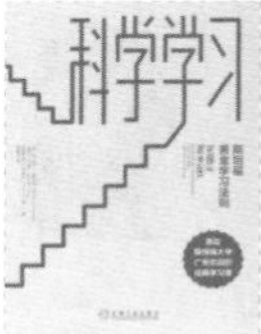

科学学习
斯坦福黄金学习法则

刻意专注
分心时代如何找回高效的喜悦

直抵人心的写作
精准表达自我，深度影响他人

批判性思维工具
（原书第 3 版）

心理自助

冲突的力量
如何建立安全、稳固和长久的亲密关系

[美] 埃德·特罗尼克 克劳迪娅·M. 戈尔德 著

姜帆 译

- 长达50年的"静止脸"科学实验证明，从婴儿到成人，关系中的冲突会伴随我们一生。不断经历关系的错位与修复是我们通往健康亲密关系的必经之路

清醒地活
超越自我的生命之旅

[美] 迈克尔·辛格 著

汪幼枫 陈舒 译

- 樊登推荐！改变全球万千读者的心灵成长经典。冥想大师迈克尔·辛格从崭新的视角带你探索内心，为你正经历的纠结、痛苦找到良药

静观自我关怀
勇敢爱自己的51项练习

[美] 克里斯汀·内夫 克里斯托弗·杰默 著

姜帆 译

- 静观自我关怀创始人集大成之作，风靡40余个国家。爱自己，是终身自由的开始。51项练习简单易用、科学有效，一天一项小练习，一天比一天爱自己

不被父母控制的人生
如何建立边界感，重获情感独立

[美] 琳赛·吉布森 著

姜帆 译

- 让你的孩子拥有一个自己说了算的人生，不做不成熟的父母
- 走出父母的情感包围圈，建立边界感，重获情感独立

与孤独共处
喧嚣世界中的内心成长

[英] 安东尼·斯托尔 著

关凤霞 译

- 英国精神科医生、作家，英国皇家内科医师学院院士、英国皇家精神科医学院院士、英国皇家文学学会院士、牛津大学格林学院名誉院士安东尼·斯托尔经典著作
- 周国平、张海音倾情推荐

萨提亚冥想经典

[加] 约翰·贝曼 编

刘宛妮 译

- 国际家庭治疗先驱维吉尼亚·萨提亚留给世人的53篇冥想
- 约翰·贝曼博士亲自整理
- 每一篇冥想都是一份珍贵的礼物，指引我们走向内心

心理学大师作品

叔本华的治疗

［美］欧文·D. 亚隆　著

张蕾　译

- 欧文·D. 亚隆深具影响力并被广泛传播的心理治疗小说，书中对团体治疗的完整再现令人震撼，又巧妙地与存在主义哲学家叔本华的一生际遇交织。任何一个对哲学、心理治疗和生命意义的探求感兴趣的人，都将为这本引人入胜的书所吸引

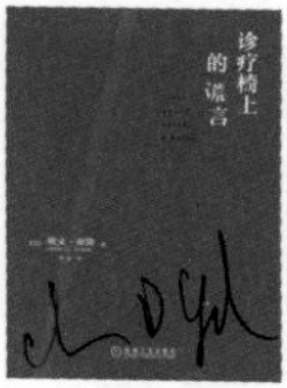

诊疗椅上的谎言

［美］欧文·D. 亚隆　著

鲁宓　译

- 亚隆流传最广的经典长篇心理小说。人都是天使和魔鬼的结合体，当来访者满怀谎言走向诊疗椅，结局，将大大出乎每个人的意料

部分心理学

（原书第 2 版）

［美］理查德·C. 施瓦茨
玛莎·斯威齐　著

张梦洁　译

- IFS 创始人权威著作
- 《头脑特工队》理论原型
- 揭示人类不可思议的内心世界
- 发掘我们脆弱但惊人的内在力量

这一生为何而来

海灵格自传·访谈录

［德］伯特·海灵格
嘉碧丽·谭·荷佛　著

黄应东　乐竟文　译

张瑶瑶　审校

- 家庭系统排列治疗大师海灵格生前亲自授权传记，全面了解海灵格本人和其思想的必读著作

人间值得

在苦难中寻找生命的意义

［美］玛莎·M. 莱恩汉　著

邓竹箐　薛燕峰　邬海皓　译

- 与弗洛伊德齐名的女性心理学家、辩证行为疗法创始人玛莎·莱恩汉的自传故事
- 这是一个关于信念、坚持和勇气的故事，是正在经受心理健康挑战的人的希望之书

心理治疗的精进

［美］詹姆斯·F.T. 布根塔尔　著

吴张彰　李昀烨　译

杨立华　审校

- 存在 – 人本主义心理学大师布根塔尔经典之作
- 近 50 年心理治疗经验倾囊相授，帮助心理治疗师拓展自己的能力、实现技术上的精进，引领来访者解决生活中的难题

正念 &ACT

拥抱你的抑郁情绪
自我疗愈的九大正念技巧
（原书第 2 版）

[美] 柯克·D. 斯特罗萨尔 帕特里夏·J. 罗宾逊 著
徐守森 宗焱 祝卓宏 等译

- 你正与抑郁情绪做斗争吗？本书从接纳承诺疗法（ACT）、正念、自我关怀、积极心理学、神经科学视角重新解读抑郁，帮助你创造积极新生活。美国行为和认知疗法协会推荐图书

穿越抑郁的正念之道

[英] 马克·威廉姆斯
[英] 约翰·蒂斯代尔
[加] 辛德尔·西格尔
[美] 乔·卡巴金 著
童慧琦 张娜 译

- 正念认知疗法，融合了东方禅修冥想传统和现代认知疗法的精髓，不但简单易行，适合自助，其改善抑郁情绪的有效性也获得了科学证明

正念
此刻是一枝花

[美] 乔·卡巴金 著
王俊兰 译

- 正念减压之父卡巴金的代表作。出版 30 年来，改变了无数人的生活
- 谷歌、宝洁、英特尔、摩根大通等公司都在用正念减压改善员工身心状态

ACT 就这么简单
接纳承诺疗法简明实操手册（原书第 2 版）

[澳] 路斯·哈里斯 著
王静 曹慧 祝卓宏 译

- 最佳 ACT 入门书
- ACT 创始人史蒂文·海斯推荐
- 国内 ACT 领航人、中国科学院心理研究所祝卓宏教授翻译并推荐

幸福的陷阱
（原书第 2 版）

[澳] 路斯·哈里斯 著
邓竹箐 祝卓宏 译

- 全球销量超过 100 万册的心理自助经典
- 新增内容超过 50%。
- 一本思维和行为的改变之书：接纳所有的情绪和身体感受；意识到此时此刻对你来说什么才是最重要的；行动起来，去做对自己真正有用和重要的事情

生活的陷阱
如何应对人生中的至暗时刻

[澳] 路斯·哈里斯 著
邓竹箐 译

- 百万级畅销书《幸福的陷阱》作者哈里斯博士作品
- 我们并不是等风暴平息才开启生活，而是本就一直生活在风暴中。本书将告诉你如何跳出生活的陷阱，带着生活赐予我们的宝藏勇敢前行

经典畅销

红书

[瑞士] 荣格　原著
[英]　索努·沙姆达萨尼　编译
周党伟　译

- 心理学大师荣格核心之作，国内首次授权

身体从未忘记
心理创伤疗愈中的大脑、心智和身体

[美] 巴塞尔·范德考克　著
李智　译

- 现代心理创伤治疗大师巴塞尔·范德考克“圣经”式著作

多舛的生命
正念疗愈帮你抚平压力、疼痛和创伤（原书第2版）

[美] 乔恩·卡巴金　著
童慧琦 高旭滨　译

- 正念减压疗法创始人卡巴金经典之作

精神分析的技术与实践

[美] 拉尔夫·格林森　著
朱晓刚 李鸣　译

- 精神分析临床治疗大师拉尔夫·格林森代表作，精神分析治疗技术经典

成为我自己
欧文·亚隆回忆录

[美] 欧文·D. 亚隆　著
杨立华 郑世彦　译

- 存在主义治疗代表人物欧文·D. 亚隆用一生讲述如何成为自己

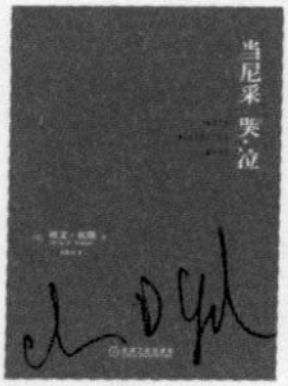

当尼采哭泣

[美] 欧文·D. 亚隆　著
侯维之　译

- 欧文·D. 亚隆经典心理小说

打开积极心理学之门

[美] 克里斯托弗·彼得森　著
侯玉波 王非　等译

- 积极心理学创始人之一克里斯托弗·彼得森代表作

理性生活指南
（原书第3版）

[美] 阿尔伯特·埃利斯　罗伯特·A. 哈珀　著
刘清山　译

- 理性情绪行为疗法之父埃利斯代表作

经典畅销

刻意练习

如何从新手到大师

[美] 安德斯·艾利克森 罗伯特·普尔 著

王正林 译

- 成为任何领域杰出人物的黄金法则

学会提问

（原书第 12 版）

[美] 尼尔·布朗 斯图尔特·基利 著

许蔚翰 吴礼敬 译

- 批判性思维领域“圣经”

内在动机

自主掌控人生的力量

[美] 爱德华·L. 德西 理查德·弗拉斯特 著

王正林 译

- 如何才能永远带着乐趣和好奇心学习、工作和生活？你是否常在父母期望、社会压力和自己真正喜欢的生活之间挣扎？自我决定论创始人德西带你颠覆传统激励方式，活出真正自我

聪明却混乱的孩子

利用“执行技能训练”提升孩子学习力和专注力

[美] 佩格·道森 理查德·奎尔 著

王正林 译

- 为 4~13 岁孩子量身定制的“执行技能训练”计划，全面提升孩子的学习力和专注力

自驱型成长

如何科学有效地培养孩子的自律

[美] 威廉·斯蒂克斯鲁德 奈德·约翰逊 著

叶壮 译

- 当代父母必备的科学教养参考书

父母的语言

3000 万词汇塑造更强大的学习型大脑

[美] 达娜·萨斯金德 贝丝·萨斯金德 莱斯利·勒万特－萨斯金德 著

任忆 译

- 父母的语言是最好的教育资源

十分钟冥想

[英] 安迪·普迪科姆 著

王俊兰 王彦又 译

- 比尔·盖茨的冥想入门书

批判性思维

（原书第 12 版）

[美] 布鲁克·诺埃尔·摩尔 理查德·帕克 著

朱素梅 译

- 备受全球大学生欢迎的思维训练教科书，已更新至 12 版，教你如何正确思考与决策，避开“21 种思维谬误”，语言通俗、生动，批判性思维领域经典之作

CMP BOOKS

打开心世界 · 遇见新自己

华章分社心理学书目

扫我！扫我！扫我！

新鲜出炉冒着热气的书籍资料、心理学大咖降临的线下读书会名额、

不定时的新书大礼包抽奖、与编辑和书友的贴贴都在等着你！

机械工业出版社
CHINA MACHINE PRESS